同步指导系列

2~3岁
育儿一日一页

中国优生科学协会◎主编

中国妇女出版社

图书在版编目（CIP）数据

2～3岁育儿一日一页 / 中国优生科学协会主编. —北京：中国妇女出版社，2013.1

ISBN 978-7-5127-0273-8

Ⅰ.①2… Ⅱ.①中… Ⅲ.①婴幼儿—哺育—基本知识 Ⅳ.①TS976.31

中国版本图书馆CIP数据核字（2012）第264396号

2～3岁育儿一日一页

作　　者：中国优生科学协会　主编
策划编辑：刘　宁
责任编辑：刘　宁
封面设计：吴晓莉
责任印制：王卫东
出　　版：中国妇女出版社出版发行
地　　址：北京东城区史家胡同甲24号　　　**邮政编码**：100010
电　　话：（010）65133160（发行部）　　65133161（邮购）
网　　址：www.womenbooks.com.cn
经　　销：各地新华书店
印　　刷：北京联兴华印刷厂
开　　本：170×240　1/16
印　　张：25
字　　数：330千字
版　　次：2013年1月第1版
印　　次：2013年1月第1次
书　　号：ISBN 978-7-5127-0273-8
定　　价：35.00元

目录

CONTENTS

2岁第1个月养育计划

2岁第2个月养育计划

2岁第3个月养育计划

2岁第4个月养育计划

2岁第5个月养育计划

2岁第6个月养育计划

2岁第7个月养育计划

2岁第8个月养育计划

2岁第9个月养育计划

2岁第10个月养育计划

2岁第11个月养育计划

2岁第12个月养育计划

附录　内容分类索引

2岁第1个月
养育计划

2岁以后，宝宝进入模仿和创造能力飞速发展的阶段。他开始惟妙惟肖地模仿家庭成员的一举一动，他能像爸爸一样站立、行走，能像妈妈一样说话、微笑，他会越来越巧妙地摆弄玩具，并能用形容词组词造句。

生长发育情况

1.体格发育

2岁以后，宝宝身体和四肢的增长速度加快，看上去身材更加匀称，开始慢慢摆脱头大、身子小的小宝宝形象。为了发展独立行走的能力，四肢和背部的肌肉逐渐发达。到了这个月龄，宝宝大约会长出16颗乳牙。

对于宝宝身高、体重、头围发育情况的评价目前我国主要依据两个标准，对于7岁以下不确定喂养方式的儿童采用2005年全国调查结果（《2005年中国九市城郊7岁以下儿童体格发育测量值》）进行比较、评价，对5岁以下母乳喂养儿童选用《世界卫生组织儿童生长标准（2006年）》进行比较、评价。

到这个月的月末，也就是宝宝满2岁1个月（25月龄）的时候：

母乳喂养儿童体格发育情况

身高（厘米）							
性别	-3SD 轻度生长迟缓	-2SD 正常	-1SD 正常	0SD 正常	+1SD 正常	+2SD 正常	+3SD 偏高
男孩	78.6	81.7	84.9	88.0	91.1	94.2	97.3
女孩	76.8	80.0	83.3	86.6	89.9	93.1	96.4
体重（千克）							
性别	-3SD 中度体重不足	-2SD 轻度体重不足	-1SD 正常	0SD 正常	+1SD 正常	+2SD 正常	+3SD 超重或肥胖
男孩	8.8	9.8	11.0	12.4	13.9	15.5	17.5
女孩	8.2	9.2	10.3	11.7	13.3	15.1	17.3
头围（厘米）							
性别	-3SD	-2SD	-1SD	0SD	+1SD	+2SD	+3SD
男孩	44.3	45.6	47.0	48.4	49.7	51.1	52.5
女孩	43.1	44.5	45.9	47.3	48.7	50.1	51.5

数据来源于《世界卫生组织儿童生长标准（2006年）》，SD为标准差，0SD即为平均数。

不确定喂养方式儿童体格发育情况

年龄组	男孩			女孩		
	体重（千克）	身高（厘米）	头围（厘米）	体重（千克）	身高（厘米）	头围（厘米）
2.0岁	13.19±1.48	91.2±3.8	48.7±1.4	12.60±1.48	89.9±3.8	47.6±1.4

数据引自《2005年中国九市城郊7岁以下儿童体格发育测量值》

2.动作发育

（1）大动作发育

◎ 腿部力量增强，你会发现他总是闲不住，常常会从椅子爬上桌子，再从桌子爬上柜子去取东西。

◎ 平衡能力和动作的协调性更好，不再需要借助任何物体就能够单独上下楼梯，蹲下去捡东西再站起来时不再摔倒。当听到踢球的命令时会主动抬起脚踢球，身体不再失去平衡。

◎ 在大人的指令或示范下能取球举手过肩，且将球向大人的方向抛出。能将100克重的沙包投大约1米远。

（2）精细动作发育

◎ 能搭6～7块积木，且不倒下来，还能用积木摆火车。

◎ 能用拇指和其他手指拿笔，而不再像以前那样大把抓握，出现比较成熟的握笔姿势。

◎ 能模仿画竖线和圆圈，但画的圆可能弯弯曲曲，甚至没有闭合。

3.语言发育

2～3岁的宝宝已进入口语表达飞速发展的时期，这个阶段宝宝的语言能力会产生一个质的飞跃。他们有了更多的生活经历和对万事万物的认识，逐渐能够把话说完整，而且比较有条理。

◎ 会组简单的包含两个词的句子，比如告诉大人要喝水、大小便、吃饭等。

◎ 能用语言表达自己的体验，如说“我在玩”或“我在吃饭”等。

◎ 说到自己时能正确地用代词“我”，而不是用小名表示自己。在说到第二人称时能正确地用“你”表示，而不再用“妈妈”“爸爸”等。

◎ 能说清楚父母姓名、家庭住址（包括小区名称和门牌号），也会背出家庭电话号码。当看到镜中自己的影像时，如果问“那是谁？”会用自己的名字来表示自己。

4.社会性发育

◎ 2岁以后的宝宝开始对小朋友感兴趣，并愿意主动和小朋友玩耍，会正确地自我介绍，说“我是××”。

◎ 小朋友之间的交流多是针对玩具和物体归属权的，宝宝喜欢说“这是我的”，另一个宝宝也会不甘示弱地说“是我的”。父母不必担心和纠正他们，这是宝宝生长发育过程中的正常现象。

◎ 能执行有两个步骤的要求，比如“把毛巾给爸爸，让他帮你挂上。”

5.认知发育

◎ 开始懂得计数，是培养计数能力的重要时期。

◎ 对四周环境感兴趣，能提出许多问题，爱问“这是什么”“那是什么”等。

◎ 注意的时间较以前延长，可以达到10～15分钟。

◎ 开始进入秩序敏感期，对秩序性、生活习惯、所有物有所要求，需要一个有秩序的环境来帮助他认识事物、熟悉环境，一旦所熟悉的环境消失或者改变就会令他无所适从。

6.自理能力

◎ 会洗手并用毛巾擦干。

◎ 能控制大小便，临睡前小便后夜里不再尿床。

营养：2～3岁宝宝的营养需求

第1周 第1天

1.能量

每日总能量需求4812千焦（1150千卡），其中蛋白质占12%～15%，脂肪占30%～35%，碳水化合物占50%～60%，即每日每千克体重需要蛋白质3.0克、脂肪3.0克、碳水化合物10克。

2.主要矿物质

钙：600毫克/天；铁：12毫克/天；锌：9毫克/天；碘：50微克/天。

3.主要维生素

维生素A：500微克视黄醇当量/天；维生素D：10微克/天；维生素B1：0.6毫克/天；维生素B2：0.6毫克/天；维生素C：60毫克/天。

4.水

每日每千克体重应摄入水110毫升。

第1周第2天

营养：2~3岁宝宝的饮食原则

1.品种多样化

蛋白质、脂肪、碳水化合物、维生素、矿物质和水是人体必需的六大营养素，这些都是从食物中获取的。但是不同的食物中所含的营养素不同，其量也不同。为了取得必需的各种营养素，就要摄取多种食物。根据食物所含营养素的特点，我们可以将食物大体分为下面几类：谷物类，豆类及动物性食物（蛋、奶、畜禽肉、鱼虾等），果品类，蔬菜类，油脂类。要使膳食搭配平衡，每天的饮食中必须有上述几类食物：

粮食：150克；乳类：400毫升~500毫升；肉：85克；鸡蛋：1个；蔬菜：75克；豆制品：20克；水果：50克；油：10毫升；糖：15克~20克。

2.定时定量进餐

这个时期的宝宝胃容量比较小，约为680毫升。不足或过量进食对宝宝的胃都不利，不利于消化和吸收。因此，要让宝宝定量进餐。宝宝的胃把食物排入肠道的时间大约为4个小时，也就是说每次进餐后4个小时，宝宝的胃就会因为没有了食物而感到饥饿。因此，为宝宝安排进餐的时间最好是在4个小时左右。在两餐中间可以给宝宝吃一些营养丰富、利于消化吸收的食物，例如，配方奶、蛋糕、奶酪、水果等。一般三餐的适宜能量比为：早餐占30%，午餐占40%，晚餐占30%。

早、中、晚三餐时间应该和大人一样，每餐吃20~30分钟，时间不宜过长。应该让宝宝自己吃饭，虽然还不是特别熟练，但是经过一段时间的训练，到2岁半的时候，宝宝就能双手分别拿着碗和勺子吃饭了。

3.养成良好的饮食习惯

要注意培养宝宝良好的饮食习惯，因为这不仅关系到宝宝的身体健康，而且关系到宝宝的行为品德。宝宝的模仿能力很强，但是学习时是没有选择性的，他会学习他看到的一切，不会分辨好坏。因此，家长要为宝宝树立一个好的榜样，帮助宝宝养成良好的饮食习惯。

4. 食物应该营养丰富、容易消化

宝宝胃腺分泌的消化液含盐酸较低，消化酶的活性也比成人低，因而消化能力较弱，所以应给宝宝吃营养丰富、容易消化的食物，少吃油炸和过硬的刺激性食物，米饭要比成人的软一些，菜要切得碎一些。

5.多吃富含膳食纤维的食物

年龄越小肠的蠕动能力越差，因此，宝宝容易发生便秘。要经常给宝宝吃富含膳食纤维的粗粮、薯类和蔬菜、水果。粗粮宜在2～3岁时正式进入宝宝的食谱，这时宝宝的消化吸收能力已明显增强，乳牙基本出齐。进食粗硬些的食物还可锻炼咀嚼能力，帮助宝宝建立正常的排便规律。据调查，粗粮并没有广泛地进入家庭餐桌，许多家长分不清高粱米、薏仁米，也不知道用大豆、小米和白米一起蒸饭能大大提高营养价值。其实，家中常备多种粗粮杂豆，利用煮粥、蒸饭的机会撒上一把，这是吃粗粮最简便的方法。

专家提示

宝宝肾功能较差，饭菜不宜过咸，以防止钠摄入过量，降低血管弹性。

第1周第3天

营养：宝宝一日三餐搭配举例

早餐（早上7：00～7：30）：喝200毫升配方奶，一碗用25克大米做成的肉末（或南瓜、燕麦、蔬菜）粥。

加餐（上午9：30）：蒸鸡蛋一个，小包子或小花卷、小馒头一个，半个水果。

午餐（中午12：00）：米饭75克，肉（猪、鸡、鱼）25克，可以做成肉丝和丸子，蔬菜50～100克。

点心（下午3：00）：半个到一个水果。

晚餐（晚上6：00）：米饭75克或饺子、云吞75克；肉类25克；蔬菜25克～50克。

睡前（晚上9：00）：200毫升配方奶。

此外，最好每天吃20克豆腐或豆芽，每周保证吃1～2次动物肝类或动物血。

谷物（米、面、杂粮、薯）是每顿的主食，是主要提供热量的食物。

蛋白质主要由豆类或动物性食品提供，是宝宝生长发育所必需的。人体所需的20种氨基酸主要从蛋白质中来，不同来源的蛋白质所含的氨基酸种类不同，每日膳食中豆类和不同的动物性食物要适当地搭配才能获得丰富的氨基酸。

蔬菜和水果是矿物质和维生素的主要来源。每顿饭都要有一定量的蔬菜才能符合身体需要。水果和蔬菜是不能相互代替的。有些宝宝不吃蔬菜，家长就以水果代替，这是不可取的。因为水果中所含的矿物质一般比蔬菜少，所含维生素种类也不一样。

油脂是高热量食物，在我国，人们习惯使用植物油，有些植物油还含有少量脂溶性维生素，如维生素E、维生素K和胡萝卜素等。宝宝每天的饮食中也需要一定量的油脂。

有些家庭早饭吃牛奶、鸡蛋而没有提供热量的谷类食品，应该添加几片饼干或面包。另一些家庭早餐只吃粥、馒头、小菜，而未提供可利用的蛋白质，这也不符合宝宝生长发育的需要。只有平衡膳食才会使身体获取全面的营养，才能使宝宝正常生长发育。

健康：按时接种乙脑疫苗

第1周 第4天

乙脑是指流行性乙型脑炎，俗称“大脑炎”，由带有乙型脑炎病毒的蚊子叮咬后传染给人，是一种侵害中枢神经系统的急性传染病。宝宝如果受到传染会发热、呕吐，渐渐神志不清或抽风，若抢救不及时会有生命危险或留下后遗症，影响智力。注射乙脑疫苗是预防流行性乙型脑炎的有效措施，保护率大约在80%。

乙脑疫苗分为灭活疫苗和减毒活疫苗两类。灭活疫苗免疫效果好，但要接种的针次较多；减毒活疫苗安全性、免疫性都比较好。乙脑灭活疫苗：国家免疫程序规定基础免疫共注射两针，出生后满6月龄的宝宝开始接种第1针，7～10天后接种第2针，1岁半至2岁（18月龄至24月龄）及4岁时各加强免疫1针，6岁时再加强免疫1针。国内还使用减毒活疫苗：1岁时接种第1针，2岁时加强免疫1针，7岁时再加强免疫1针。

乙脑一般在7～9月流行，先在牛、羊、猪等家畜中传播，雨季时黑斑蚊大量繁殖，咬了带病毒的家畜再咬人就会使人得病。因为疫苗在注射后1个月才能产生足够的抗体以抵抗病毒的传染，所以在北方每年都在5月份预防注射。

大多数宝宝接种后无反应，少数宝宝注射后局部出现红肿、疼痛，有头晕、头痛、不适等自觉症状，一般会在1～2天内消退。个别宝宝会发热，但一般在38° C以下。偶有皮疹，血管性水肿和过敏性休克发生率随接种次数增多而增加。一般发生在注射后10～30分钟，很少有超过24小时者。

专家提示

有以下情况的宝宝不宜接种乙脑疫苗：

◎ 患神经系统疾病，如癫痫、脑病、抽搐等不宜注射；

◎ 免疫缺陷疾病患儿、肿瘤患儿在使用皮质激素或进行化疗时不易于诱发抗体，不能注射；

◎ 有严重过敏体质易发生过敏休克反应者不宜注射；

◎ 临时有发热、传染病及外伤等，待疾病治愈后再接种。

第1周第5天

健康：保护好宝宝的乳牙

1.促进宝宝牙齿发育

◎ 在牙齿生长发育期。要注意营养充足，蛋白质以及钙、磷、铁等微量元素的缺乏可以使牙齿发育不全，增加龋齿的发病率。

◎ 避免睡前给宝宝吃甜食。蔗糖含量高的食物比蔗糖含量低的食物更容易引起龋齿，面包、蛋糕、奶糖等最容易增加龋齿的发生，因此，不要让孩子从小养成经常吃甜食的习惯，特别是睡觉前吃糖对牙齿的危害最大。

◎ 多给宝宝吃富含膳食纤维的食物，如蔬菜等，因为这些食物对牙齿有机械性摩擦和清洗作用，并且不容易发酵，从某种程度上可减少龋齿的发生。

2.开始教宝宝学习刷牙

2岁之后，父母就可以为宝宝选择合适的牙刷了。每天早晚各一次，手把手地教宝宝掌握刷牙的正确方法。方法是：上牙从上往下刷，顺着牙缝刷；下牙从下往上刷，再仔细刷磨牙咬合面的沟隙处，以有效地预防蛀牙的发生。

3.预防龋齿很重要

宝宝2岁后，所有的乳牙基本出齐。6岁左右第一颗恒磨牙萌出，到12周岁左右，乳牙替换完毕。这一时期，口腔内既有乳牙也有恒牙，是宝宝颌骨和牙弓发育的重要时期。口腔内这些新萌出的乳牙、恒牙的后牙颌面、颊面存在着牙胚发育所遗留的先天薄弱点，如窝沟较深，窝沟底与牙本质间只有薄薄一层牙釉质，还有的窝沟狭小、细小，这些深而狭小的窝沟易滞留食物，以致发生龋齿。

乳牙萌出一定时间后，由于颌骨的不断发育，牙弓扩大，乳牙间的生理间隙形成，也易嵌塞食物，形成邻面龋坏。因此每年要检查一次牙齿情况，对已患龋齿的牙进行治疗。同时，根据医生的建议采取适当的防龋措施。

健康：乳牙有问题要及时医治

第1周 第6天

1.宝宝也会患龋齿

不少宝宝20颗乳牙还未长齐就已经出现龋洞，牙齿上有小黑点。许多家长对此不重视，以为换牙后就会再长出洁白的恒齿。殊不知龋洞会深入牙龈，影响还未萌出的恒齿。有些宝宝在三四岁就会出现牙痛，因为龋洞的侵蚀使牙神经裸露，直接受到冷热刺激。所以，一旦发现龋洞要赶快修补，使龋洞不至于扩大。

2.缺牙应及时补上

若乳牙必须被拔掉，应该请口腔科医生制作活动的假牙戴上。假牙在咀嚼过程中有生理性刺激功能，使牙齿、牙槽骨、黏膜以及颌骨得到充分发育。否则，缺牙两边的邻牙会歪斜甚至移位，影响恒牙的萌出，导致恒牙不整齐。

3.乳牙外伤的治疗

1～3岁是最容易出现牙齿外伤的年龄段，而牙齿外伤最常发生在上排正中门牙（侧门牙受伤的机会比较少，因为它的位置比较靠内侧，受到直接撞击的机会少）。

（1）乳牙外伤的不同程度

根据损伤的严重程度可以分为以下3个级别：

①釉质断裂

可以把牙齿尖端修补平滑，减少对舌头的刺激。如果宝宝能够合作的话，也可以利用树脂修补外形。

②断裂至牙髓神经

需做抽神经的治疗。

③牙根断裂

如果牙冠部分摇摇欲坠，就要把牙冠拔除，剩下的牙根那部分会自己慢慢吸收；如果断裂在牙根深部，可以先不去处理，持续观察一段时间，因为受伤的牙齿可能会自行愈合。

（2）相应的治疗方法

针对以上情况，可以做以下治疗：

①压入式移位

在理想状况下，几个月之后牙齿有可能会再度长出来；如果检查时发现会压迫到下面的恒牙，就应该及早拔除。

②突出式移位

乳牙突出可能造成咬合干扰，要把它推回原位，就可能会伤及底下的恒牙。所以，如果突出太多，以致牙齿无法闭合时，建议拔除，以免松落吞入，造成危险。

第1周第7天

早教：让父爱伴宝宝长大

1.做一个称职的好爸爸

（1）将尽可能多的时间留给宝宝

尽量多与宝宝在一起，安排好他的生活。

（2）不要让宝宝去圆家长的梦

有的爸爸希望甚至强迫宝宝去实现自己曾经梦寐以求的理想，这会使宝宝苦不堪言。

（3）帮助妻子

在家务和养育宝宝方面，妻子往往比丈夫付出得多。建议丈夫自觉帮助妻子，这不但会赢得宝宝的尊敬，更会使夫妻有更多时间和精力抚养教育孩子。

（4）陪宝宝度过童年

爸爸要经常带宝宝去动物园、游乐场，或者一起玩玩具、做游戏，这些活动对成年人来说可能没意思，但对宝宝的成长必不可少。

（5）告诉宝宝你很爱他

爸爸应该用各种方式表达和传递父爱，使宝宝经常感受到父爱与关心。

2.宝宝成长，爸爸不能缺席

研究显示：爸爸对宝宝数理逻辑能力的发展具有较大影响。与爸爸密切相处的宝宝数学成绩好；相比之下，与妈妈常在一起的宝宝，优势主要体现在对新事物的兴趣上，更擅长与人交往。父爱对宝宝的影响还涉及体格、情感、性格等方面。大量研究资料显示，与爸爸接触少的宝宝，体重、身高、动作等方面的发育速度落后，普遍存在焦虑、多动、依赖等表现，这些被专家称为“缺乏父爱综合征”。因此，即便再忙，爸爸也应该抽出时间多与宝宝接触，从他还是小婴儿开始多抱抱、逗逗、喂喂宝宝，满足他的情感需求，为宝宝体能、智力、社会性的发展创造条件。

3.爸爸带大的宝宝智商高

美国耶鲁大学最近的一项研究成果表明：由男性带大的宝宝智商更高，在学校里的成绩更好，将来走向社会也更容易成功。专家认为，爸爸是高山，妈妈是大海，在家庭教育中父母各有优势，必须做到阴阳互补、平衡，防止出现“阴盛阳衰”现象。这项调查持续了12年之久，从婴儿到十几岁的孩子，在各年龄段进行跟踪调查。结果发现，男性教育可以弥补某些不足，因为男性往往是坚韧、大胆、果断、自信、豪爽、独立的。相对来说，女性在这些方面略显薄弱，这就是男性教育不能替代的原因。

健康：宝宝吃盐要适量

第2周 第1天

很多父母口重，加上过早给宝宝食用成人饭菜，导致宝宝肾脏负担过重，埋下健康隐患。

世界范围的调查数据显示，高血压与盐的摄入量成正比。以一个人平均每天的摄盐量统计：爱斯基摩人每天吃4克，高血压患病率为4%。美国人每天吃10克，患病率为10%。中国人大约吃14克，患病率约为13%；其中北京人每天吃18克，高血压患病率在全国名列前茅。日本北海道农民每天吃27克，高血压患病率高达40%，为世界之最。

1.宝宝每日摄入多少盐合适

亚洲营养协会建议：1～3岁的幼儿食盐量为成年人单位体重的40%，即每千克体重0.04克/日。

2.家长觉得太淡了就加盐好吗

有些家长在给宝宝调剂食物时习惯以自己的口味儿为标准来掌握咸和淡，烹饪菜肴的时候自己先尝一尝，觉得口味儿太淡了，就再多加点儿盐，这种做法是很不科学的。因为宝宝和成年人对咸和淡的口感不一样，对盐的摄入要求也不同，宝宝饮食的咸淡不能以成年人的标准来衡量。当成年人在品尝菜肴时如果要感到有咸味儿，食盐的浓度必须达到0.9%，而婴幼儿却只需要0.25%就可以了。所以，给宝宝烹饪菜肴最好将食盐的量精确计算出来，而不要凭借自己的口感来决定放多少盐。

3.宝宝吃盐过多有什么危害

宝宝如果每天吃的食盐超过2克，就会影响到骨骼的生长。由于钠质与钙质同属矿物质，经过肾脏时，钠质会较钙质优先被身体回收再用，故摄取太多钠质会间接增加钙质的流失，影响宝宝的骨骼发育。

从宝宝的身体发育情况来讲，宝宝的肾功能尚未发育成熟，身体排钠能力亦较低。如果每天盐摄入过多，会加重肾的负担，对健康不利。

如果给宝宝吃过咸的食品，一方面会影响宝宝日后的饮食习惯，另一方面会使宝宝成年后患高血压、肾病和心脏病的机会较多。

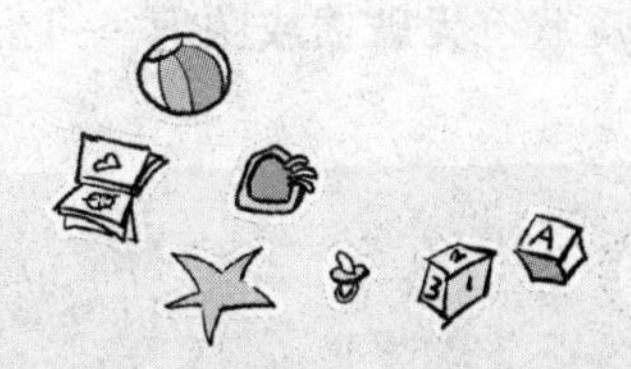

第2周第2天

健康：宝宝发烧的正确应对

1.如何判断宝宝是否发烧

宝宝一系列症状表现能够让妈妈知道他可能发烧了，这些症状包括：

◎ 烦躁不安，无原因地哭闹，对游戏不感兴趣；

◎ 在正常的环境和温度下小脸很红，嘴唇干燥，没有精神；

◎ 安静时呼吸变粗、变快；

◎ 食欲欠佳，甚至发生呕吐的现象。

一旦发现有上述情况，妈妈应立刻给宝宝测量体温。如果体温超过37.5℃说明宝宝发烧了，如果体温在37℃～37.5℃之间则需要先定时观察一下。

2.一发烧就要立刻去医院吗

其实，影响宝宝体温的因素有很多，比如哭闹、进食、运动、衣着、气温等，年纪越小，这些外界因素对宝宝的影响就越大。

（1）体温在38℃以下（低度发热）

宝宝体温在37.5℃～38℃时属于低热，如果宝宝精神还好，也没有其他不适表现，就不必急着去医院。可以先在家里观察宝宝的进食、大小便、呼吸、皮肤有无破损或脓疱……当然还需要定时测量体温。

（2）体温超过38℃（38.1℃～39℃属于中度发热）

如果宝宝的体温不断升高，甚至超过了38℃（排除上述影响体温的因素）就需要去看医生了。

（3）骤升至39℃甚至更高（39.1℃～41℃属于高热）

如果宝宝的体温骤然升至39℃甚至更高，应该立刻去医院。去医院前最好做一些退烧处理，比如服用退烧药，用温水给宝宝擦身，去掉包裹过严的衣物，以免体温继续升高，甚至诱发高热惊厥（俗称抽风）。

3.发烧需要使用抗生素吗

是否需要使用抗生素要根据孩子的病史、表现，再结合化验结果决定。抗生素会对胃肠产生一定的刺激，所以不要在空腹时给宝宝喂药。喂服抗生素的最佳时间是宝宝进食后1小时左右。宝宝大多不喜欢抗生素的味道，最好不要混在常吃的食物中喂宝宝，一旦产生反感，宝宝会因误认而拒食。

健康：宝宝发烧的家庭护理

第2周 第3天

发烧是身体对外来的细菌、病毒侵入的一种警告，是人体一种天生的自我保护功能。孩子发烧时家长不必惊慌，可依下列方法作以下处理：

1.室内环境要适宜

发烧时最好让宝宝卧床休息。居室内应该经常通风换气，但不要有对流风。室温宜保持在24℃～26℃，湿度宜保持在60%～65%。

2.补充足够的水分

必须给宝宝补充足够的水分，包括白开水、果汁、运动饮料、水果等，最好是多喝温开水。因为体液、尿液、汗液都是降温的必要途径，各种降温药也是利用排出体液来达到降温的目的，而且用降温药之前也必须有足够的入水量做前提，打点滴就是一种被动的输入水分的方法。饮水量应该根据体重进行调整，一般而言，体重10千克的宝宝一天至少应摄入1000毫升水，体重20千克的宝宝则至少应摄入1500毫升水，若天气闷热导致多汗应再增加饮水量。

3.做好寒战期和退热期的护理

寒战期：四肢冰冷、发抖。应该注意保暖，如增加衣被、四肢热敷、温开水摄入等。如果在寒战期有头疼出现，可先使用冰贴减缓不适感。

退热期：四肢温暖、流汗。可减少盖被，穿宽松的衣服，保持室内空气流通，室温宜保持在24℃～26℃（夏季热时室温可再下降），使用冰贴及擦澡。使用冰贴5～10分钟需注意四肢是否温热，若冰冷则需再保暖，暂停用冰枕。退热期可洗温水澡（水温36℃～37℃，泡20～30分钟），使皮肤微血管扩张及由水蒸气而达到散热的目的。

有些家长一见到宝宝发烧就给宝宝盖上厚厚的被子，捂得严严实实的，以期通过发汗退热。捂得过于严实，不但不容易使身体散热，反而使体温升得更高，还有可能因出汗过多而造成身体失去大量水分，使宝宝虚脱。正确的做法是发烧时不要穿得太多，卧床时应脱去外衣，只穿内衣即可，盖的被子比平时厚一些，但不要太多。当宝宝出汗退热时应该适当减少一些穿盖。

第2周第4天

健康：宝宝发烧期间饮食宜忌

1.宝宝发烧期间需调理饮食

宝宝发烧期间，消化液的分泌大大减少，消化能力也大大减弱，胃肠的蠕动速度开始减慢，饮食要特别注意：

◎ 一定要给予充足的水分，补充大量的矿物质和维生素。

◎ 当宝宝高热时，体内的消化和吸收功能相对减弱，消化酶分泌减少，活性也相对降低，而且体内高温容易使蛋白质变性，蛋白质不容易消化吸收，可适当减少蛋白质的摄入。

◎ 饮食要以流质和半流质为主，患病急性期一般食用流质食物，在恢复期或退烧期食用半流质食物，提倡少食多餐。

◎ 可以让宝宝喝些配方奶、米汤，把大米煮烂后去渣，余下的米汤能促进宝宝肠胃的吸收。另外，还可以给宝宝吃些稀饭、烂面条等，如果是在夏天，还可以让宝宝喝点儿绿豆汤。

2.宝宝发烧时不宜吃鸡蛋

宝宝生病，家长看着心疼，为了给虚弱的宝宝补充营养，使其尽快康复，常常会让宝宝吃一些家长认为有营养的饭菜，鸡蛋就是其中之一。其实，这样做不仅不利于宝宝身体的恢复，反而有损宝宝的身体健康。因为发热时食用大量富含蛋白质的鸡蛋，不但不能降低体温，反而会使体内热量增加，使体温升高更多，不利于患儿早日康复。

3.宝宝发烧时不要过多吃肉

宝宝在发烧期间最好不要过多吃肉，因为发烧期间宝宝唾液的分泌相应减少，胃肠的活动也会减弱，消化酶、胃酸、胆汁的分泌都会相应减少，食物如果长时间地滞留在胃肠道会发酵、腐败，最后引起中毒。所以，当宝宝发烧时，父母不要准备肉、蛋类等荤食，应让宝宝多喝开水，多吃新鲜的蔬菜和水果。

4.宝宝发烧时不要吃糖

中医认为“甘能伤脾”，此时如果让孩子吃过多的甜食，可使体内消耗掉大量维生素，口腔内的唾液就会减少，食欲反而更差。尤其是饭前吃糖较多会引起血糖升高，使宝宝失去饥饿感，到吃饭的时候不愿吃东西。此外，过多吃甜食还会降低免疫力。所以，宝宝发热时应该多休息、多饮水，饮食以清淡、易消化、有营养为好。

健康：给宝宝降温的常用药物

第2周第5天

选择退烧药不要看商品名，而要看其成分。为宝宝退热应选择成分为对乙酰氨基酚和布洛芬的药物。

1.对乙酰氨基酚

也称扑热息痛，有解热镇痛的作用，用于发热、头痛等，是婴幼儿最常用的退热药。此药的退热作用与阿司匹林相同，但胃肠道的副作用较轻。临床常用的含有对乙酰氨基酚的小儿退热药有百服宁、泰诺林、小儿退热栓等。泰诺林的有效退热时间为3～4小时。

使用退热栓前可在其外表涂少许润滑剂，比如橄榄油等，应尽量使药物置于肛门内保持一段时间，才能达到退热效果。患儿腹泻时应用退热栓效果不佳。有些小儿感冒药也含有对乙酰氨基酚，如泰诺、臣功再欣等。

2.布洛芬

有解热镇痛作用，退热作用较强，可维持6～8小时，胃肠道反应较轻。小儿常用的含有布洛芬的退热药有美林、托恩等。

退热药有各种剂型，就儿童来说，分为幼儿型和儿童型两种。每种剂型药物浓度不同，使用剂量也不同。孩子发热时可交替使用两种不同成分的药物，以避免同一药物使用过多而可能带来的副作用。比如，服泰诺林后3～4小时，体温若再度升高到38.5℃可服美林；若6～8小时后再度升高可服泰诺林，如此交替使用。

退热药不要和碱性药同时服用，如小苏打、氨茶碱等，否则会降低退热的效果。

3.有退热作用的中成药

一些有清热解毒作用的中成药亦可服用，如紫雪散、新雪丹、小儿金丹、双黄连口服液、儿感退热宁、小儿双清颗粒、消炎退热宁、柴胡注射液等。

英国卫生部门经多年调查确认：12岁以下儿童服用阿司匹林容易患瑞氏综合征，开始时发热、惊厥、频繁呕吐，最后昏迷、肝功能受损害，很容易被误诊为中毒性脑病或病毒性肝炎。儿童患流感、水痘时服用阿司匹林导致瑞氏综合征的机会比其他情况要高25倍。因此，切忌给12岁以下儿童服用含有阿司匹林的药物退烧。

第2周第6天

健康：正确应对高热惊厥

高热惊厥在婴幼儿中的发生率占4%～5%，常见于6个月～3岁的宝宝。一般先出现惊跳、烦躁不安、精神恍惚、摇头等先兆症状，之后表现为意识丧失、面色苍白或发青、两眼上翻或斜视、口吐白沫、面部肌肉及四肢抽搐。发作时间短暂，仅数秒至数分钟，较长者可达10～30分钟以上。持续时间超过30分钟者约半数在日后发生癫痫，故应迅速处理，以减少后遗症。

1.紧急应对高热惊厥

（1）让宝宝呼吸通畅

立即帮宝宝仰卧，头稍后仰，下颏略向前突，不用枕头；或去除枕头，让宝宝平卧，头偏向一侧。解开衣领，用软布或手帕包裹压舌板或勺子放在上、下磨牙之间，防止咬伤舌头。及时清除宝宝口、鼻中的分泌物，保持呼吸道的通畅。切忌在惊厥发作时给宝宝灌药，否则有发生吸入性肺炎的危险。

（2）控制惊厥

用手指捏、按压宝宝的人中（鼻唇沟中点）、合谷（双手大拇指与食指分叉处，向天骨侧一市寸）、内关（手腕内侧约6厘米～7厘米处，即第一横纹下约2横指的距离）等穴位两三分钟，并保持周围环境的安静，尽量少搬动宝宝，减少不必要的刺激。

（3）降低体温

在宝宝前额、手心、大腿根处放置冷毛巾，并经常更换；保持毛巾的温度不要过高，或用热水袋装凉水或冰水，外面用毛巾包裹后放置于宝宝的枕部、颈部及大腿根处。

2.惊厥过后要注意护理

室内要保持安静，经常通风换气，但要避免穿堂风。保持室温在18℃～24℃、湿度在50%～60%为宜。

让宝宝安静休息，多饮温开水有助于补充水分、排除体内毒素和降温。

给宝宝补充一些富有营养、易消化的流质、半流质饮食和水果、蔬菜等食物，以保证宝宝营养、水分的需要，增强机体抵抗力。

注意皮肤和口腔卫生。发热宝宝易患口腔炎，喂奶及饭后要用白开水漱口，保持口腔湿润清洁。

降温后还应注意保暖，及时更换床单及衣物。出汗多的宝宝要及时将汗擦干，保持干燥清洁。

早教：训练宝宝自己上厕所

第2周 第7天

1.2岁至2岁半宝宝的训练方法

（1）引导宝宝主动报告

随着宝宝对便盆的熟悉，进一步强化“不能随处大小便”的意识。教宝宝一有便意就主动报告，比如，用手指着便盆、厕所揉自己的小肚子，或使用简单的语言，如“大便”“小便”等。

（2）帮助宝宝养成规律

通常，刚刚醒来或喝完水半小时左右宝宝会有尿意，饭后胃肠蠕动加快，会催化大便的排出。在这些时间安排宝宝大小便往往能有“收获”。

（3）不超过10分钟

要求宝宝长时间或频繁地坐在便盆上的做法很不明智，它有可能导致宝宝对如厕产生逆反心理；而让孩子坐在上面听故事、看图画书、玩玩具，直到有了结果方才结束的做法也分散了宝宝的注意力，使如厕训练的效果大打折扣。训练时间应控制在10分钟左右，如果没有可先放弃，等有了再去。

2.2岁半至3岁宝宝的训练方法

（1）别让裤子成障碍

宝宝通常会憋到再也不能憋的时候才想到去方便，而松紧带的裤子，脱、穿都比较简单，便于他们上厕所时自己动手，也不容易弄脏裤子，可为宝宝的独立如厕增添信心。当然，在宝宝提上裤子之后还需要妈妈帮忙整理一下，因为他们往往提不到位，或者在天冷的时候没能把上衣塞到裤子里。

（2）男女有别

无论是男宝宝还是女宝宝，都从坐盆开始如厕训练，但从2岁半以后就要有所分别了。这时你家的小帅哥手脚能够控制自如，可以让他学着爸爸的样子，练习以自己觉得舒服的姿势站着小便了。爸爸准确的示范是教他如何“瞄准”便盆的关键。如果宝宝一时抓不到要领，不妨在便盆中放一张有颜色的纸，让他瞄准纸片小便，在“射得更准一点”的游戏中提升学习的积极性。

女宝宝每次小便后，妈妈要训练他用纸从前往后擦一擦，以防阴道和尿道受到感染。

第3周第1天

营养：不要盲目给宝宝补钙

1.宝宝成长离不开钙

◎ 钙是构成骨骼和牙齿的重要成分，约占其构成的99%，其余部分分布于体液及软组织中。

◎ 维持神经、肌肉兴奋性，完成神经冲动的传导，参与心肌、骨骼肌及平滑肌的收缩及舒张活动，维持细胞膜的通透性，并有镇静、安神作用。

◎ 启动和激活血液凝固过程。钙离子被称为凝血因子之一。

◎ 对多种酶有激活作用。

2.宝宝缺钙的症状

可从以下几个方面观察判断孩子是否缺钙：

◎ 出汗。宝宝因汗多而头痒，躺着时喜欢磨头止痒，时间久了后脑勺处的头发被磨光了，就形成枕秃圈。

◎ 精神烦躁。宝宝烦躁磨人，不听话，爱哭闹，对周围环境不感兴趣，不如以往活泼、脾气怪等。

◎ 睡眠不安。宝宝不易入睡，易惊醒、夜惊、早醒，醒后哭闹难止。

◎ 其他骨骼异常表现。方颅；肋缘外翻；胸部肋骨上有像算盘珠子一样的隆起，医学上称作“肋骨串珠”；胸骨前凸或下缘内陷，医学上称作“鸡胸”和“漏斗胸”；当孩子站立或行走时，由于骨头较软，身体的重力使孩子的两腿向内或向外弯曲，就是所谓的“X”形腿或“O”形腿。

◎ 免疫功能差。宝宝容易发生上呼吸道感染、肺炎、腹泻等疾病。

家长如果发现宝宝有以上2～3种现象就应带宝宝去医院，明确是否缺钙，以便及时治疗。

3.宝宝补钙不能盲目

现在各种广告铺天盖地宣传全民缺钙，许多家长给宝宝补钙喜欢跟着广告走。而实际上，宝宝如果坚持每天喝奶，奶量能达到相应年龄的要求，基本上可以从奶中获得足够的钙。加上从其他食物中获得的钙，摄钙量已经达标，并非每个宝宝都缺钙。许多宝宝摄入维生素D不足，可以通过多晒太阳、吃鱼肝油滴剂等途径来促进钙质的吸收。所以，判断宝宝缺钙与否一定要首先观察宝宝是否有缺钙的症状，并带宝宝到专门的医院进行检查，而不要盲目地为宝宝补钙。

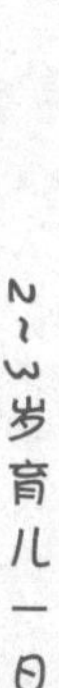

营养：不同季节的补钙原则

第3周 第2天

1.影响钙吸收的主要因素

经皮肤转化生成或经膳食摄入的维生素D、奶中的乳糖、肠道内pH值的降低、适量的蛋白质及氨基酸的存在等均可帮助钙的吸收；相反，食物中脂肪、植酸、草酸、膳食纤维摄入量过高会干扰钙的吸收。此外，当钙的摄入量增加时，吸收率会相对降低。

不同品牌的钙片或钙粉中钙的含量各不相同，具体的使用剂量要根据说明书的要求操作。钙不用每天补。

2.不同季节的补钙原则

季节与宝宝的补钙量也有关系。冬季气候寒冷，宝宝外出晒太阳的机会少，钙需要隔一天一补；夏季阳光充足，宝宝每天都可以晒到太阳，钙可以隔两天一补。

冬季晒太阳的最佳时间：上午9点钟左右，下午3点钟左右。上午9点钟左右的阳光红外线占上风、紫外线偏低，使人感到温暖、柔和，可以起到活血化淤的作用；下午3点钟左右的阳光正值紫外线中的A光束占上风，可以促进肠道对钙、磷的吸收，有利于增强体质，促进骨骼的正常钙化。

晒太阳时最好穿红色衣服。因为红色的辐射长波能迅速“吃”掉杀伤力很强的短波紫外线；也可以选择白色衣服，但切忌给宝宝穿黑色衣服。

冬季带宝宝去室外晒太阳最主要的是锻炼宝宝的耐寒以及适应冷空气的能力，增强机体抵抗力。有的妈妈以为，多晒太阳可以增加维生素D，其实是误区。冬季穿着的衣物厚而且多，没有多少皮肤暴露在空气中，因而经皮肤转化不了多少维生素D。所以，提示生活在北方地区的妈妈，冬季最好按预防量给宝宝服用维生素D制剂，不能完全依靠晒太阳来获得维生素D。

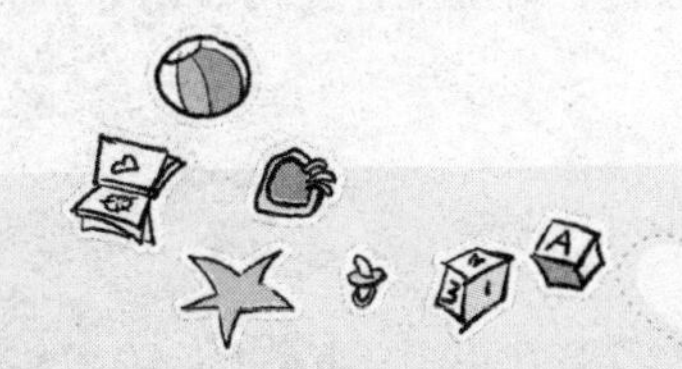

第3周第3天

营养：宝宝补钙食谱举例

根据我国儿童膳食调查，我国儿童膳食钙的摄入量仅仅达到需要量的30%～40%。2～3岁后最好通过食物来满足生长发育所需要的钙质，如有特殊情况请医生来决定是否需要通过药剂补钙。

1.香椿芽拌豆腐

制作方法：选嫩香椿芽洗净后用开水烫5分钟，挤出水切成细末；把盒装豆腐倒出盛盘，加入香椿芽末、精盐、香油拌匀即成。

营养点评：此菜清香软嫩，含有丰富的大豆蛋白、钙质和胡萝卜素等营养成分，很适合宝宝食用。

2.虾皮紫菜蛋汤

制作方法：虾皮洗净，紫菜撕成小块，香菜择洗干净切小段；鸡蛋一个，打散备用。用姜末炝锅，下入虾皮略炒，加水适量，烧开后淋入鸡蛋液；随即放入紫菜、香菜，并加香油、精盐、葱花适量即可。

营养点评：此汤口味鲜香，含有丰富的蛋白质、钙、磷、铁、碘等营养素，对宝宝补充钙、碘非常有益。

3.黄豆煲大骨

制作方法：猪大骨300克，泡黄豆150克，枸杞10克，生姜10克，葱10克。清汤适量、盐6克、味精2克、绍酒2克、胡椒粉少许、熟鸡油1克。将猪大骨砍成块，泡黄豆洗净，枸杞泡透，生姜去皮切片，葱切段。锅内加水，待水开时投入猪大骨，用中火煮净血水，捞起洗净。烧锅，下姜片、葱段炒香，加入猪大骨、黄豆、枸杞、绍酒，注入清汤，用小火煲50分钟，去掉葱段，调入盐、味精、白糖、胡椒粉，淋入鸡油，再煲10分钟即可。

营养点评：煲出的汤汁要白，口味宜清淡。

专家提示

过量服用钙剂会抑制人体对锌元素的吸收。因此，有缺锌症状的孩子应慎重服用钙剂，宜以食补为主。

一次大量地服用钙剂反而没有效果，少量多次地服用、饭后及睡前服用都是较为有效的方法。睡前服用还能促进睡眠。

健康：宝宝腹泻巧护理

第3周 第4天

一旦宝宝出现腹泻症状，家长需要及时带他去看医生，查明腹泻的原因，并在医生指导下对症治疗。平时，家长需要特别注意日常护理。

1.继续饮食

宝宝拉肚子，家长既怕宝宝拉多了营养跟不上，又怕宝宝吃多了拉得更厉害。到底应该怎么办呢?

要注意纠正两种错误观念：一种观点认为，拉肚子就应该饿着，用饥饿疗法来治，这种看法在民间还相当普遍。其实这是错误的。因为小儿机体对营养的需求较高，而腹泻时排出量增加，此时如果再禁食，会导致其营养不足，使体内代谢紊乱、腹泻加重或使病情迁延不愈。腹泻患儿仍有消化能力，应该继续喂食易消化的食物，以保证其身体对营养的需要，补充疾病的消耗，促进疾病康复。还有一种观点，父母怕宝宝营养流失太多，因此千方百计地喂宝宝奶、鸡蛋等高脂肪、高蛋白的食物，想以此来弥补腹泻造成的损失，殊不知这样做反而会加重胃肠的负担，使腹泻长时间不愈。

2.预防和纠正脱水

小儿腹泻的严重后果是水分和电解质的大量丢失，发生脱水和电解质紊乱。所以，对腹泻的患儿要多补充水和电解质，预防脱水。可以在500毫升温开水中加入1.75克精食盐（相当于啤酒瓶盖的一半）和食糖10克（相当于2小勺）。按每千克体重20毫升~40毫升计量服用，4小时内服完；以后随时口服，能喝多少给多少。一旦腹泻严重，出现口渴、尿少、哭无眼泪、眼窝凹陷等脱水症状，应该立即到医院就诊。

世界卫生组织推荐的口服补液盐是最经济、方便又科学的补液法，每袋有适当比例的糖、盐和苏打，服用时用温开水250毫升冲半包就可收到与静脉补液同样的效果。

3.不要急于止泻

有些家长看到宝宝腹泻不止，要求医生把腹泻止住或自己到药店买止泻药给宝宝服用，结果不但患儿的腹泻无好转，还可能加重其病情。其实腹泻是机体自我保护的一种反应，有利于毒素和不消化食物排出体外。因此，治疗小儿腹泻时家长不应急于止泻，尤其不能使用抑制肠蠕动的药物。

第3周第5天

健康：宝宝腹泻饮食宜忌

1.腹泻时不能吃甜食

宝宝腹泻时，家长往往喜欢在稀粥或米汤中加些糖，以为这样既补充热能又易消化，这是一种错误的做法。腹泻使肠黏膜受损，不能将糖充分分解为能被肠道吸收的单糖，使水分从肠壁被动地进入肠道，致使肠腔水分增多，排便次数增加。因此，孩子腹泻时不能吃甜食。

2.腹泻时不能用大蒜杀菌

许多家长认为腹泻是因为吃坏了肚子，觉得吃大蒜能杀菌。大蒜由于含有大蒜辣素这种抗菌物质，经常食用确实能对肠道有害菌起到抑制和杀灭作用。但是，宝宝日常发生的腹泻原因有多种，如果是受凉或食用了带有致病菌的不洁物引起的，整个肠道处于紧张应激状态，如果大量进食大蒜，在其产生抗菌消炎作用的同时，大蒜辣素也会加重对肠壁的刺激，使血管进一步充血、水肿，导致更多组织液进入肠道内，使腹泻加剧。因此，宝宝腹泻时不要随便给宝宝吃大蒜，要请医生确诊，然后对症治疗。

3.焦米汤可以治疗腹泻

民间有喝焦米汤来预防和治疗腹泻的方法，这种方法对于因为胃肠道消化功能紊乱而引起的腹泻有不错的治疗效果。先将米粉炒至焦黄，加水和适量糖煮沸成稀糊状。米粉遇水加热即成糊精，易于消化，而且米在炒制时表面部分炭化，它的炭化结构有较好的吸附止泻作用，宝宝腹泻严重时可以选用。米汤的浓稠度不同，家长可以自由把握。

4.腹泻时不要喝果汁

宝宝腹泻时需要补水，一般来说以白开水为最佳选择，有些家长也会给宝宝适量地喝一些果汁，但是，并非所有的果汁都能达到理想的补充体液和矿物质、提供能量的效果。因为果汁中所含有的某些糖类化合物可能会使腹泻症状更加恶化或引发胃痛，尤其是那些含有山梨醇或高含量果糖的果汁，例如葡萄、苹果和梨等。腹泻最好还是喝白开水。

健康：宝宝腹泻对症食疗方

第3周第6天

1.伤食腹泻食疗方

伤食腹泻主要表现为放屁酸臭、口中有异味、食欲不振等。父母应合理调配孩子的饮食，限制孩子的进食量，多给孩子喝白开水。下面是几款伤食型腹泻食疗方，供家长参考。

（1）莱菔鸡金粥

配方：莱菔子9克，鸡内金6克，淮山药粉50克。

制法：莱菔子与鸡内金先加水煎煮20分钟，去渣，再加入淮山药粉煮沸成粥，白糖调味即可。

功效：顺气消食，健脾止泻。

用法：每日1剂，趁热服食。

（2）胡萝卜汤

配方：鲜胡萝卜2个，炒山楂15克。

制法：鲜胡萝卜与炒山楂以水煎汤，加红糖适量即可。

功效：顺气消食，化积止泻。

用法：每日1剂，可连用3～5日。

2.湿热腹泻食疗方

湿热泻主要表现为大便稀水样，或如蛋花汤样，或有黏液，或黄褐恶臭，腹痛即泻，急迫暴注，身有微热，口渴引饮，烦躁，小便短黄，舌红苔黄腻，脉滑数，指纹色紫。家长可用以下食疗方为宝宝调理和止泻。

（1）豆花煎鸡蛋

配方：扁豆花30克，鸡蛋2个，盐少许。

制法：将鸡蛋打入碗中与扁豆花拌匀，用油煎炒，撒盐末少许即可。

功效：清热解毒，化湿止泻。

用法：每日1剂，分2次服用，可连服5～7日。

（2）黄瓜叶速溶饮

配方：鲜黄瓜叶1000克，白糖500克。

制法：将鲜黄瓜叶加水适量，煎煮1小时，去渣，再以小火煎煮浓缩，至将要干锅时停火，冷却后拌入干燥的白糖粉，吸净煎液，混匀，晒干，压碎，装瓶备用。

功效：清热利水，健脾止泻。

用法：每日3次，每次10克，以沸水冲化，顿服。

第3周第7天

早教：促进宝宝的语言发育

1.和宝宝玩打电话的游戏

打电话游戏是一种语言复述游戏。妈妈假装打电话给孩子，说一段话，再让他把这段话传给爸爸。复述的句子根据宝宝的发展水平从短到长，不一定要求复述完整，主要是激发他说话的兴趣，锻炼他重复句子的能力。

2.用字卡拼长句子

先找出一个宝宝易于理解的字或词组，如“苹果”，想想苹果是什么样的，可以找个“红”字拼成“红苹果”，再找一个“大”字放在前面拼成“大红苹果”。这个苹果是谁的或要送给谁，可以在前面加上人称，如“我的大红苹果”或“妈妈的大红苹果”。7个字的句子对两岁宝宝来讲就已经算是长句子了，但有些宝宝还能将它拼成更长的句子，如“爸爸把大红苹果给我”或者“妈妈买了许多大红苹果回家”。“买”“给”或“许多”都可能是宝宝不认识的字，宝宝可以通过问学会。

宝宝心里想讲的话很多，有时不会说，如果找到相应的字卡，哪怕摆出两三个字的字卡，能表达出想说的话也很好。

营养：奶粉并不是越贵越好

第4周第1天

1.罐装奶粉与袋装奶粉有何不同

从营养上讲，罐装奶粉与袋装奶粉并无不同。但罐装奶粉由于包装的缘故不易受到挤压，保鲜期可能会略长。如果宝宝还小，一袋奶粉喝得时间比较久，可以买罐装的奶粉，因为罐装的密封较好，不容易受潮。待宝宝长大一些，奶粉喝得比较快了，从经济角度考虑买袋装是不错的选择。买罐装奶粉的家庭也要注意，最好3~5个月更换一个罐子，因为使用久了密封度会受到影响。

2.奶粉越贵越好吗

有些家长认为奶粉越贵越好，其实适合的才是最好的。每个宝宝的体质是不一样的，不同品牌的奶粉所添加的成分有微小差别，无论是价格低的还是价格高的，只要宝宝适合、爱吃，吃了以后不闹肚子，不大便干燥，体重和身高等指标正常增长，宝宝睡得香，无口臭，无眼屎，无皮疹，就可以给宝宝吃。不一定要给宝宝吃某个品牌的产品，因为可能别人家的宝宝吃了很好，但并不适合你家宝宝的肠胃。

3.含钙量越高的奶粉越好吗

许多家长认为宝宝需要补钙，以为含钙量越高的配方奶粉越好。其实各厂家的配方奶粉原料牛奶本身的含钙量差别并不大，但有些厂家为了寻找卖点，在天然牛奶当中加进了化学钙，人为提高了产品的含钙量。但过多的化学钙并不能被人体吸收利用，反而会使宝宝的大便变得坚硬，难以排出，久而久之还容易在人体中沉淀，甚至造成结石。因此，并不是含钙量越高的奶粉就越好。

4.味道越香浓的奶粉越好吗

有些家长喜欢凭奶粉的口味来判断奶粉的质量，认为奶粉的口味宝宝喜欢，里面的营养含量就高，这是不科学的。奶粉应该是淡香的，无特殊气味儿。但生产商可能有意识地在奶粉中添加一些香兰素、奶香精等芳香物质，使其冲饮时香气扑鼻，以增强人的食欲。但芳香物质仅能改变奶粉的口感，并不能增加奶粉的营养。所以，不能仅以奶粉的味道是否香浓来论其好坏。

第4周 第2天

营养：5步选购放心奶粉

1.一看

就是看奶粉包装物上的产品说明。按照国家标准规定，无论是罐装奶粉还是袋装奶粉，在外包装上必须标明厂名、厂址、生产日期、保质期、执行标准、商标、净含量、配料表、营养成分表及食用方法等内容，若奶粉包装上缺少上述任何一项都不要购买。

2.二查

就是查奶粉的制造日期和保质期限。一般罐装奶粉的制造日期和保存期限分别标示在罐体或罐底上，袋装奶粉的制造日期和保存期限分别标示在袋的侧面或封口处。

3.三压

就是挤压一下奶粉的包装，看是否漏气，如果漏气、漏粉或袋内根本没气，说明该袋奶粉已潜伏质量问题，遇此情况千万不要购买。

4.四摇

就是通过摇检查奶粉中是否有块状物。可通过罐装奶粉上盖的透明胶片观察罐内奶粉，摇动罐体观察，奶粉中若有结块儿，则证明奶粉已经变质，不能食用。袋装奶粉的鉴别方法则是用手去捏，如手感松软平滑、内容物有流动感，则为合格产品；如手感凹凸不平，并有不规则大小块状物，则该产品为变质产品。

5.五比价

就是比较同一品牌产品的市场销售价格。由于各零售单位规模不一，存在价格差异。

此外，还要观察产品的颜色和产品中有无杂质。购买产品后可向售货员要试用品，打开包装，将部分奶粉倒在洁净的白纸上，将奶粉摊匀，观察产品的颗粒、颜色和产品中有无杂质。质量好的奶粉颗粒均匀、无结块儿，颜色呈均匀一致的乳黄色，产品中杂质极少。如产品有团块儿，杂质较多，说明企业加工条件达不到要求，产品质量不能得到保证；如产品颜色呈白色或面粉状，说明产品中可能掺入了淀粉类物质。

营养：早餐是一日膳食的关键

第4周 第3天

俗话说“一日之计在于晨”，早餐的质量关系到宝宝上午活动的能量，也直接影响到宝宝的生长发育。宝宝应定时进食早餐，而且要吃饱、吃好。

1.提供足够的热能

上午，宝宝活动消耗较大，需要的能量也较多。除了及时补充能量消耗外，宝宝的生长发育也需要大量的营养素。因此，及时提供热能充足的早餐对宝宝来说极为重要。一般宝宝早餐的热能应占一日总热能的30%。宝宝的早餐必须有淀粉类的食品，如馒头、粥、蛋糕、蒸饺等主食，这样更利于其他营养素的利用和吸收，也有利于促进宝宝的生长发育。

2.适量增加蛋白质

蛋白质是生命的物质基础，更是宝宝生长发育中最重要的营养物质之一。但人体不能储存过多的蛋白质，需要及时补充。每天早餐中可安排蛋类或肉类，也可安排豆类和豆制品，满足宝宝健康成长的基本要求。

3.合理搭配

在配制宝宝早餐时应注重各种食物的搭配，宝宝的早餐首先要干稀搭配，除了牛奶、豆浆外，也要搭配馒头、面包、蛋糕等谷类食物；其次，还应该荤素搭配，早餐应该包括奶、奶制品、蛋、鱼、肉或大豆及豆制品，还应安排一定数量的蔬菜，这不仅能够维持血液酸碱度的平衡，减轻胃肠道的压力，还能为机体及时提供一定量的维生素。

有些宝宝比较贪睡，常常一觉睡到中午才起床，爸爸妈妈不忍心叫醒宝宝，或者认为多睡有益于宝宝生长发育，而对宝宝睡懒觉采取放任的态度。于是，宝宝的早餐也就这样被长期忽略了。长期不吃早餐的宝宝血糖会低于正常供给，对大脑的营养供应不足，对大脑有害，并容易引起便秘、贫血等症状。2岁之后，宝宝就应该慢慢形成有规律的良好生活习惯，这样可以使宝宝保持朝气蓬勃、身体健康。

第4周第4天

营养：为宝宝制作营养早餐1

制作营养丰富的早餐是妈妈们的必修课，下面就介绍两款制作方便、营养健康的早餐食谱。

1.美味三明治

原料：全麦面包片2片（40克左右），金枪鱼罐头40克，鹌鹑蛋20克，番茄20克，奶酪片20克，生菜叶10克。

做法：

（1）将番茄洗净，切成小粒，鹌鹑蛋煮熟切碎，与金枪鱼搅拌均匀；

（2）在全麦面包片上依次铺上生菜叶、奶酪片、金枪鱼杂拌；

（3）覆盖上另外一片全麦面包，对角斜切；

（4）放入微波炉，以中火加热30秒就可以吃了。

营养提示：三明治营养丰富，兼顾谷类、肉类、蛋类、奶类及蔬菜等多种食材，其中的奶酪是浓缩的牛奶精华，富含优质蛋白质和钙；金枪鱼为深海鱼，蛋白质含量高，不饱和脂肪酸如EPA和DHA等含量丰富，金枪鱼中的牛磺酸还能促进宝宝视力以及神经系统发育。

2.珍珠疙瘩汤

原料：小麦粉50克，鸡蛋50克，番茄100克，胡萝卜20克，西葫芦20克，火腿20克，盐5克，芝麻油5克。

做法：

（1）将番茄、胡萝卜、西葫芦洗净，切成丁，火腿切丁；

（2）向炒锅中倒入油，煸炒番茄、胡萝卜、西葫芦、火腿丁，待番茄呈酱状后放入清水，加盐；

（3）等待水开的过程中将小麦粉加水搅拌均匀，水开后将和好的面用调羹一点一点拨入水中，尽量做成大小均匀的小疙瘩；

（4）将鸡蛋打散，待面疙瘩煮熟后，倒入锅内打成蛋花，淋上芝麻油即可出锅。

营养提示：小麦粉可以提供易消化的碳水化合物，鸡蛋是优质蛋白质的良好来源，火腿丁和芝麻油中所含的脂质能为机体提供能量，加上蔬菜中富含的矿物质与维生素，这道食谱真的是营养丰富啊！

营养：为宝宝制作营养早餐2

第4周第5天

1.虾仁小馄饨

原料：小馄饨皮30克，猪肉30克，海虾80克，香葱20克，生姜5克，蛋清20克，虾皮5克，紫菜5克，盐5克，芝麻油5克。

做法：

（1）葱姜洗净，葱切细粒；

（2）将虾洗净，剥出虾仁，清除虾肠线；

（3）猪肉与虾仁、香葱、生姜一起剁成肉泥，加入蛋清、盐、芝麻油，沿着同一方向快速搅拌，直至感觉到肉的弹性；

（4）用馄饨皮包上少量馅料，捏紧做成官帽样，放入冰箱冷冻室中速冻保存；

（5）早上洗漱前先将馄饨取出解冻；

（6）高汤煮开，放入馄饨煮熟，捞出后盛入碗中；

（7）在汤中放入紫菜、虾皮、香葱、盐、淋上芝麻油调味，倒入盛馄饨的碗中即可。

营养提示：虾味道鲜美，容易消化，蛋白质含量高达20%，富含钙、镁、维生素E、牛磺酸等；虾皮是补钙的良好来源，每100克虾皮中含有991毫克钙，虾皮中还含有丰富的锌、硒、镁、铁等矿物质；干紫菜是蛋白质、碘、维生素A、维生素B_2以及尼克酸的良好来源，钙、镁、铁、铜、硒的含量也高于一般食物。

2.牛奶蒸蛋

原料：牛奶100克，鸡蛋50克，胡萝卜15克，火腿15克，精盐3克，芝麻油3克。

做法：

（1）将鸡蛋打散，待用；

（2）按照2∶1的比例，将牛奶与鸡蛋均匀混合，静置片刻，以便气泡消散；

（3）胡萝卜洗净切成小粒，火腿切细末；

（4）放入胡萝卜丁、火腿末、精盐，搅拌均匀；

（5）将蛋液倒入与宝宝食量相符的小碗，盖上盖子或包上保鲜膜；

（6）大火将水烧开后将小碗放入锅里蒸10分钟，取出后淋上芝麻油。

营养提示：牛奶和鸡蛋能提供优质蛋白质、钙质、维生素A以及多种生长发育必需的维生素和矿物质。这道食谱的不足之处是缺乏碳水化合物，需配合主食一起吃。

第4周 第6天

早教：促进宝宝的动作发育

1.与宝宝玩踩影子的游戏

妈妈同宝宝在阳光下玩耍，让宝宝追踩妈妈的影子。妈妈可以向不同的方向躲闪，让宝宝在阳光下跑来跑去。这个游戏最好在秋天太阳晒得暖和时玩，不宜在夏天太热时玩，以免宝宝奔跑出汗。深秋或初冬季节同宝宝在阳光下玩，可以让宝宝的皮肤晒到太阳，太阳的紫外线晒到皮肤能合成维生素D，预防佝偻病。

这个游戏可以练习奔跑，强健肌肉和筋骨，阳光晒皮肤合成的维生素D可以储存在皮下和肝脏，留待冬季所需。2岁时踩影子与1岁半时追光影不同，1岁半时是练走，两岁后练跑，速度要求不同。

2.用积木搭金字塔

先摆3块积木做桥，在桥旁边隔开半块积木的距离再摆1块积木，在两块积木之上再架成桥；在两桥之上再摆上1块积木就成金字塔了。学会搭下面3块积木的金字塔后，可再在旁边多放1块积木，搭成下面4块、高4层的金字塔。如果还有相同大小的积木，可以再搭成下面5块积木、高5层的金字塔。

宝宝用积木可以搭出不同的花样，如两边用金字塔做桥墩，上面摆一根小尺子搭成高桥或者平衡木。如果要它更稳些，可取掉塔顶上1块，用两块积木做桥墩就更加稳妥。

早教：学认10以上的数字

第4周第7天

1.练习记8位数

让宝宝练习记住几个数，可从家庭电话号码的头4位练起，如同背儿歌那样宝宝会很快记住4个数。每天都背诵一次，过三四天再背电话号码后面的4个数，还要温习背过的前4位。经过两三天的练习，宝宝便能将家庭电话号码的8位数顺利地背诵出来。妈妈带宝宝外出时，可以让他用公用电话给家里打电话，宝宝知道记住电话号码可以找到家人时就会十分高兴，经常默背而不会忘记。个别宝宝2岁时能背8位数，多数2岁半的宝宝会背8位数，3岁时能记住自己家、奶奶家和姥姥家的电话号码。

2.学认10以上的数字

用塑料数字或在纸卡上写数字，先将1摆在左侧，将其他数字随便摆在右侧。如1和2在一起念“十二”，1和4在一起念“十四”，1和6在一起念“十六”等。让宝宝自己摆，然后自己念，看宝宝是否念得对。

再把2摆在左侧，任选数字放在右侧。如2和3念“二十三”，2和5念“二十五”，2和9念“二十九”等。宝宝自己随便摆，自己念。如果宝宝念对了应马上称赞“宝宝真棒”，使宝宝增强自信。

把3摆在左侧，将其他数字任意放在右侧，这次让宝宝猜应当怎样念。如果宝宝猜对了，一定要大加赞扬“宝宝真聪明”，抱起来亲亲。如果宝宝说不出，大人可以告诉他“这是三十几”，再让宝宝自己摆、自己读出。如果宝宝心不在焉，表示宝宝累了，应带他到外面走走或者唱唱歌，换换心情，不要逼着宝宝学习。

有些宝宝会学得很快，有的宝宝较难接受。对于不喜欢认数字的宝宝，可以用摆花生或摆糖果的方法让他学认。先把5个排上一行，另一行也摆5个，请宝宝先数一下，然后把两行合并成一排，另外再多摆一个告诉他是“十一”；让宝宝再取一个摆在旁边，说“十二”。用摆食物的方法先练习，再学摆数字就容易理解了。

2岁第2个月 养育计划

走在路上不愿让大人牵着，而是喜欢自己蹦蹦跳跳。乐于探索各种移动身体的不同方法，如小兔子跳跳、小鸭子摇摇摆摆。经常模仿大人讲话，重复大人讲过的话，发现一个新的词语时非常高兴，反复说并说给大人听。

生长发育情况

1.体格发育

到这个月的月末，也就是宝宝满2岁2个月（26月龄）的时候：

母乳喂养儿童体格发育情况

身高（厘米）							
性别	−3SD 轻度生长迟缓	−2SD 正常	−1SD 正常	0SD 正常	+1SD 正常	+2SD 正常	+3SD 偏高
男孩	79.3	82.5	85.6	88.8	92.0	95.2	98.3
女孩	77.5	80.8	84.1	87.4	90.8	94.1	97.4
体重（千克）							
性别	−3SD 中度体重不足	−2SD 轻度体重不足	−1SD 正常	0SD 正常	+1SD 正常	+2SD 正常	+3SD 超重或肥胖
男孩	8.9	10.0	11.2	12.5	14.1	15.8	17.8
女孩	8.4	9.4	10.5	11.9	13.5	15.4	17.7
头围（厘米）							
性别	−3SD	−2SD	−1SD	0SD	+1SD	+2SD	+3SD
男孩	44.4	45.8	47.1	48.5	49.9	51.2	52.6
女孩	43.3	44.7	46.1	47.5	48.9	50.3	51.7

数据来源于《世界卫生组织儿童生长标准（2006年）》，SD为标准差，0SD即为平均数。

2.动作发育

（1）大动作发育

◎ 走在路上不愿让大人牵着，而是喜欢自己蹦蹦跳跳，时而蹲下去捡块小石头再扔出去。

◎ 喜欢创造一些运动游戏，乐于探索各种移动身体的不同方法，如小兔子跳跳、小鸭子摇摇摆摆。

（2）精细动作发育

会用手拆开东西。

3.语言发育

◎ 经常模仿大人讲话，喜欢重复大人讲过的话。

◎ 发现一个新的词语时非常高兴，反复说并说给大人听。

◎ 家长带宝宝到户外散步或活动时可以就看见的情景提问，让宝宝回答，这非常有利于宝宝语言表达能力的发展。在家长的引导下，宝宝会越来越爱向家长提问。

4.社会性发育

◎ 认识到自己与别人不一样，时常说“我”“我的”。

◎ 喜欢玩角色扮演游戏，喜欢书中或现实生活中的某一个角色，并模仿这个角色的动作、表情。

◎ 与家长的交流开始减少，渐渐表现出与其他同龄宝宝交往的兴趣。

5.认知发育

◎ 对学习字母和数字兴趣极大，能按数取物。数是抽象的概念，要用很具体的办法才能让宝宝理解，通过游戏边看边做会使难懂的问题易于理解。

◎ 对小动物表现出特别喜爱，还会在一旁观察小动物很长一段时间。

◎ 试图把各种长方体、正方体等不同形状的小物体放入相应形状的形状分类器或盒子中。

◎ 能区分冬天和夏天，并能根据明天和今天的概念理解昨天。

第1周第1天

营养：宝宝春季饮食原则

1.春季饮食原则

中医认为，春天是阳气生发的季节，人应该顺应天时的变化，通过饮食调养阳气，以保持身体的健康，总的饮食原则是：

◎主食选择高热量的食物。主食中除米、面、杂粮外还要适量加入豆类、花生等热量较高的食物。

◎保证充足的优质蛋白质供给。优质蛋白质的主要来源于奶类、蛋类、鱼肉、禽肉、猪牛羊瘦肉等。

◎ 保证充足的维生素供给。青菜及水果的维生素含量较高，如番茄、青椒等含有较多的维生素C，是增强体质、抵御疾病的重要营养素。

◎春季饮食忌生冷、油腻。传统医学认为春季为肝气旺盛之时，多食酸味食品会使肝气过盛而损害脾胃，所以应少食酸味食品。

2.早春饮食安排

阳历的2月3日～2月20日为早春，早春时节为冬春交换之季，气温仍然较低，人体消耗的热量较多，所以宜进食偏于温热的食物。

3.春季中期饮食安排

春季中期（3月5日～3月21日）为天气变化较大之时，气温骤冷骤热，变化较大，可以参照早春时期的饮食进行。在气温较高时可多让宝宝吃些青菜，少吃些肉类食物。

4.暮春饮食安排

暮春（4月4日～4月21日）为春夏交换之时，气温偏热，所以宜进食清淡的食物，并注意补充足够的维生素，如饮食中应适当增加青菜。宝宝的一日饮食可以这样安排：

◎ 早餐：豆浆250毫升，主食100克，小菜适量；

◎ 午餐：主食150克，鱼蛋肉类（或豆制品）50克，青菜250克，菜汤适量；

◎ 晚餐：主食100克，青菜200克，米粥1碗。

营养：春季饮食润当先

第1周 第2天

万物复苏的春天是宝宝生长发育速度最快的季节，正确的饮食调理对于促进宝宝的健康成长和增强抵抗力至关重要，这其中关键的一点就是要让宝宝在这个温暖干燥的季节里足够润！

1.喝水润宝宝

春天多风，气候的干燥程度一点儿不亚于冬天。随着温度的增高、衣服的减少、新陈代谢与血液循环的加快，经呼吸和体表蒸发所造成的水分丢失也会增加。因此，在春天让宝宝多喝水是保持湿润的基本条件。那么，如何判断宝宝是否喝足了水呢？方法很简单：观察小便。如果小便次数不少，尿液基本无色或呈淡淡的黄色，说明宝宝喝足水了。妈妈们请注意，这里说的水指无味的白开水，这才是最珍贵的饮料！千万不要用糖水或果汁代替，这样才能帮助宝宝从小养成良好的饮水习惯。

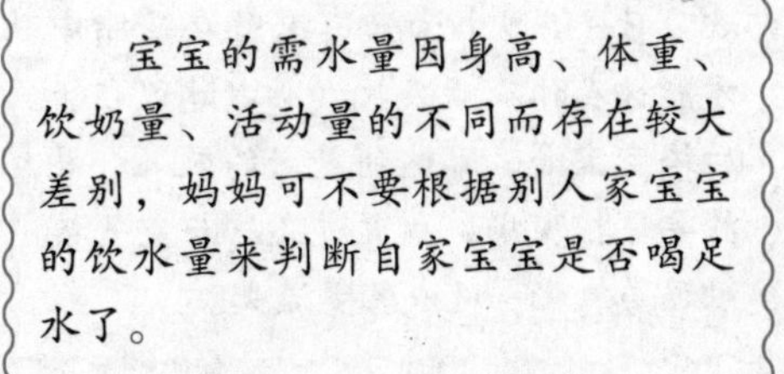

专家提示

宝宝的需水量因身高、体重、饮奶量、活动量的不同而存在较大差别，妈妈可不要根据别人家宝宝的饮水量来判断自家宝宝是否喝足水了。

2.果蔬润宝宝

新鲜的蔬菜、水果具有清洁肠道的功能，还能增强抵抗力、促进食欲。比如白菜、油菜、萝卜、芹菜、小白菜、彩椒、番茄、菜花等蔬菜，还有苹果、鸭梨、柑橘、柠檬、猕猴桃、香蕉等水果，富含钾、镁、B族维生素、叶酸和维生素C，这些营养素具有抗氧化、抗病毒、辅助代谢、减轻疲劳的功效，有助于清除体内的毒素和代谢废物。

水果应当被吃而不是喝下去，否则营养功效会大打折扣！因为果蔬中丰富的膳食纤维能促进肠道中有益菌群的生长，吸附毒素，增加粪便的体积和松软度，帮助宝宝远离大便干燥的痛苦。把水果切成小块儿给宝宝吃还能锻炼宝宝的咀嚼能力，促进宝宝面部骨骼的发育。

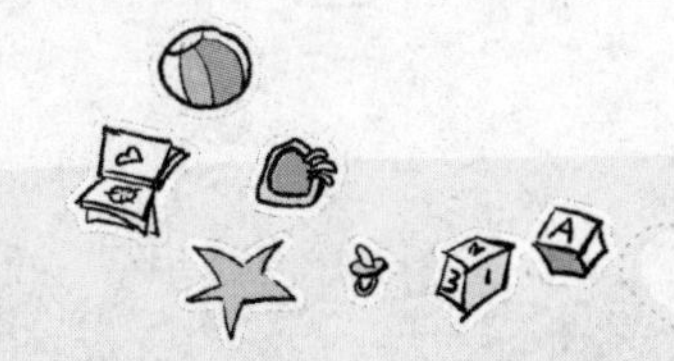

第1周第3天

营养：宝宝春季滋润小食谱

1.银耳莲子羹

原料：银耳20克，莲子10克，红枣10克，枸杞5克，冰糖5克。

做法：（1）将银耳泡发洗净，去掉老蒂，撕成小片；（2）莲子洗净，去除莲心；（3）红枣、枸杞洗净；（4）砂锅中放入银耳、莲子，大火煮沸后再用小火慢炖，中途不要揭盖搅拌；（5）约1小时后放入红枣、枸杞、冰糖，继续用小火慢炖半小时左右即可。

营养提示：银耳具有滋阴润肺、养胃生津的功效，对于春季皮肤干燥和肺部燥热疗效极佳。银耳富含的天然胶质可增加皮肤弹性，银耳多糖可提高机体免疫功能，膳食纤维还能促进肠道蠕动，防止便秘发生。

小贴士：莲心性寒，可清热去火，如宝宝有上火症状可以不必去除。但春天乍寒还暖，不上火的情况下最好去除。另外，给宝宝喝的莲子银耳羹不宜过甜，加少量冰糖即可。

2.胡萝卜苹果汁

原料：胡萝卜200克，苹果200克。

做法：（1）将胡萝卜洗净去皮，切成小段；（2）将苹果洗净，去核，切成小块；（3）分别榨取胡萝卜汁和苹果汁，混匀即食。

营养提示：胡萝卜含有丰富的β-胡萝卜素，可以促进皮肤生长与分化，防止宝宝娇嫩的皮肤干燥皲裂。苹果不仅营养价值极高，而且有助于消化。

专家提示

β-胡萝卜素只有溶解在油脂中才能被人体有效吸收，所以建议在饭后给宝宝喝，可达到更好的效果。果汁要现榨现喝，放置过久，与空气接触容易氧化，造成营养流失。

营养：宝宝喝水有讲究

第1周第4天

重视进食、忽视饮水是不少家长存在的一个喂养误区。水是构成人体组织细胞和体液的重要成分，一切生理与代谢活动，包括食物的消化、养分的运送、养分的吸收和废物的排泄，无一能离开水，年龄越小对水的需求量相对越多。因此，在每餐之间应给宝宝一定量的水喝。

1.白开水

白开水是宝宝最好的饮料。白开水是经过科学净化天然状态下的水，煮沸后杀死水中的致病菌，水中保留了钙、镁等矿物质，它和体内生物细胞中的水分子有较大的亲和力，容易透过细胞膜进入细胞内，参加体内代谢活动，起到排毒、净化血液、利尿、通便等作用。

有的父母认为水烧得越开越好，在水沸腾后还继续加热，让水烧很长时间。他们不知道，这样一来卫生的水反倒变成不卫生的水了。因为长时间烧煮的水中硝酸根离子会变成亚硝酸根离子，对人体是有害的，可引起癌变。因此，不要给宝宝喝长时间沸腾的水。另外，烧开水不要用铁锅，隔夜后重新加热煮沸的水同样也不能给宝宝喝。

2.水果水

煮梨水、煮苹果水、煮橘子水等有一定的香甜味，宝宝容易接受，但一煮水果中的维生素大部分被破坏了。

3.鲜榨水果汁

现吃现榨，营养得以保存，包括维生素C、B族维生素、β-胡萝卜素及矿物质铁、锌、钙等。清洁卫生，不含色素及防腐剂。但给宝宝饮用时同样应该兑些水，以免过甜。特别是西瓜，糖分含量在水果中属于较高的。由于孩子的胃肠功能没有发育完全，糖分浓度过高，造成肠黏膜无法吸收消化，刺激消化道，导致高渗性腹泻。因此，最好将西瓜汁用水稀释后再给宝宝喝。

4.蔬菜水

现吃现煮，其中所含维生素很少，但有一定微量元素的保存。如想煮菠菜和苋菜水喝一定要焯过后再煮水，避免食入过多草酸，影响体内钙的吸收。

第1周第5天

安全：警惕宝宝的危险行为

2岁的宝宝最难带，最易出事，因为他们已具备相当的能力，又有自己的主意。为此，父母要经常检查宝宝的玩具是否安全，缝线是否开始变松，车轮是否松动；宝宝爱爬、爱藏的地方是否有钉和刺；楼梯口、窗台及阳台是否有安全措施等，以消除隐患，确保安全。

宝宝会模仿大人用手头之物做试验，如用小棍去刺布娃娃看它是否流血；用硬东西撬绒毛动物的眼睛，因为它很亮，很像水果糖，要尝尝是什么味道；把细小的珠子塞入自己的鼻孔和耳朵。宝宝作为试探者对玩具会较粗暴，将它扔开，甩在地上，坐在上面，抱着它打滚，如果玩具有硬的尖角会刺伤宝宝。

在骑木马或者旋转的玩具椅时，宝宝身体失衡会向前趴在玩具的尖角上，如大公鸡的红鸡冠、兔子耳朵、牛的尖角等。这些又尖又硬的东西会刺伤突然往前扑的宝宝而发生危险。如果家中有这种玩具要用软布将尖端包裹起来。

宝宝最喜欢各种车辆，喜欢按开关让它走，让它鸣笛或者亮灯；也会使劲将它的轮子或好看的部位拔出来，细小的轴和螺母会伤害顽皮的探索者或者被他吞掉。所以父母为宝宝购置的每一种玩具都要细心检查，防止这个能跑、能跳又有力气的探索者受到伤害。

铅笔和中国画颜料中都含铅，而油画棒原料中含有一定量的可溶性重金属元素，如铅、钡、铬、锑、镉、汞、砷等，如果在不知不觉地摄入这些重金属元素，会在一定程度上对人体产生危害。宝宝很喜欢撕油画棒上的包装纸，撕下来后直接用手接触油画棒，有的甚至把油画棒放入嘴里，摄入的重金属会更多，如果过量摄入会造成重金属中毒。因此，3岁以下的宝宝最好不要使用油画棒、彩色铅笔和中国画颜料。如果要使用油画棒，应到正规的商场或美术用品专卖店购买，批发市场的产品质量有时难以保证。注意其包装上的标志是否齐全，有无产品名称、厂家厂址、安全标志等，目前安全标志主要有CE、CP两种。看清油画棒有无警示语，适用年龄段等标注。使用后及时将宝宝的手洗干净，以免在吃东西时将重金属摄入体内，危害健康。

健康：春季要注意预防过敏性皮炎

第1周 第6天

春天是百花盛开的季节，各种花粉会在空气中形成飘浮物，过敏性体质的人吸入后会引起过敏性疾病。皮肤在春天抵抗力较差，最易发生过敏，常见的有日光性皮炎、丘疹性荨麻疹、荨麻疹等过敏性皮肤病。因此，家长在带着宝宝享受无限春光的同时，要注意防止各种皮肤过敏。

1.治疗过敏性皮炎

一旦发生上述过敏性皮炎，千万不要自己到药店给宝宝买药膏涂抹，因为外用药中多数都含有激素，如果用在面部会形成激素性皮炎，表现为用药后短期内很快见效，停药后反而加重，长期使用易形成药物依赖，皮肤变得粗糙、萎缩，皮疹更严重，难以治愈。最好到正规的医疗机构进行过敏实验，查明致敏原因，在医生的指导下对症治疗。冷水给予肌肤寒冷刺激，能使免疫力与抵抗力增强。将毛巾浸泡于冷水中（自来水即可），然后将湿冷的毛巾放于患病部位，以旋转方式擦洗，顺时针或逆时针旋转，并轻轻按揉，每日2次。

2.预防过敏性皮炎

不要因为宝宝过敏就不让宝宝外出运动，相反，最好每天带宝宝外出运动，因为运动能增进血液循环，增强皮肤抵抗力。外出时不妨给宝宝穿上长袖衣服，戴上口罩，尽量减少皮肤暴露在外，以避免皮肤表面接触到花粉等物质。也可提前服一些防过敏的药物。以往患过日光性皮炎的宝宝要注意尽量避免阳光的直接照射。春天外出旅游时要把袖口、裤腿扎紧，防止小虫内钻。晒被褥、衣服时尽量避开树下的位置，收回时要掸一下，把可能粘上的小虫掸掉。房间（特别是安装空调的房间）要经常开窗通风，保持空气清新和流通。

过敏体质的宝宝在饮食上要特别注意营养均衡，多吃一些水果、蔬菜，少吃花生、大豆、鱼虾、牛羊肉和油腻、甜食及刺激性食物。多吃维生素丰富的食物可以增强机体免疫力。维生素C是天然的抗组织胺剂，每天都应该从饮食中摄取。

给宝宝洗脸、洗澡的时候不要使用碱性的护肤品和香皂，可选择适合过敏肤质使用的洗护用品。孩子的生活要有规律，养成早睡早起的好习惯，睡眠有保证，体力恢复得快，身体的抵抗力也就增强了。

第1周第7天

早教：育儿方式影响宝宝性格

一般来说，2岁的宝宝在性格上已有了明显的个体差异，且随着年龄的增长，性格改变的可能性越来越小。培养宝宝的性格关键取决于这一时期的养育方式。

1.性格形成与早期生活习惯密切相关

这一点尚未引起人们足够的重视。常听到有的父母抱怨宝宝天性胆小、娇气，殊不知，恰恰是家长自己无意中以错误的育儿方式养成了宝宝的这种毛病。实际上，培养宝宝性格品质要从小抓起，从建立良好的生活习惯着手，如饮食、睡眠、排泄安排、自理能力训练等，这些先入为主的习惯就是宝宝日后的习性。

2.父母的情感态度对宝宝性格的导向作用十分重要

现代父母的情感流露比前辈显得更直接，频率和强度更高，这样会使宝宝变得非常脆弱和具依赖性，在娇宠中变得批评不得，甚至父母的声音稍高一点儿，宝宝也会因此受惊而大哭不止，显示出脆弱的性格特征。一般情况下，娇气脆弱的宝宝常缺乏足够的心理承受力，一旦受到挫折极容易出现心理障碍。

3.父母的焦虑心理对宝宝有暗示作用

如今独生子女多，父母的悉心照顾表现在各个方面，如替宝宝包办的事情过多，对宝宝的正常活动限制过多等。父母过分担心的心理不可避免地通过言谈举止显露出来，对宝宝起到暗示作用。不少父母在宝宝想参加某项活动之前，总是向宝宝列举种种危险，结果使宝宝产生了恐惧的心理，并因此畏缩不前。年龄愈小的宝宝愈容易接受暗示，父母的性格特点极易潜移默化地传导给宝宝。

现在的父母还往往把宝宝的身体健康寄托在各种食品和药品上，而不是让宝宝在阳光、新鲜空气和户外运动中锻炼身体。一般体弱多病与性格懦弱之间存在着一定的内在联系，因为病儿会受到父母更加细心的照顾和宠爱，这便成为了助长软弱性格的温床。这种保护过度的育儿方式，会使宝宝的性格具有明显的惰性特征，表现为好吃懒做、好静懒动，缺乏靠自身能力解决问题的内在动力。

营养：春季不要忘记为宝宝养肝

第2周第1天

1.多吃温阳性食物

性温味甘的食物首选谷类，如糯米、黑米、高粱、黍米、燕麦；蔬果类，如刀豆、南瓜、扁豆、红枣、桂圆、核桃、栗子；肉鱼类，如鸡肉、牛肉、猪肚、鲫鱼、花鲤、鲈鱼、草鱼、黄鳝等。特别是鸡汤，对滋养肝血、肝气最好，春季可以多给宝宝喝一些鸡汤。还可以给宝宝吃一些动物肝脏，首选鸭肝，其次是羊肝、猪肝、鸡肝，对养肝血和保养眼睛都很好。

2.多吃生发性食物

可选吃韭菜、大蒜、洋葱、魔芋、大头菜、芥菜、香菜、生姜、葱等，这类蔬菜均性温味辛，既可疏散风寒，又能抑杀潮湿环境下滋生的病菌。春天适量吃些性温的韭菜可起到补人体阳气、增强肝和脾胃功能的作用。葱一身是药，其叶能利五脏、消水肿；葱白可通阳发汗、解毒消肿；葱汁可解毒，活血止痛；葱根能治痔疮及便血。大蒜辛温，有解毒化淤之功，对春天预防呼吸道和胃肠道传染病有良好作用，并能清洁血液，有益于心血管健康。此外，春天可用大枣（或红枣）、淮山与大米、小米、豇豆（或赤小豆）煮粥食用，以健脾养胃、滋阴润燥。

3.多吃酸味食物

食物的五味（酸、苦、甘、辛、咸）与人体的肝、心、脾、肺、肾相应。酸入肝，所以多食酸性食物有利于肝的滋润，水果如酸枣、橙子、猕猴桃等可多给宝宝吃一些。

4.多吃时令蔬果

冬季过后会较普遍地出现多种维生素、矿物质摄取不足的情况，如春天常见的口腔炎、口角炎、舌炎、夜盲症和某些皮肤病等，都是因为新鲜蔬菜吃得少营养失调所致。春季新鲜蔬菜有黄豆芽、绿豆芽、香菜、春笋、菠菜、小白菜、油菜、胡萝卜、芹菜、油菜、莴笋和荸荠等，都属于性味甘平的食品，适宜春季服食，既能补充多种维生素、矿物质，又可清热润燥，有利于体内积热的散发。

第2周第2天

营养：春季应该适当多吃的食物

1.春季应适当给宝宝吃些甜食

与冬天相比，春天人们的户外活动增多，体力消耗较大，故需要较多的能量。但此时脾胃较弱，也就是胃肠的消化能力较差，还不适合多吃肉食，需要增加的能量可适当由糖供应。糖的极品是蜂蜜，故蜂蜜是春季最理想的滋补品。中医认为，蜂蜜味甘，入脾胃二经，能补中益气、润肠通便。蜂蜜还有清肺解毒的功能，故能增强人体免疫力。现代科学分析，蜂蜜含有多种矿物质与维生素，为人体代谢活动所必需。因此，在春季，如果每天能饮用1～2匙蜂蜜，以一杯温开水冲服或加配方奶服用，对身体有滋补的作用。但要注意，1岁以上的宝宝应选择儿童专用蜂蜜。

2.春季应给宝宝多吃富含维生素的食物

春天，宝宝对维生素的需求增加了，如果维生素摄入量不能满足身体需要，就容易出现口角发炎、齿龈出血、皮肤粗糙等症状。因此，春季应多给宝宝吃芹菜、菠菜、番茄、青椒、卷心菜、花菜、胡萝卜、山芋、土豆、荠菜、香椿、苋菜等蔬菜，主食上适当搭配粗粮和杂粮，如玉米、麦片等。为了引起宝宝吃的兴趣，春令蔬菜可以炒食、炖煮，还可以包成馄饨、饺子和春卷等。在烹调蔬菜时要用猛火，时间不宜长，这是为了减少水溶性维生素的损失；蔬菜一次不要煮得太多，以免一次吃不完再次回锅时会使水溶性维生素丧失殆尽。

3.春季鼻出血可对症吃药膳

春季气候干燥，宝宝容易鼻子出血。偶然出一两次鼻血，父母不用惊慌。经常出鼻血的宝宝可以服用一些药膳，比如牛角生地粥，能治疗血热型鼻出血、口舌生疮、面红目赤、大便秘结、烦躁不眠等；豆腐石膏汤、藕汁蜜糖露可以治疗肺热型鼻出血，表现为鼻腔干燥出血，色红但量不多，身热，咳嗽痰少，口干，舌红，脉数；藕节西瓜粥可以治疗肝火上逆型鼻出血，表现为鼻衄、头痛、目赤、口苦咽干、易怒、舌边红、苔薄黄。但这些药膳必须在查明宝宝出鼻血原因之后对症下药，切不可盲目给宝宝服食。

健康：春季要重点防感冒

第2周 第3天

1.注意个人和家庭卫生

打喷嚏、咳嗽时使用手帕遮住口鼻，不直接面对他人，可以减少传播、感染的机会。一些常见的病菌或病毒，除了通过飞沫传染外，还常通过侵犯人体黏膜组织而传播，而且接触传染要比空气传染严重。呼吸道传染病患者的鼻涕、痰液等呼吸道分泌物中含有大量的病菌，有可能通过手接触分泌物传染给宝宝，因此要特别注意手的卫生。家长出入公共场所后回到家中最好要洗手、换完衣物再去接触宝宝，以保护宝宝免受感染。

人们每天都要使用牙刷，如果上面带有病毒很容易反复感染。另外，牙刷常处于潮湿状态，病原体易滋生繁殖，对身体健康极为不利。因此，每月至少要更换一次牙刷，平时要把牙刷放在通风、干燥的地方。

此外，每天早晚让宝宝用淡盐水漱口，用淡盐水擦拭宝宝的鼻腔，也可以有效防止流感的发生。

2.少去公共场所

疾病流行季节不带宝宝去空气流通不畅、人口密集的公共场所，如电影院、聚会场所、大商场等。尽量少带宝宝到医院去，医院容易发生交叉感染。

3.保持室内空气流通

早春气温较低，许多家庭喜欢紧闭门窗，认为这样可以防止冷空气进入，宝宝也就不会被冻病了。其实，这样是不利于宝宝健康的。室内空气不流通，空气会越来越混浊，更容易滋生细菌和病毒。白天最好每3～4小时开一次窗，每次15分钟左右。如果担心穿堂风会让宝宝着凉，不必一次将所有的窗户都打开。房间多的家庭可以各个房间轮流开窗，宝宝起床后可以让宝宝到客厅吃饭，卧室开窗通风；上午10点左右带宝宝到室外活动时，再将客厅的窗户打开通风。天气晴朗的时候，宝宝午睡时也可以把窗户打开一些。晚上临睡前开窗通气能使屋里空气清新，使宝宝睡得更香。晚上睡觉的房间最好能留一条窗缝，保证新鲜空气的输入。但一定要注意循序渐进，不要突然让宝宝开窗睡觉。

第2周第4天

健康：合理穿衣不感冒

1.适度“春捂”

初春气温忽高忽低，如果衣服减得太快很可能在“倒春寒”的日子里着凉感冒。特别是对抵抗力本来就比较弱的宝宝来说，保暖就显得更为重要了。那么给宝宝穿多少才合适呢？有一个很简单的方法，即宝宝应该比成人少穿一件衣服。因为宝宝虽然没有成人耐寒，但新陈代谢快，而且爱玩爱动，穿多了很容易出汗，出汗是宝宝感冒的主要诱因之一。家长可以在宝宝玩耍时摸摸宝宝的后脖子，如果感觉温暖而没有出汗说明所穿的衣服正合适。感冒与冷空气南下和持续降温密切相关，因此，家长在冷空气来临的前一两天就要适当给宝宝增添衣物了。当昼夜温差大于8℃时需要“捂”，而当气温持续在15℃以上时就不要再“捂”了。

2.关键部位别着凉

后背保暖可减少感冒的机会，而肚子保暖对保护宝宝的脾胃很重要。因为宝宝脾胃功能发育不是很完善，当冷空气刺激腹部时很容易引发肚子疼等各种不适。薄棉背心是这个季节的好选择，既可以保护宝宝的腹部和背部不受凉，又有利于宝宝活动，穿脱也很方便。俗话说“寒从脚起”，足底的神经末梢非常丰富，也是对外界最敏感的地方，宝宝的小脚暖和了才不会生病。

3.及时增减衣服

在宝宝的穿衣问题上还要注意，不能凭大人的主观愿望来处理。有的家长自己怕冷就给宝宝穿得很多，自己怕热就给宝宝穿得很少，这样是不对的。一定要根据宝宝自身的情况来决定衣着的多少。春季可以给宝宝准备一件轻薄保暖的外套，如果宝宝在室内从事动态活动，一般只穿着长袖T恤即可；如果在室内从事静态活动，则要加上一件小背心；外出时应穿上保暖外套。家长们千万别小看这一招，虽然只是简单的衣物增减，但如果做得好，宝宝可少生好多病。宝宝感觉到热或者已经出汗时不要马上给宝宝将衣服脱掉，应该先用干毛巾把宝宝背上的汗擦干，等汗落下去了再给宝宝减衣服。

健康：宝宝感冒早治疗

第2周 第5天

感冒特别强调早期治疗，早期治疗可加速感冒的痊愈，也可防止出现并发症。给宝宝使用感冒药一定要对症，对症用药才会有效果。

1.抗病毒药

西医认为，感冒大多为病毒感染所致，常用的抗病毒药有利巴韦林、病毒唑等，疗程3～5日。流行性感冒可选用达菲，疗程3日，有一定的效果。

不要给宝宝用成人的感冒药。因为有不少成人用的感冒药对宝宝有危害，如速效伤风胶囊、感冒通、安痛定等药，含有扑热息痛、非那西丁、氨基比林、咖啡因等成分，这些成分对骨髓造血系统可产生抑制作用，影响宝宝血细胞的生成和生长，导致白细胞减少及粒细胞缺乏，降低宝宝的免疫力，有的可引起中毒性肝损坏。

2.抗生素

无咳黄痰、白细胞增高等细菌感染依据时一般不需用抗生素。许多研究资料表明，抗生素不能缩短小儿感冒的病程，也不能预防并发症。但如果出现并发症，如中耳炎、副鼻窦炎、颈淋巴结炎、气管炎、肺炎等，则需要应用抗生素。另外，一些重症患儿及高度怀疑细菌感染的年幼体弱患儿也要应用抗生素。

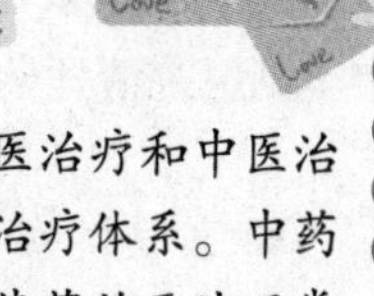

专家提示

不要同时进行西医治疗和中医治疗，这是两种不同的治疗体系。中药和西药交叉使用会使其药效无法正常发挥，甚至会使病情更加复杂。

3.咳嗽用药

以咳嗽为主要症状的感冒，一定要注意患儿是否有痰，可根据咽部是否有痰声来判断。注意区分是感冒初起还是咳嗽日久，合理选用药物。感冒初起时多是刺激性干咳，无痰或少痰。感冒后期咳嗽时间较长，痰液较多，尤以夜间平卧以后咳嗽加重，有时咳嗽引起呕吐，吐出物为白色黏痰。咳嗽有痰应以化痰止咳为原则，决不能为了止住咳嗽就服用强力镇咳药。这样容易掩盖病情，使病情恶化。尤其是润肺止咳方面的中成药，过早应用会使痰液更加黏稠，病情恶化。

第2周第6天

健康：警惕感冒并发症

1.急性鼻窦炎

宝宝鼻腔黏膜与鼻窦黏膜连接，鼻窦口相对较大，患急性鼻炎时易致鼻窦炎。如果宝宝流鼻涕超过10天没有改善迹象，黄绿色的浓稠鼻涕伴随咳嗽，严重鼻塞、头痛，有可能是引发了鼻窦炎，应立即带宝宝到医院请耳鼻喉科医生诊治。

2.急性喉炎

宝宝的咽喉腔比较狭小，黏膜和黏膜下组织比较松软，血管、淋巴和腺体十分丰富，受到感染后咽喉腔的黏膜易肿胀，使空气的通道明显缩小，故在感冒时常会并发急性喉炎。

急性喉炎是一种喉部黏膜急性弥漫性炎症，除了有感冒的一般症状之外，患儿一阵阵咳嗽，声音听起来就像小狗叫，说话或哭时声音嘶哑，甚至发不出声音；呼吸发憋，吸气时可以听到喉鸣音，严重时可出现呼吸困难。一般白天症状相对较轻，夜间入睡后加重。当家长发现宝宝有上述表现时，应立即去医院请医生诊治，切不可在家自行吃药治疗或等到白天再去医院，以免延误病情，因为这种病严重时会出现呼吸困难，甚至因喉部水肿梗阻呼吸道造成窒息死亡。

3.心肌炎

心肌的炎症反应多出现于体弱或感染病毒症状较重的宝宝，一般多在感冒时或感冒后1～3周出现胸闷、心悸、乏力、心前区疼痛、心律不齐，严重者可出现急性心力衰竭或心源性休克。如果出现以上症状应立即送宝宝到医院检查、治疗。

4.急性肾炎

在健康宝宝的上呼吸道内有一些细菌存在，如溶血性链球菌、肺炎双球菌等。在正常情况下这些细菌不引起疾病，但在感冒时若处理不当，机体抵抗力下降，细菌即可侵入体内，引起疾病。感冒并发β－溶血性链球菌感染时易引起急性肾炎，主要表现为：（1）水肿：始于眼睑，呈下行性，非凹陷性；（2）尿少及血尿：24小时尿量小于200毫升，肉眼血尿颜色可为洗肉水样或浓茶样；（3）高血压：血压增高明显时可出现头痛、呕吐及抽搐、意识障碍等高血压性脑病等表现。如有上述表现应立即送患儿到医院诊治。

早教：早教是该玩还是该学

第2周第7天

对于宝宝来说，学和玩本来就是一体的，他们的玩就是学。而想让宝宝学的东西也要以玩的方式，这样才符合宝宝的年龄特点和天性。

家长要明白，学要符合宝宝内在的需求和发展特点。此外，早期的知识灌输并没有显示出任何持久的优势。比如，一个宝宝很早就开始学习阅读，其他宝宝在小学后很快便追上来。因此，早期会做某些事情并不意味着宝宝以后就会做得比别人更好。

将各种认知信息充满宝宝的小脑袋，这是中国式早期教育的一个误区。宝宝要在环境中通过活动才能更好地学习，而不是被动地接受成人的指导。早期教育的主要目标如果只是让宝宝获得超过其年龄的知识，所带来的风险是创造了一个紧张、压力的环境，可能压制宝宝的探索和学习愿望。

给宝宝探索的机会比世界上所有的识字卡更加珍贵。宝宝不像成人，他们对游戏和工作不做人工的区分。游戏就是宝宝的工作！每一次玩的经验也都是学习的经验。用嘴吹泡泡，用木勺敲打炒菜锅，让定时器发出铃声，这些都是重要的因果关系的课程。在水里拍起浪花，在草地上翻跟头，赤脚在泥里啪唧啪唧踩，这些都是关于物理性质的课程。给宝宝这样的探索机会才是最好的学习方式。

其实，关于早期教育的观点确实很多，也各有主张，甚至有些是相互矛盾的。但是关于儿童大脑发育的研究以及对孤儿的研究都发现，早期的刺激不足，环境的丰富性有缺失，以及正常的感情需求得不到满足，会影响宝宝的智力等各方面的心理发展。所以，让宝宝在丰富的环境中成长，给他正常的父母关爱，提供良好的社会学习机会，宝宝才能健康成长，这是旷古不变的育儿真理。

和宝宝多一些情感沟通，给他丰富的刺激，引导他对周围的一切感兴趣，这些对宝宝的成长都应该是很益的。所以，家长不必在意别人说了些什么，也不要照搬书上的理论，只要基本原则对了就不会有问题。

第3周第1天

营养：宝宝成长不可缺铁

1.哪些因素可促进铁的吸收

（1）膳食中有适量的脂类对铁的吸收有利，但脂类含量过高或过低均会降低铁的吸收。（2）各种碳水化合物对铁的吸收与存留也有影响，作用最大的是乳糖，其次是蔗糖、葡萄糖，以淀粉代替乳糖或葡萄糖会明显降低铁的吸收率。（3）钙含量丰富可部分减少植酸、草酸对铁吸收的影响，有利于铁的吸收，但大量的钙则不利于铁的吸收。（4）维生素A与β－胡萝卜素在肠道内可与铁结合，防止诸如植酸、多酚类对铁吸收的不利影响。现在已经发现，缺铁性贫血与维生素A缺乏往往同时存在，给维生素A缺乏者补充维生素A，即使铁的摄入量不变，铁的营养状况亦有所改善。（5）维生素B_2有利于铁的吸收、转运与储存，当维生素B_2缺乏时铁的吸收、转运与肝、脾储铁均受影响。在有关宝宝贫血的调查中发现，贫血与维生素B2缺乏有关。（6）维生素C有利于铁的吸收，口服较大剂量维生素C可显著增加非血红素铁的吸收，在铁缺乏时，维生素C对铁吸收率的提高作用更明显。

2.哪些因素会妨碍铁的吸收

（1）锌与铁之间有较强的竞争作用，当一种过多时可干扰另一种的吸收。（2）膳食纤维摄入过多时可干扰铁的吸收。（3）粮谷类和蔬菜中的植酸盐、草酸盐能与铁形成不溶性盐，影响铁的吸收。（4）在茶、咖啡以及菠菜中含有多酚类化合物，可明显抑制铁的吸收。（5）蛋类中存在一种卵黄高磷蛋白，可干扰铁的吸收，使蛋类铁的吸收率降低。

3.铁的膳食来源主要有哪些

膳食中铁的良好来源主要为动物肝脏（每100克猪肝含铁25毫克）、动物全血、畜禽肉类、鱼类、鸡胗、牛肾、大豆、黑木耳（每100克含铁185毫克）、芝麻酱（每100克含铁58毫克）、红糖、蛋黄、猪肾、羊肾、干果等。

一般而言，动物性食物比植物性食物铁的吸收率要高，因为肉、禽、鱼类食物中的铁约有40%是血红素铁，其吸收一般不受膳食因素和肠道环境的影响。动物肉、肝中铁的吸收率大约为22%，鱼为11%，小麦、面粉为5%，蛋类为3%，大米为1%。

营养：宝宝补铁美食1

第3周第2天

1.香甜芝麻糊

特点：香喷喷，爽滑滑，每个宝宝都会喜欢的。

原料：黑芝麻500克，糯米200克，白糖300克。

做法：（1）去掉黑芝麻中的杂质，洗净，不放油炒至发出轻微噼噼啪啪的响声，颗粒鼓胀起来；（2）炒好后摊开晾凉；（3）将糯米淘洗干净，除净水分，上锅炒至颜色微黄，同样摊开晾凉；（4）将芝麻与糯米一起用粉碎机磨细，加入白糖搅拌均匀，盛于容器中，盖紧备用；（5）食用时取出，加水用小火煮，边煮边搅拌，煮成糊状即可，也可以用开水冲服。

营养提示：黑芝麻含铁量丰富（22.7毫克/100克），而且富含钙质（780毫克/100克），补铁的同时又能补钙，一举两得。同时还富含蛋白质、维生素E、卵磷脂、不饱和脂肪酸等，可以促进宝宝大脑发育。

2.美味猪肝糕

特点：软嫩如豆腐一般！

原料：猪肝50克，醋5克，黄酒5克，葱5克，姜5克，生粉5克，生抽3克，糖1克，食盐1克。

做法：（1）将新鲜猪肝在流水下反复冲洗至发白，再放入清水中浸泡30分钟（水要完全浸没猪肝），水中可加一勺醋以去除腥味；（2）洗净的猪肝用刀横剖，用不锈钢小勺细细刮取切面处的肝泥；（3）肝泥放进碗中，加入黄酒、生抽、糖、盐、生粉腌制10分钟；（4）葱切细丝，姜切薄片，上锅前放入碗中腌制一会儿（去腥，吃前挑出来），还可加入少量水（使猪肝泥更嫩）；（5）将碗放入蒸锅，中火蒸熟，切成小块儿即可食用了。

营养提示：猪肝中富含维生素A、维生素B_2以及铁、锌、硒等微量元素，每100克猪肝中即含有22.6毫克的铁元素，且吸收率高达22%，是最常见的补血食品。

第3周第3天

营养：宝宝补铁美食2

1.红白喜事

特点：清淡爽滑。

原料：嫩豆腐50克，鸭血豆腐50克，酱油5克，醋3克，白糖3克，食盐1克，葱5克，姜5克，生粉5克，香菜、高汤适量。

做法：

（1）把嫩豆腐和鸭血豆腐切成1厘米见方的小丁，放进开水中焯一下；（2）葱切小段，姜切薄片，香菜切末儿；（3）高汤倒进锅里烧开后，放入豆腐丁、鸭血豆腐丁、葱段、姜片，再加入酱油、食盐、白糖、醋，用生粉勾芡，出锅前撒一点香菜末儿。

营养提示：鸭血中蛋白质和铁含量丰富，每100克鸭血中含有高达30.5毫克的血红素铁，是吸收率最高的补血食品。鸭血有净化肠道、促进有毒物质排出的作用。

2.枣泥山药

特点：甜糯可口，造型可爱。

原料：铁棍山药250克，干红枣200克，绵白糖20克，糯米粉20克，黑芝麻适量。

做法：

（1）山药洗净、切段，干红枣洗净；（2）将红枣和山药分别放入蒸锅中，大火蒸60分钟左右；（3）山药蒸熟后去皮，趁热调入绵白糖，用搅拌机或小勺制成细腻的山药泥；（4）红枣去皮、去核，搅拌成枣泥；（5）在手上均匀地撒一些糯米粉，取适量山药泥放在手中，压成扁平的，在中间放入适量枣泥；（6）用山药泥将枣泥完全包住，捏成一个个小球；（7）把捏好的小球放入蒸锅，中火蒸制10分钟，出锅后撒上芝麻即可。

营养提示：枣中富含红枣多糖、维生素及微量元素，属于药食同源的食品。其中，铁含量为2.3毫克/100克，丰富的维生素C又可以促进铁的吸收，对提高体内铁元素水平大有裨益。山药中富含膳食纤维、黏蛋白、消化酶，能促进蛋白质和淀粉的分解，对宝宝的胃肠道功能很有帮助。

营养：不要随意服用补铁剂

第3周 第4天

宝宝是否患缺铁性贫血一定要去正规的医院检查确诊，在医生的指导下决定如何进行治疗。一般来说，血红蛋白在100克～110克/升之间的轻度患儿可以暂时不用服药，而从日常的饮食中进行改善和调理，多吃富含铁质的食物，并多吃果蔬，促进铁的吸收；但如果血红蛋白在100克/升以下，就可以考虑根据医嘱服铁剂治疗。

注意要按规定的药量服用，超过规定的剂量反而会使铁的吸收率下降，还会增加对宝宝胃黏膜的刺激，使宝宝发生恶心、呕吐、腹泻等消化道反应。铁剂最好在两餐之间服用，既可减少对胃黏膜的刺激，又有利于吸收。铁剂还不应与奶、茶水同服，因奶中含磷较高，茶水含鞣酸，都会影响铁的吸收。如果有的宝宝服药后副作用比较大，可服用刺激性比较小的葡萄糖酸亚铁，或把药物减至半量，待胃肠道症状消失后再加至足量。

第3周第5天

健康：春季小心支气管哮喘

支气管哮喘是儿童期最常见的慢性疾病，70%的患儿首次出现哮喘症状的年龄在3岁以下，有1/3～1/2的儿童哮喘迁延至成人。哮喘反复发作会严重影响宝宝正常的生长发育。

1.发病原因

研究发现，哮喘主要与过敏体质、上呼吸道感染和空气污染有关。如果宝宝的父母或祖父母、外祖父母患有哮喘病，即有哮喘病家族史；或者宝宝本身有过敏史或反复呼吸道感染，其患哮喘病的概率将明显高于正常人群。过敏性体质的宝宝感染细菌或病毒后，细菌、病毒的代谢产物会在支气管黏膜上引发变态反应，表现为支气管管壁肌肉痉挛性收缩、内膜充血水肿以及黏液分泌过多，造成支气管管腔变得狭窄，空气进入发生障碍，导致患儿缺氧，最终诱发支气管哮喘发生。

家族病史和先天体质是哮喘发病的主要因素，而呼吸道感染只是外界的一个诱因。除了呼吸道感染这个诱因之外，生活中还有一些其他的常见诱因：如气候改变，气温突然变冷或气压降低常可激发哮喘发作，因此，一般春秋两季儿童发病明显增加。剧烈运动也可引发哮喘，国外报道约90%的哮喘患儿是因剧烈运动诱发的，这种哮喘又称“运动性哮喘”。蚊香、香烟的烟尘、植物油、汽油、油漆的气味等可刺激支气管黏膜下的感觉神经末梢，反射性地引起咳嗽和刺激迷走神经而使支气管平滑肌痉挛。和成人相比，宝宝更易对螨虫过敏，诱发哮喘，这种哮喘多在晚上发作。

2.主要症状

如果宝宝有以下症状，要考虑到哮喘的可能：

◎ 经常揉眼睛和鼻子，出现鼻痒、咽痒、眼痒和流泪；

◎ 连续打喷嚏，伴鼻塞、流涕，但体温正常；

◎ 出现咳嗽、胸闷等不适表现。

急性发作时表现为阵发性、刺激性咳嗽，喘息气促，呼吸困难，家人能够听到宝宝在呼气时发出的高音调哨笛声。症状常历时几分钟或几小时自行缓解，或经治疗而缓解。但症状反复发作，且多发生在夜间或凌晨。一部分宝宝只有咳嗽并无喘息、气促、呼吸困难等症状，但咳嗽久治不愈。

健康：支气管哮喘的家庭护理

第3周第6天

1.学会正确使用药物

在正规的哮喘门诊就诊时，医生会据宝宝的年龄、病情及合作能力为其选用适当的药物剂型、剂量与吸药装置，并教会正确的使用方法。家长应认真关注专科医生的讲解与演示，掌握正确的药物吸入方法与剂量，学习与用药有关的各种注意事项，并协助、鼓励宝宝每日按时用药。

家里的哮喘备用药快用完时要提前购买并储存在家里。带宝宝外出时一定不要忘记带快速缓解药，防备哮喘突然发作。

家长要与医生经常保持联系，坚持长期给宝宝用药治疗。而且，每年带宝宝去医院2～3次，检查身体和用药情况，按照医嘱使用哮喘药物。

2.尽量避免哮喘发作

◎ 家中装修要选用环保建材，并且装修后不要急于入住，开窗通风、除味后再入住。

◎ 室内不要摆放气味浓郁的花草，不要挂壁毯、字画，不要用地毯。

◎ 家里不要养猫、养狗。

◎ 吸烟是引起咳喘的最常见的原因之一，家人必须戒除或远避开宝宝吸烟。

◎ 尽量用新棉花制作被子和床垫，避免用丝绵、皮毛、羽绒做被褥或枕芯材料。软椅不要铺坐垫和靠垫，以免积蓄灰尘和霉菌。给宝宝的床垫和枕头蒙一个特殊防尘罩，并经常用开水洗床单和毯子，放在太阳下晒干。

◎ 保持居室清洁无尘，打扫卫生尽量用湿布擦拭。使用空调时室温不可过低，应维持在22℃～26℃之间。

◎ 注意让宝宝避开有刺激性的气味，如避开家里的做饭烟雾或其他强烈气味；窗外空气中充满汽车尾气、扬尘及花和树木花粉时要赶快将窗户关上。

◎ 宝宝不在家时才可以扫地、吸尘、抹灰、刷漆、喷洒杀虫剂，使用强清洁剂、煮强烈气味的食物。而且，一定要在宝宝回家之前把屋里的气味放干净。

◎ 外出时给宝宝系上围巾、戴上帽子，并注意足部保暖，避免双脚受凉引起鼻黏膜血管收缩，以致感冒而诱发哮喘。但也不宜添加过多的衣物，使宝宝流大汗，这样也易致感冒。

◎ 不宜让宝宝剧烈活动或过于劳累，和小朋友玩游戏时不要过于吵闹。

第3周第7天

早教：让宝宝的左右手都灵巧

根据脑科学家们的研究，每个人出生的时候大脑结构都有些细微的区别。一个人是以左手为主（也就是我们平常说的左撇子）还是以右手为主，是跟大脑天生下来的结构有关系的。使用右手为主的人，他的左脑比较发达，左脑主管的抽象思维，像认字、算术，都会比较好，但是右脑功能就会比较差，像空间思维、形象思维等；使用左手为主的人，右脑比较发达，空间思维、具体形象思维如画画、音乐会比较好，但是抽象思维就会比较差。

所以，宝宝喜欢用哪个手，原则上不要硬把他纠正过来，重要的是扬长避短。右手为主的，要有意识地多用左手，多做运动、多画画；左手为主的，就要有意识地多使用右手，有意识地促进他的抽象思维的发展。这样，大脑的左右两边才能得到比较均衡的发展，大脑的潜能才能得到最大限度的利用。

1岁之前的宝宝，左右脑功能尚未分化，左右手也尚未分工，所以他经常同时使用双手抱、抓、拿；2岁的宝宝，左右脑逐渐分化，但还没有形成优势左手或者优势右手；3岁以后的宝宝动作更协调，如果他经常使用左手生活、学习和做事，才可能断定宝宝是“左撇子”。

“左撇子”通常与父母遗传有关。由于中国人书写汉字使用右手更方便，所以大部分中国人都是右手优势。即使是“左撇子”也不影响宝宝的发展，妈妈不必强行矫正，否则会给宝宝造成很大的心理压力。因为，人的大脑左半球支配右半身的活动，右半球支配左半身的活动，所以习惯使用右手的人，左脑的抽象思维功能较发达，右脑的形象思维功能有待开发利用；“左撇子”则正好相反。

宝宝的大脑全面发育才更有利于他的成长，应该同时开发左右脑。民间流传“左撇子更聪明”的说法是片面的，妈妈可以用游戏的方式多给宝宝锻炼右手的机会，使宝宝的双手都变得灵巧起来。

营养：春季润燥营养餐

第4周第1天

1.银耳莲子羹

原料：银耳20克，莲子10克，红枣10克，枸杞5克，冰糖5克。

做法：

（1）银耳泡发洗净，去掉老蒂，撕成小片；

（2）莲子洗净，去除莲心；

（2）红枣、枸杞洗净；

（4）砂锅中放入银耳、莲子，大火煮沸后再用小火慢炖，中途不要揭盖搅拌；

（5）约1小时后放入红枣、枸杞、冰糖，继续用小火慢炖半小时左右即可。

营养提示：银耳具有滋阴润肺、养胃生津的功效，对于春季皮肤干燥和肺部燥热疗效极佳。银耳富含的天然胶质可增加皮肤弹性，银耳多糖可提高机体免疫功能，膳食纤维还能促进肠道蠕动，防止便秘发生。

2.胡萝卜苹果汁

原料：胡萝卜200克，苹果200克。

做法：

（1）将胡萝卜洗净去皮，切成小段；

（2）将苹果洗净，去核，切成小块；

（3）分别榨取胡萝卜汁和苹果汁，混匀即食。

营养提示：胡萝卜含有丰富的β-胡萝卜素，可以促进皮肤生长与分化，防止娇嫩的皮肤干燥皲裂；苹果不仅营养价值极高，而且有助于消化。

专家提示

β-胡萝卜素属于脂溶性物质，只有溶解在油脂中才能被人体有效吸收，所以建议在饭后给宝宝喝，可达到更好的效果。其实，所有水果、蔬菜，如梨、葡萄、猕猴桃、芹菜、黄瓜等都可以榨汁，具体可根据当季新鲜水果进行选择。注意，要现榨现喝，放置过久，与空气接触容易氧化，造成营养流失。

第4周第2天

健康：春季小心过敏性鼻炎

过敏性鼻炎医学上称为“变态反应性鼻炎”，是一种很常见的呼吸道疾病，它虽然可以常年发病，但发病有显著的季节性特点，患者每到花粉播散季节便开始发病。

过敏性鼻炎已被人们描述为“21世纪的流行病”，患病率每20年增加1倍。很多时候过敏性鼻炎首发在儿童期。过敏性鼻炎会明显影响宝宝的学习、娱乐和休息，导致注意力不集中、思维迟钝、忧郁、疲劳等认知障碍，延误治疗还会并发哮喘、鼻息肉、鼻窦炎、中耳炎等症。

1.发病原因

过敏性鼻炎的发生与遗传和环境因素有关。

（1）家族过敏史

有哮喘或过敏性鼻炎家族史的宝宝，发生过敏性鼻炎的风险较普通人群高出2~6倍，发生哮喘的风险高出3~4倍。

（2）接触过敏源

具有家族遗传因素或哮喘病患儿，在接触花粉以及尘埃、螨虫、动物皮毛、烟雾、寒冷等室内外变态反应源，或食入牛奶、鱼、虾、牛、羊肉等食物后，容易诱发过敏性鼻炎。

（3）环境污染

近年来，由于工业化进程的加快，大气污染加剧，使原来不是过敏性体质的人也演变成过敏性体质。而车辆的增加，柴油废气中的芳香汀颗粒、家庭装修造成的甲醛污染，又加速过敏性炎症反应的发生。它们虽然不是过敏源，却成为季节性过敏性鼻炎发作的一个强刺激。

（4）主要症状

过敏性鼻炎的主要表现是流清涕、鼻塞、鼻痒、打喷嚏，常被误认为是伤风感冒。患儿常表现为阵发性鼻痒，继之连续打喷嚏，少则一次几个，多则几十个。喷嚏以清晨和睡醒时最重，有少数患儿会因鼻痒常做歪口、耸鼻等奇异动作，也有些患儿不断用手指或手掌擦鼻前部。鼻塞严重时患儿张口呼吸；由于夜里鼻涕流向鼻咽部，所以引发反复咳嗽。

急性发作时常有大量水样鼻涕流出，间歇或持续鼻塞，还可出现眼部发痒、结膜充血、耳痒、咽部痒、嗅觉减退、哮喘等伴随症状和体征，发病严重时睡眠、日间活动、运动、游戏、上学都有可能受影响。

健康：过敏性鼻炎的治疗

第4周第3天

医生根据患儿的症状、体征、持续时间和程度将过敏性鼻炎分为轻度间歇性、中重度间歇性、轻度持续性、中重度持续性4种类型，并据此为患儿选择阶梯性治疗方案。

◎ 间歇性：症状发作每周少于4天或持续时间少于4周。

◎ 持续性：症状发作每周超过4天或持续时间超过4周。

◎ 轻度：发作时喷嚏、鼻痒、鼻涕和鼻塞4项症状中有2项以下，症状轻微能够忍受，睡眠、日间活动、运动、娱乐未受影响。

◎ 中重度：发作时喷嚏、鼻痒、鼻涕和鼻塞4项症状中有2项以上，症状明显无法忍受，睡眠、日间活动、运动、娱乐、工作、上学受到影响。

一般采取全身和局部抗过敏药物治疗，抗组胺药为首选药物。口服或鼻内使用抗组胺药有助于减轻鼻黏膜水肿，减轻流涕和喷嚏症状。如果能按年龄选择适宜的药物，掌握正确的使用方法，副作用一般很少，不妨碍孩子正常的生长发育。

专家提示

约有1/3的过敏性鼻炎患者合并支气管哮喘，而哮喘患者约有78%合并过敏性鼻炎。因此，近年认为过敏性鼻炎与支气管哮喘都是一种炎症性疾病。所以，对已发生过敏性鼻炎而还没有发生哮喘的患者，要积极治疗过敏性鼻炎，以防哮喘发生；对已发生过敏性鼻炎和哮喘的患者，积极治疗过敏性鼻炎，会有助于缓解哮喘。

第4周第4天

健康：积极预防过敏性鼻炎

1.减少外出

一般清晨或雨天花粉指数相对较低，较适宜带宝宝出去享受新鲜空气。有风的晴天，空气中的花粉指数很高，应该减少外出，避免户外活动，特别是少带宝宝去草丛、花园里玩耍。

2.外出时做好防护

比如戴个口罩，回家后及时为宝宝换衣服、洗澡，洗去落在头上和衣服上的花粉，以免花粉直接接触宝宝的皮肤，引起皮肤发生过敏现象。

3.白天家里尽量关上门窗

如果自己家附近有很多的树木和花卉，白天尽量关上门窗，尤其是中午的时候，花粉浓度最高。敏感季节居室最好不使用空调，尽量使用空气过滤器。

4.减少室内的刺激因素

家里定期要超等彻底清扫，消除蟑螂、尘螨及灰尘。床上用品最好使用防螨材料制品，每周用热水洗涤床上用品，并在阳光下干燥，洗过的衣服最好用烘干机烘干。避免给宝宝玩填充或毛绒玩具，居室里避免使用地毯和挂毯，室内尽量少放家具，注意减少室内植物。保持室内干燥、通风，不在室内吸烟。

5.增强宝宝的抵抗力

生活要有规律，平衡饮食，加强体育锻炼，增强体质。尝试用冷水洗脸，使皮肤经常受到刺激，增加局部血液循环，保持鼻腔通气。积极预防急性呼吸道疾病。

6.坚持进行户外锻炼

平时应多带宝宝进行户外活动，锻炼身体，还要多晒太阳。提高宝宝对外界环境变化的适应性、耐寒力及抵抗力。

7.及时给宝宝增减衣服

平时不要给宝宝穿得过多，气候变化时要及时帮宝宝增减衣服，既不能让宝宝受凉受冻，又不能捂得满头大汗。

健康：春季多运动，健康不生病

第4周第5天

1.空气浴

春天是阳气生发的季节，要多带宝宝到户外活动，以吸收大自然的阳气，同时促使宝宝体内积热的发散，提高其抗病能力。只要户外温度在零度以上即可开始户外活动。每日1～2次，一般在上午10～12点和下午2～3点进行，每次由15分钟逐渐加至1个小时。如户外温度在零度以下，一般可让宝宝在室内活动，但应打开窗户通风换气。

春季虽然外部空气质量低，但仍须保证每天开窗半小时以上，加强室内空气对流。开窗通风时注意不要让风直接吹到宝宝，房间多的家庭一个房间通风时可以让宝宝到其他房间玩耍。

2.水浴

让宝宝在35℃左右的温水中活动。春季宜每日1次，在水中时间约为7～12分钟，一般宜在早餐前或午睡后进行。要注意不断加温水，以保持温度。

2～3岁的宝宝可以进行冲浴或淋浴。冲浴时以喷壶冲水，从上肢到胸背、下肢，但注意不要冲宝宝的头部。淋浴比冲浴保健效果更好，因温度之外还有水流的机械压力，可以起到一定的按摩作用。浴后要立即用干毛巾擦干宝宝全身，最好能擦至皮肤微红。第一次冲淋时水温为35℃左右，以后可以逐渐下降至26℃～28℃。现在国外流行锻炼宝宝用冷水洗脸、洗脚，然后坚持洗冷水浴，这都属于增强儿童体质的锻炼方法。但训练过程中一定要遵循循序渐进的原则，让宝宝慢慢适应，切不可急于求成。

3.日光浴

春季阳光充足，阳光中的紫外线含量是所有季节中最高的。紫外线不仅有很好的杀菌作用，而且能刺激骨髓增生，使红细胞增多，有利于人体携氧，加快组织的新陈代谢，增强小儿造血及免疫功能。因此，春季应该增加宝宝的户外活动，特别是要多进行日光浴。日光浴宜在上午10～12点和下午2～3点进行，3岁以下的宝宝每日可进行10～15分钟。

小贴士

紫外线的照射时间不宜过长，否则会对皮肤造成不良影响。

第4周第6天

早教：注意培养宝宝的音乐智能

宝宝的节奏感都很好，有很多宝宝听到音乐就开始打节拍或者跟着扭动身体。这时，家长要进一步培养宝宝的音乐智能。培养宝宝音乐智能的方法很多，以下是一些供家长参考和选择的方法：

◎ 听音乐拍手，跟着音乐的节奏拍手。

◎ 听音乐跳舞，跟着音乐的节奏和情绪做简单的扭动身体的动作。

◎ 给歌曲编动作，边唱歌边做相应的自编的动作。

◎ 给动作打节奏，比如刷牙，可以来个三拍子的刷牙，再来个四拍子的刷牙，这都是很好玩的节奏游戏。

◎ 给歌曲编新词，比如把《生日歌》改编成《刷牙歌》，“祝你生日快乐”变成“我们快来刷牙”，音乐不变，词变一变，让它变成很有创意的活动。

总之，只要动动脑筋，就可以用音乐来玩很多游戏！

下面介绍一个唱歌、表演的游戏，让家长和宝宝都加入到快乐的音乐之中：

游戏方法：宝宝学唱一首新歌，把歌词和旋律节拍都学会可在茶余饭后请宝宝表演。爸爸妈妈可以用乐器或者用打击节拍的东西轻轻伴奏。如果宝宝能顺利地唱头几句就要表扬，能把整首歌唱完当然更好。有时唱了几句下面就接不上了，大人可以帮着把歌唱完；有时大人可以示范一次如何表演，让宝宝模仿。

千万不要提“害羞”二字，2岁的宝宝本来就不懂唱歌为什么要害羞。他们大声唱几句会感到很痛快，要鼓励孩子大声唱歌。在家时能理直气壮地唱，在大庭广众之下就可以这样唱。许多家长常说自己的孩子在幼儿园不敢讲话，明明会答的问题也不敢开口，更不敢唱歌。这是因为大人过早原谅孩子害羞，以为这是优点，其实是一种误导。应当鼓励孩子敢于说话、敢于唱歌、敢于表达自己的意见。

早教：逐步培养宝宝的独立意识

第4周 第7天

宝宝2岁以后，因动作发育迅速，便产生了对什么都想尝试的愿望。此时宝宝独立行动的愿望开始显露出来，他们常常表示“让我自己来做”。家长此时可以抓住时机，利用宝宝的这种心理，并根据宝宝的能力，鼓励他自己的事情自己做。

宝宝学习穿脱衣服时可先学穿袜子、裤子、上衣，再学穿鞋。家长先帮助穿脱，慢慢过渡到偶尔帮一下忙，直到宝宝自己会穿脱。父母还要教会宝宝将脱下的衣服、鞋、袜叠放整齐。宝宝学解、系纽扣时可先在大人的衣服上练习，然后再练习系、解自己衣服上的纽扣。

有些家长总担心让宝宝自己吃饭会将汤、饭撒得到处都是，并弄脏了衣服，因而不愿让宝宝自己吃饭，常包办代替。这么做的后果是不仅失去了一个训练宝宝动作发育的好时机，也很容易使宝宝养成依赖的性格，甚至于到了五六岁可能还要让大人喂饭。父母应从宝宝1岁左右的时候就开始训练他们，让他们自己拿勺吃饭，一般到了3岁就能够自己用勺吃饭了。4岁以后可以让宝宝试着用筷子吃饭，这样不仅培养了宝宝独立生活能力，也有利于宝宝大脑的发育。在宝宝独自吃饭的过程中手指的灵活性会随之提高。

除了让宝宝自己吃饭外，还应让宝宝学会自己洗手、洗脸。父母可以帮忙挽好袖口，塞好衣领，以免弄湿衣服。宝宝初学洗脸时，家长可在一旁略加帮忙和指导，未洗到的地方再帮助洗洗，渐渐地宝宝就能洗得很干净了。刷牙时，可先教会要领并做示范，再让宝宝自己体会、摸索，直到掌握为止。

等宝宝再大一些，父母可以让宝宝做一些力所能及的家务来锻炼他们，比如擦桌子、搬椅子、倒垃圾等。分给宝宝一些家务，让他们来负责，既锻炼了劳动能力，又培养了他为别人服务的意识。在宝宝做这些事情的时候，难免会出现摔坏碗、弄湿弄脏衣服等失误，家长不要厉声斥责，应以鼓励为主。

2岁第3个月养育计划

2岁多的宝宝已经能听懂基本生活语言，可以说一些完整的简单句，这时候家长要帮宝宝说出他的心里话，耐心地解读宝宝的心理密码。家长要经常和宝宝说话，扩大宝宝的词汇量，提高宝宝的表达能力。

生长发育情况

1.体格发育

到这个月的月末，也就是宝宝满2岁3个月（27月龄）的时候：

母乳喂养儿童体格发育情况

身高（厘米）							
性别	−3SD 轻度生长迟缓	−2SD 正常	−1SD 正常	0SD 正常	+1SD 正常	+2SD 正常	+3SD 偏高
男孩	79.9	83.1	86.4	89.6	92.9	96.1	99.3
女孩	78.1	81.5	84.9	88.3	91.7	95.0	98.4
体重（千克）							
性别	−3SD 中度体重不足	−2SD 轻度体重不足	−1SD 正常	0SD 正常	+1SD 正常	+2SD 正常	+3SD 超重或肥胖
男孩	9.0	10.1	11.3	12.7	14.3	16.1	18.1
女孩	8.5	9.5	10.7	12.1	13.7	15.7	18.0
头围（厘米）							
性别	−3SD	−2SD	−1SD	0SD	+1SD	+2SD	+3SD
男孩	44.5	45.9	47.2	48.6	50.0	51.4	52.7
女孩	43.4	44.8	46.2	47.6	49.0	50.4	51.8

数据来源于《世界卫生组织儿童生长标准（2006年）》，SD为标准差，0SD即为平均数。

2.动作发育

可以练习跳远，以增强双腿弹跳能力。

营养：饮食误区早避免

第1周第1天

误区1：多吃菜、少吃饭

许多家长都认为菜肴的营养更加丰富，米饭、面食等主食的营养结构比较单调，从而让宝宝多吃菜、少吃饭。其实，这种做法是不科学的。要养育一个健康的宝宝，必须既要吃菜又要吃饭，不能有所偏废。谷类食物包括大米、白面、杂粮、薯类等，含有丰富的碳水化合物、蛋白质、膳食纤维和B族维生素，对宝宝来说，碳水化合物所提供的能量占他们所需总热能的50%左右，而谷类食物是碳水化合物的主要来源，主食摄入过少宝宝会缺乏能量；谷类食物还是维生素B_1的主要来源，缺乏维生素B_1宝宝很可能会出现神经与心血管系统的疾病。

误区2：用水果代替蔬菜

有些家长认为水果营养优于蔬菜，加之水果口感好，孩子更乐于接受，因而轻蔬重果，甚至用水果代替蔬菜。其实，水果与蔬菜各有所长，营养差异甚大。总的来说，蔬菜比起水果来对宝宝的发育更为重要。拿苹果与青菜来比较，前者的含钙量只有后者的1/27，铁质只有1/2，胡萝卜素仅有1/31，而这些养分均是孩子生长发育（包括智力发育）不可缺少的“黄金物质”。当然，水果也有蔬菜所没有的保健优势，故两者应兼顾，互相补充，不可偏颇，更不能互相取代。

误区3：果蔬生吃更有营养

近年来，“生吃更有营养”的说法被越来越多的人所接受，这种观点认为绿色蔬菜中维生素、纤维素和微量元素含量较高，如果要充分摄取绿色蔬菜中的营养物质，生吃比较好。但是对宝宝来说，除非是绿色食品，一般不要生吃。因为宝宝的免疫功能还不够完善，胃肠道也还比较娇嫩，容易受到寄生虫、细菌及农药残留物的危害。此外，还有一些特殊的蔬菜，比如胡萝卜，就是要经过烹饪之后才能更有利于宝宝的吸收。番茄虽然生吃也有一定的好处，但番茄经高温加工后，番茄红素含量增高，更容易被机体吸收利用，所以最好是生熟相间吃，其中的各种营养素都能兼顾到。

第1周第2天

营养：内外兼修，防止铅超标

随着环境污染日益加重，婴幼儿铅中毒的发生率也在逐年递增。处于生长发育期的宝宝，对铅的吸收率远远高于成人，其排泄铅的能力又较成人低，仅有2/3的铅可被排出体外，更容易受到伤害。过量的铅会影响宝宝的神经系统及造血系统，诱发多动症、贫血、生长发育迟缓等病，严重危害身体健康。

1.修炼内功，排铅无忧

合理均衡的饮食，特别是在膳食中供给充足的含硫蛋白质、维生素C、B族维生素以及钙、锌、铁、硒等微量元素，有助于促进体内铅的解毒及排出，有效防治铅中毒。

（1）维生素C

维生素C与铅结合可以生成难溶于水而无毒的盐类，随粪便排出体外。维生素C广泛存在于水果、蔬菜及一些植物的叶子中，带酸味的水果如橘子、柠檬、苹果、草莓等，鲜辣椒、卷心菜、蒜苗、雪里红、番茄、菜花等也含有维生素C。

（2）蛋白质和铁

蛋白质和铁可取代铅与组织中的有机物结合，加速铅代谢，含优质蛋白质的食物有鸡蛋、牛奶和瘦肉等；含铁丰富的绿叶菜和水果则有菠菜、芹菜、油菜、萝卜缨、苋菜、荠菜、番茄、柑橘、桃、李、杏、菠萝和红枣等。

2.修炼外功，轻松排铅

（1）谨慎选择彩色餐具

劣质餐具的彩釉会逐渐释放出铅等有害物质，所以尽量少选用彩色餐具。家人也要少用含铅的厨具、食物容器、化妆品、釉彩陶器等。

（2）远离汽车尾气

宝宝通过肺吸入大气中的铅，其中有50%来源于汽车尾气，所以不要让孩子在马路边玩耍。

（3）放弃晨水

清晨的自来水最好别用，自来水经过一夜的集存，会积聚大量的铅，因此要流3～5分钟再用。

（4）养成好习惯

改变不良生活习惯或饮食，经常洗手，定期进行家庭扫除，少吃含铅食品（如传统工艺制作的松花蛋、爆米花等）。

（5）选择安全无毒的玩具

选择有3C认证的玩具，并教育宝宝不要啃咬玩具。

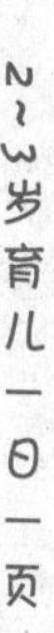

营养：宝宝排铅小食谱

第1周第3天

面对各种各样的排铅方法，食疗排铅对于宝宝来说既安全又美味，还能得到营养，真是一举三得。

1.酸甜可口小菜花

特色：花朵般的菜肴足够吸引宝宝的注意，酸酸甜甜的口味更是宝宝的最爱。

原料：菜花1/2朵，番茄酱适量。

做法：（1）将菜花清洗干净，择成一朵朵的小花；（2）锅内放适量油，将菜花炒熟；（3）最后加入适量的番茄酱即可。

营养提示：番茄酱中有盐分，所以不用再额外添加盐。

2.甜心柠香蜂蜜汁

特色：甜甜美美的滋味让宝宝嘴角时刻扬起甜甜的笑。

原料：柠檬1个，纯净水5 0 0毫升，宝宝蜂蜜适量。

做法：（1）柠檬洗净，切两半，挤压出柠檬汁；（2）将柠檬汁倒入纯净水中；（3）加入适量宝宝蜂蜜调味即可。

营养提示：若宝宝对蜂蜜产生胃肠道过敏反应可换成冰糖调味。

3.喷香木耳炒金针

特色：鲜滑爽脆的口感，绝对没有让宝宝拒绝的理由。

原料：黑木耳2 0克，金针菜1 0克，猪肉20克，鸡蛋1个，盐适量。

做法：（1）黑木耳、金针菜用温水发好、洗净，鸡蛋备用，猪肉切片备用；（2）将黑木耳撕成小块儿，金针菜切成2厘米长的小段，鸡蛋摊成鸡蛋碎；（3）油热后放入肉片、黑木耳、金针菜，翻炒熟，最后加入摊好的鸡蛋碎和适量食盐即可。

营养提示：木耳具有清除铅毒的功能，经常食用可有效地清除体内的铅毒及其他有害物质。

第1周第4天

安全：外出购物要防止宝宝走失

家里的大人带宝宝去商场、超市购物看起来是件再平常不过的事了，可这里面却暗藏着一些宝宝可能走失的险情。那么，去购物时怎样避免宝宝走失呢？

1.请营业员帮忙照看宝宝

有些家长在挑选商品时注意力全部集中在所选货品上，把身旁的宝宝给忽略了。宝宝可能就趁这时去找自己喜欢的玩具或物品，等家长挑选完商品，宝宝也早已不知去向了。为了避免这种情况发生，如果是去超市购物，可以把宝宝放在购物车里；如果是在商场，可以请营业员帮忙照看宝宝。

2.挑选商品时不要与宝宝分开

在超市里宝宝可以轻松拿到自己喜欢的商品，而且有时会在一个货架区停留很长时间。有的家长就想利用宝宝挑商品的同时，去别的货架选择自己需要的东西。可往往等家长回到宝宝所在区域，宝宝却不见了。超市的货架高大纷杂，而且有些超市还分几层购物区，一旦家长与宝宝走散了，再想找到彼此都是一件很困难的事。所以，带宝宝在超市购物，家长要保持耐心，与宝宝形影相随才行。

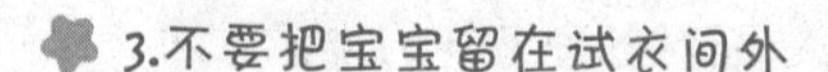

3.不要把宝宝留在试衣间外

有些家长独自带着宝宝去商场、超市购物。在试衣服时，觉得试衣间狭窄不适合把宝宝带入，而且自己换试衣服的动作会比较快，宝宝也不敢离开自己，就把宝宝独自留在外面等。结果，家长换好衣服出来，宝宝已经不见踪影了。因此，家长若独自带宝宝去商场、超市购物，尽量避免去试衣间试衣服。如果有特别喜欢的衣服要试，先要和宝宝讲清楚自己要去试衣服，让宝宝在原地等待。同时，请售货员帮忙照看宝宝。如果试衣间相对宽一些，可以带宝宝一起进去。若试衣服的人较多，建议家长暂时放弃要试的衣服，因为宝宝的安全才是最重要的事。

4.不要单独去洗手间

洗手间大都有小隔门，家长关上门在里面，宝宝在门外面等。有时宝宝会等得不耐烦，走开了。或者因为洗手间的人较多，宝宝可能被挤走。家长去洗手间时可以不关小隔间的门，让宝宝不离开自己的视线。若遇到必须关门的情况时，可以与宝宝保持语言交流，以确定宝宝没有离开。

安全：尽量少去人多拥挤的地方

第1周第5天

1.人多时一定要紧紧拉住宝宝

商场或超市经常搞促销活动，人很多，家长和宝宝稍不注意就可能被人群冲散。遇到人多的情况，家长一定要抱紧宝宝，或者紧拉住宝宝的手穿过人群。

2.不要让宝宝离开自己的视线

有些家长在购物时接、打电话，会习惯性地找个人少的地方与对方通话。有时家长只顾打电话，就会忽略宝宝。宝宝可能会被商场超市里的新鲜事物所吸引，离开家长的视线。家长可以抱着宝宝，或是与宝宝手拉手地接、打电话。另外，也可以让宝宝在自己可以控制的视线范围内玩玩具或吃东西。

有时会在购物时遇到很久没见的熟人，大人们互相热情地聊着天。宝宝在一边玩着玩具车，可随着小车越走越远，宝宝也正在逐渐离开家长的视线。带宝宝外出一切都要以宝宝的安全为第一，尽量不要长时间和人聊天，因为宝宝会因为对大人的谈话没兴趣而急着要离开，大人其实也没法尽兴地交谈。不如简单说上几句，约个其他的时间再聊。

3.手里拿着东西时让宝宝走在前面

有时家长会一次买很多东西，两只手被大包小包的物品占满了，没法拉着宝宝一起走了。于是让宝宝跟着自己，可宝宝的注意力经常会被别的事情吸引走，就会发生走失的情况。遇到这种情况，家长一定要让宝宝走在自己的前面。这样可以随时看到宝宝的走向，即使宝宝被什么事物吸引住了，家长也能及时提醒宝宝，不会造成走失的结果。

4.教给宝宝一些紧急应对措施

平时应该有意识地让宝宝记住家长的姓名、手机号码和家庭住址，告诉宝宝如果和家长走失了应该待在原地等待，千万不要和陌生人走。如果等了一会儿家长还没有来寻找，可以向离自己最近的营业员、保安或警察求助（要让宝宝知道站在柜台里卖东西的人是营业员，穿什么衣服的是保安或警察），请营业员、保安或警察给家长打电话。发现宝宝走失后，家长要马上告诉保安人员，请他们迅速分头把住各出入口，并通过广播找人。如果还没有找到，应立即报警。

第1周第6天

早教：教宝宝正确地表达自己

1.不要用哭表达自己的需求

有的宝宝喜欢用哭来表达自己的需要，当他身体不舒服、遇到困难、有某种需求、表达某种情绪都是用哭来传递信息。对此，家长千万不要视而不见、听而不闻，更不要批评和打骂宝宝；否则宝宝更加委屈，哭得更加厉害，这对他的心理健康发育极为不利。家长应该帮助宝宝说出他的需求，对他进行安抚，帮助他解决问题，同时也有助于发展他的语言。

2岁多的宝宝已经能听懂基本生活语言，可以说一些完整的简单句，这时候家长要帮宝宝说出他的心里话，说对了就让宝宝点点头，说得不对，家长要耐心地继续翻译和解读宝宝的心理密码。家长的耐心解读会换来宝宝的安静和镇定，以后他渐渐就会用语言而不是用哭来表达需求了。

2.高兴时不要拍自己的头

有的宝宝高兴时喜欢拍自己的头，这是把自己与外界混为一体的心理发育特点所致。这时候不要大声阻止宝宝，否则他会觉得这样吸引了大人的注意力，反而继续故意这么做，他认为这是自己发明的与大人之间一个有趣的游戏。正确的做法是大人不用“不许”这样的语言惊扰宝宝，而是把宝宝的手拿下来，手把手地教他拍手鼓掌，边说：“宝宝高兴就拍手，啪！啪！啪！一！二！三！”这种动作和语言的节奏感将吸引宝宝使用正确的方式表达快乐的心情。

3.激动时不要尖叫

有的宝宝特别高兴、兴奋的时候喜欢尖叫，这让家长十分费解。其实，这是因为他还不会用语言来表达他的快乐之情，那么只能用尖叫来抒发他的情感了。一旦宝宝可以用语言来表达他的心情了，他就不会那样尖叫了。

家长应正确地引导宝宝。当宝宝尖叫时，家长可以说“你很激动”或“你肯定很喜欢这个”，帮助宝宝说出他的感觉。不要严厉地制止，否则会让宝宝感觉他做错了事情，但事实上他只是表达他的感情，并没有做错什么事情。

早教：正确看待宝宝的自言自语

第1周第7天

很多父母会发现，宝宝经常边玩边嘀咕，一个人絮絮叨叨地不知在说些什么，这种自言自语的现象心理学上称为独白，而宝宝的这种现象往往是在宝宝的活动中体现出来的，比如游戏、画画。

一个宝宝在画画，一面画一面嘀咕："这是山，山前有个亭子，屋前有条小河。啊，冬天河结冰了，小朋友在上面滑冰，小红也在滑……"这种自言自语可能会一直持续到把这张画画完为止。这是一种游戏语言，也是行动的伴奏。

另一种情况是在遇到困难时发生独白，比如，宝宝在拼图时遇到困难，就说："这个放在哪里？不对。这是个什么？唉！这应该放这儿。噢！对了，对了。"这时，宝宝说话比较简短、零碎，旁人听了难以理解。这就是问题语言，是宝宝在碰到困难时，在自言自语中寻找解决办法的一种语言。

宝宝的这种自言自语的表现事实上是伴随宝宝的活动的，不仅是一种语言的自我调节机能，还能调节宝宝的行为，帮助宝宝驱除孤独。因此，这种自言自语是正常的，不必加以阻止，因为它有助于宝宝语言的发展，也能促进动作的发展。

此外，宝宝在玩耍中经常自言自语，如他将铅笔藏在书里后，会问："铅笔躲在哪儿？"他打开书找到铅笔时，看到书上画着小狗和猫打架，他会把书合上说："猫儿快跑，到厨房找小鱼去。"这几个月宝宝的词汇量增加很快，几乎每个月增加40～50个词，在自言自语时会将简单句变成复合句。宝宝常因看见什么东西而联想起过去曾发生过的事而自言自语，例如宝宝把玩具狗熊按在地上打它的屁股，一边打一边说"看你还敢不敢爬"。原来前几天宝宝爬上桌子时把妈妈的花瓶打破了，妈妈打了宝宝几下。宝宝也要发泄，在自言自语中出气。这时大人可以转移宝宝的注意力，带他到外面走走，使他的委屈心理缓和一些，再把注意力用在学新词上。

专家提示

不要讥笑宝宝的自言自语，这是在宝宝的思想和语言快速发展过程中产生的一种现象，长大一些就会自己控制，不再自言自语了。

第2周第1天

营养：别让贫血损害宝宝的健康

很多家长不明白，贫血本是一种贫穷病，为何现在大家生活条件好了，宝宝还会贫血呢？让我们来分析一下就不难理解了。

1.奶娃娃

很多宝宝从小就不缺牛奶，随着年龄的增长，家长还会给宝宝购买他们喜欢的奶油蛋糕、酸奶、冰激凌……宝宝们整天都在和奶打交道。虽然牛奶和其他奶制品是优质蛋白质和钙的良好来源，可是牛奶含铁甚微，每100毫升牛奶仅含铁0.1毫克~0.5毫克。而宝宝每日需铁12毫克，所以即使宝宝胃中灌满了各式各样的奶制品，还是远远不能满足身体对铁的需要量。这种偏食引起的贫血，人们称之为“富贵贫血”。

2.蛋宝宝

有的家长在宝宝能吃食物后给宝宝吃很多鸡蛋，有些宝宝一天至少要吃三四个，连打饱嗝都带着蛋味。“蛋宝宝”见着绿叶菜要么不吃，要么含在嘴里不往下咽。家长纳闷儿，如此高蛋白地吃着，怎么小脸儿就是红润不起来，去医院一查居然贫血。

这种宝宝发生贫血并非缺乏造血的原料铁，而是因为新鲜蔬菜和水果吃得少，缺少叶酸所导致的。宝宝缺少叶酸，骨髓内的红细胞就不能发育成熟，这样就会导致释放到血液中的红细胞胞体大而幼稚，这种红细胞未老先衰，寿命短，宝宝就发生巨幼红细胞性贫血了。

3.钩虫病

有些家长在给宝宝进行大便化验时居然查出了钩虫卵。医生说，宝宝贫血是因为感染了钩虫病。那么，宝宝是如何感染钩虫的呢？

钩虫卵随粪便进入土壤，在土壤中孵化出幼虫，这种幼虫会通过皮肤进入血液，人接触了藏有钩蚴的土壤就可能被感染。人体一旦被感染，钩蚴定居在肠道内，吸血为生，发育为成虫，在体内吸血，出现严重贫血的现象。

预防这种现象关键是要警惕宝宝与土壤的接触，比如带宝宝外出踏青的时候不让宝宝光着脚在泥地上行走；去“农家乐”尝鲜，野菜一定要熟吃等。

营养：给宝宝吃糖的对与错

第2周 第2天

1.适度吃糖有益健康

宝宝一般都很喜欢甜味儿，所以许多家长都爱给宝宝买糖吃。适当吃糖对宝宝的身体是有益的，如洗热水澡前吃一块儿糖可防止头晕或虚脱；活动量大时、活动前半小时适量吃些糖可补充能量，保持精力充沛，使身体更灵活；饥饿、疲劳时吃糖会迅速纠正低血糖状态；餐前2小时吃些糖不仅不影响食欲，还可补充能量，有利于生长发育。

糖并不是吃得越多越好，吃糖一定要适量，蔗糖会在体内转化为葡萄糖，而葡萄糖在氧化分解的过程中需要含有维生素B_1的酶来参与。宝宝如果长期摄入糖分过量，消耗掉大量维生素B_1，造成维生素B_1不足，最终就会影响到葡萄糖的氧化，产生较多氧化不全的中产物，如丙酮酸、乳酸等。这类物质过多会影响中枢神经系统的活动，使宝宝表现出精力不集中、情绪不稳定、爱哭闹、好发脾气等。

2.给宝宝吃糖要注意安全

糖果一般是颗粒状的，如果宝宝在吃糖果时情绪过于激动，或者心不在焉，都有可能不小心将整粒糖果吞下去，甚至被糖果卡住造成窒息。可为宝宝选择一些含糖的零食，如红枣、葡萄干、水果及小包装的奶制品，它们既可满足孩子喜爱甜食的嗜好，又能补充热量，还可得到身体所需的其他营养素。

3.不要用糖果奖励宝宝

有些家长习惯以糖果或甜点作为对宝宝的奖励，这种做法是不可取的。从营养学的角度来看，适当摄入糖分对身体是有益的，但食入过量，除了会导致营养不良、肥胖和龋齿外，还可能引发“甜食综合征”。

宝宝摄取食品中的添加糖，每天应控制在每千克体重0.5克左右，比如体重为15千克的宝宝，每天吃糖7.5克为宜。随着年龄增长和体重增加，食糖量可略有增加，但每日不宜超出24克。

第2周第3天

营养：给宝宝熬粥也要讲科学

1.淘米次数不宜过多

维生素大部分易溶于水，又集中在谷物外皮，因此在备餐时应少淘、轻洗，并避免浸泡时间过长。大米淘洗过程中，维生素B_1可损失30%～60%，维生素B_2和烟酸可损失20%～25%，矿物质损失70%。基于同样的原因，谷类食物在蒸煮过程中，B族维生素也有不同程度的损失，如果烹调方法不当，如加碱蒸煮、油炸等损失更多。

2.不同的米混在一起营养更全面

与各类菜肴不同，各种米混合在一起煮饭，不仅不会发生营养上的冲突，而且还对宝宝的健康有好处。比如，将家里常吃的白米饭换成由黑米、白米和小米组成的混合饭，黑米富含高于白米3倍的粗纤维，仅1/4茶杯的黑米就包含约1克重的膳食纤维。另外，由于主食的色彩丰富，更能吸引孩子的注意力，刺激食欲。

3.给宝宝熬粥有技巧

煮粥前先将米用冷水浸泡半小时，让米粒膨胀开，这样可以节省熬粥的时间。然后水下锅，先用大火煮开，再转文火即小火熬煮约30分钟。别小看火的大小转换，粥的香味儿由此而出。熬的过程中要充分搅拌，让米粒颗颗饱满、粒粒酥稠。搅拌的技巧是：开水下锅时搅几下，盖上锅盖至文火熬20分钟时开始不停地搅动，一直持续约10分钟，到呈酥稠状出锅为止。搅动时米会顺着一个方向转，熬出的粥酥、口感好。粥改文火后约10分钟时点入少许色拉油，熬出来的粥不仅色泽鲜亮，而且入口别样鲜滑，宝宝更爱吃。

4.多种食材要分步骤下锅

如果做菜粥，最好分步骤地放入食材。粥底是粥底，料是料，分头煮的煮、焯的焯，最后再搁一块儿熬煮片刻，不要超过10分钟。这样熬出的粥品清爽不混浊，每样东西的味道都熬出来了，又不串味儿。特别是辅料为肉类及海鲜时，更应将粥底和辅料分开。

健康：水痘患儿的居家护理

第2周 第4天

水痘是由水痘—带状疱疹病毒感染引起的急性传染病，传染率很高，婴幼儿易患此病，易感儿发病率可达95%以上。冬春两季多发，接触或飞沫均可传染。主要症状为皮肤黏膜分批出现斑点疹、水疱和结痂。

1.慎用激素类药

患儿身上起水疱后会觉得瘙痒难忍，有些家长在药店买了些含有激素类的软膏给孩子涂。瘙痒似乎有所减轻，但水痘却越出越多，反而加重了病情。不仅是软膏，其他含有激素类的药品如氢化可的松、去氢可的松等也可激活水痘病毒，导致病情迅速恶化。具体表现为体温继续升高不降，水痘扩大破溃。如果破溃融合成片，就会发生坏死，此时极易并发继发性感染，若不能及时得到正确的抢救，症状会急剧恶化，甚至危及生命。

如果宝宝因患有其他疾病正在使用激素治疗，中途感染了水痘，此时再用激素也是有一定危险性的。应该将激素类药物减量，逐渐停用，尽可能地避免这类药物对水痘的不利影响，并密切注意和观察病情有无发展和变化，避免和防止水痘并发症的发生，否则会给治疗增添许多困难。

2.饮食清淡解毒

中医认为水痘的发病是因为外感风寒之邪，最终外发到肌皮，身上才起红色斑丘疹甚至水疱。因此，患病期间饮食宜清淡，应给予宝宝易消化、营养丰富的清淡的流质或半流质饮食。要让患儿多喝水，可以用绿豆等煎汤代茶。无咳嗽症状者可多食清凉的水果，有咳嗽者则不宜。忌食鸡、牛、鹅、鸭子和煎炸食品等辛辣燥热之物，最好也不要吃酱油，以免皮肤留下色素沉着。

3.环境要清洁卫生

家有水痘患儿，居室要注意经常通风，保持空气清新，温湿度要适宜。要注意预防受凉感冒，在通风时，特别注意将患儿移至其他房间，不能让风直接吹到患儿。保持环境的安静、清洁，每日一次用消毒液对地面进行消毒。也可用白醋煮沸后消毒房间空气。患儿的用品要专用，衣物、被褥要经常在太阳下

暴晒、消毒。

4.密切观察病情

患儿如果出现皮肤红肿且范围很快扩大、疼痛明显、红肿的边缘与正常皮肤无明显界限并伴有高热时，可能合并了蜂窝组织炎；如果突然发冷、发高热，患处皮肤出现火红色的肿胀、边缘稍凸起、与正常皮肤有明显界限时，可能合并了丹毒；如果出现发热并伴有腋窝或腹股沟淋巴结肿大，触摸时有疼痛，很可能合并了急性淋巴结炎。发现上述情况后应及时请医生治疗，避免发生败血症。

健康：中医食疗治水痘

第2周 第5天

水痘，中医又称“水花”“水疱”“水赤痘”。中医认为，本病因外感水痘时邪病毒、内蕴湿热所致。水痘时邪病毒从口鼻而入，邪犯肺卫，蕴于肺脾，临床主要分为风热夹湿、热毒炽盛两个证型。风热时邪与湿热相搏于肌腠，外发肌表，水痘布露，疱浆清亮，易出易退，病在卫气，此为风热夹湿证；邪毒深入，热毒炽盛，痘色暗赤，皮厚浆混，病在气营，此为热毒夹湿证。著热毒化火，内窜厥阴，则可引动肝风，内闭心窍。下面介绍几款水痘的食疗方，供家长参考。

1.风热夹湿食疗方

（1）竹笋鲫鱼汤

配方：鲜竹笋30克，鲫鱼1条（约150克）。

制法：将鲜竹笋洗净切片，鲫鱼去鳞及内脏，同煮汤。

功效：益气清热透疹。

用法：每日3次，随量食用。

（2）银花薏米粥

配方：金银花15克，薏米30克，冰糖适量。

制法：将金银花水煎3次，去渣取汁；薏米加水煮粥，至八成熟时，入药汁共煎至成粥，入冰糖调味。

功效：疏风清热除湿。

用法：每日2次，连服3日。

（3）青果芦根茶

配方：青果30克，芦根60克。

制法：将青果捣碎，芦根切碎，加适量水煎煮，去渣取汁。

功效：清热解毒，生津利咽。

用法：代茶饮用。

（4）二胡茶

配方：胡萝卜100克，胡（芫）荽60克。

制法：以上两味洗净切碎，加水煎取汁液。

功效：发汗透疹，健脾化湿。

用法：每日1剂，不拘时，代茶温饮。

2.热毒炽盛食疗方

（1）金针苋菜汤

配方：金针菜30克，马齿苋30克。

制法：以上两味加水适量煎煮20分钟，去渣取汁。

功效：清热解毒。

用法：每日2次，随量饮用。

（2）梅花绿豆粥

配方：腊梅花15克，绿豆30克，粳米50克。

制法：先将腊梅花水煎取汁，绿豆和粳米煮粥，粥将成时，入药汁和匀，再加冰糖调味。

功效：清热，养阴，解毒。

用法：每日1剂，分2次服用。

（3）乌梅二豆汤

配方：乌梅2个，黑豆15克，绿豆15克。

制法：上三味共为粗末，用水煎取清汁。

功效：清热解毒，生津止渴。

用法：代茶频饮。

（4）三豆汤

配方：红豆、绿豆、黑豆各适量。

制法：以上3味加水适量煎汤。

功效：清热解毒。

用法：代茶频饮。

早教：宝宝总爱打人怎么办

第2周第6天

1.宝宝为什么爱打人

2岁的宝宝特别想与外界交往，但是语言发展水平还没有及时跟上，于是有的宝宝就用肢体语言代替口头语言，用动手的方式向他人表达某种需求。还有的宝宝可能是遭遇过类似被抢玩具、被“打”的不良体验，便用动手方式进行过度防范。

2岁的宝宝正在学习怎样和别人打交道，父母、其他大人和宝宝，甚至电视，都可能成为他模仿的对象。当宝宝的愿望得不到满足的时候，他会采取各种方式表达自己的不满。他发现“小手一挥，给人一巴掌”是最简洁、最有效的方式，只要这么做，妈妈就会顺从自己的需要。那么，下次他还会使用这种方法。

2.让宝宝学会正确表达自己

由于宝宝还不会用语言表达自己的情绪，不该出手却出手的他属于无意过错，所以妈妈不要对宝宝过于严厉。但这并不意味着妈妈随宝宝的便，转移注意力是比较常用和有效的办法。例如，妈妈在打手机，宝宝非要拿着玩，不给他就“啊啊”地叫。为了避免宝宝出手打人，妈妈顺手给他一个玩具，然后换个地方打电话，转移宝宝的注意力。有些时候妈妈可以引导宝宝逐步使用简单的词汇和语言表达自己的心情，这样既锻炼了宝宝的语言，也培养了良好的行为习惯。

家长应该根据具体情况采用不同的引导方法。如果宝宝因为保护玩具而打别人，可以用简单的语言给他解释。此时此刻也许宝宝并不听你的劝告，但他确实听见了你的引导，等他经过反复体验发现确实像家长所说的情况以后，渐渐就不会过度防范了。

如果宝宝因为抢夺别人的玩具而打人，家长可使用暂时隔离或者转移注意力的策略阻止宝宝。还要教宝宝学会礼貌的交往方式，可以手把手地教他：“你们是好朋友，握握手吧，或者抱抱吧，一起玩吧。”渐渐地，宝宝就知道怎么对同伴和他人表达友爱了。

专家提示

家长要准确解读宝宝的肢体语言，再用正确的方式回应他，而不要用打的方式教训宝宝，这会刺激引发宝宝的攻击性。

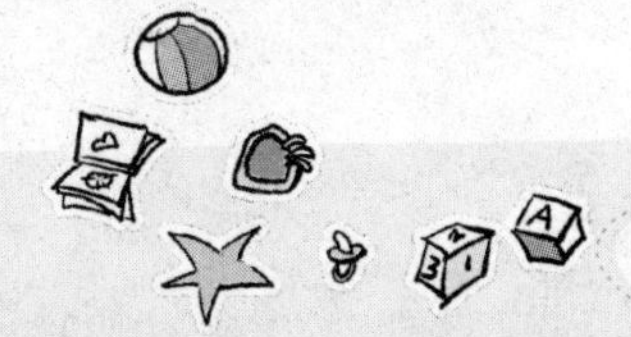

第2周第7天

早教：让宝宝做家长的小帮手

1.帮助摆餐桌

让宝宝用干净抹布擦拭桌子，把凳子摆好。到厨房拿3个碗、3个盘子和3双筷子摆在桌上。宝宝最先认识自己的餐具，可以先将自己的摆好，再将爸爸和妈妈用的餐具摆好。宝宝拿取餐具之前要先洗手，认真把手上的肥皂冲净，手完全擦干，才可以拿餐具，否则手容易打滑而摔破餐具。

宝宝在摆餐具和做吃饭前的准备工作时，心理上也做好了吃饭的准备，体内各种消化酶也随之分泌，可增加食欲，有利于消化。如果宝宝正在玩耍，玩兴正浓，突然要求他回家吃饭，就容易产生抗拒情绪，不利于食物的消化。

2.购物小助手

带宝宝去超级市场，让他看到许多商品，告诉他这边卖什么、那边卖什么。妈妈领着宝宝去选购家中所需的物品时尽量让宝宝自己去取。如果他够不着可以抱起来，让他这边取两包，告诉他这是白糖，做甜食用；另一边取4包，告诉他："这是宝宝爱吃的饼干。"宝宝认识自己爱吃的饼干包装，让他去取会十分高兴。再走过去是奶粉，让宝宝取两小罐；旁边是盒装的蛋糕，只能取1盒。另一边有家中要用的酱，取1小包……把要用的东西取齐，用小车推到收款处，把款结清。

再去自由市场买蔬菜、肉和鸡蛋，这是宝宝熟悉的地方。妈妈问宝宝："买肉去哪边？"让宝宝带路。"买鸡蛋去哪边？"也让宝宝领着去。最后买蔬菜时可以让宝宝选择，爱吃什么就买什么。两人双手分别提着东西，或者将买来的东西放在宝宝坐的小车中推回家。

回到家中让宝宝按平时的分类法把东西分别放入橱柜中、冰箱的冷藏室中、冷冻室中。如同宝宝收拾自己的玩具柜那样把东西分类放好。

营养：宝宝太胖问题多

第3周 第1天

婴幼儿期肥胖与青春期及成年发生肥胖症关系密切，并为其奠定了生理和心理基础，是成人期发生心血管疾病、高血压、肾脏病及糖尿病的重要根源。在我国，随着经济发展及食物品种、数量的极大丰富，儿童肥胖症逐年增加。

1.怎样判断宝宝是否肥胖

由于过度摄入营养素引起的肥胖叫原发性（或单纯性）肥胖症。当儿童皮下及他处脂肪积聚过多、体重超过按身高计算标准体重的20%时，即为肥胖症。

超过标准体重30%为中度肥胖，超过标准体重50%为重度肥胖。

2.哪些因素容易造成宝宝肥胖

（1）摄入过多

摄入的营养素超过机体能量消耗和代谢的需要，多余的能量便转化为脂肪储存于体内，引起肥胖。食欲好、食量大、不定时进食和喜吃高脂肪膳食、含糖饮料或快餐等高热量食物是发生肥胖症的重要原因。

（2）活动过少

长期缺乏适当的活动和体育锻炼，即使摄食不多，因能量消耗过低，也可引起肥胖。

（3）遗传因素

肥胖儿常有家族史，双亲都肥胖者其子女有70%可能肥胖，单亲肥胖者其子女有40%出现肥胖。

（4）出生体重

出生体重在4千克或以上的儿童中有1/3以上出现超重或肥胖，尤其是糖尿病妈妈所生的巨大儿。

3.胖宝宝应该怎样饮食

由于儿童正处于生长发育的关键时期，提供的能量应低于机体的能量消耗，但又要满足基本的营养和生长需要，应以低脂肪、低碳水化合物和高蛋白膳食为主。能量的供给可按蛋白质30%~35%、脂肪20%~25%、碳水化合物40%~50%的比例，每日优质蛋白质的摄入量为1.5克~2.5克。自儿童当前实际体重与该儿童按身高所查得的相应体重的差额中先减去与差额相应能量的1/3~1/2（视儿童承受能力而定），每7~10天递减一次，直减至达到该儿童现有身高标准参考体重所需总能量。

第3周第2天

营养：科学饮食，宝宝不发胖

宝宝体重超标与饮食习惯有很大关系，家长应在平时注意让宝宝科学饮食，远离肥胖。

1.喝粥比吃饭容易发胖

同样是米，喝粥与吃米饭的效果可大不相同。米饭的量容易衡量，不容易吃多，并且，米饭中的营养吸收率比粥低，发胖的几率也就少了。粥是加入大量水后长时间熬制而成的，营养成分大多溶于水中了，十分利于吸收。有的父母觉得，反正是稀的，让宝宝多喝几碗也无所谓，这样其实是增加了宝宝发胖的可能性。你知道吗？吃菜粥比喝白米粥更容易发胖。有的妈妈喜欢在粥里加入肉和青菜给宝宝吃，这样当然营养丰富，非常利于吸收。不过，这样的粥吃多了发胖在所难免。

2.面条比馒头容易发胖

与大米同样的道理，同样是面食，馒头、面条、疙瘩汤的增肥效果也大不相同。面片、疙瘩汤发胖指数最高，其增肥原理与粥相同；其次是面条，特别是菜面混合的食物，因为味道可口，宝宝常会吃过量。

3.水果吃多了也会胖

酸酸甜甜的水果，妈妈和宝宝都喜欢。但水果中含有大量糖分，吃多了同样会诱发肥胖。水果中糖含量最高的是荔枝、龙眼；其次是热带、亚热带水果、比如木瓜、椰子、香蕉等。不过，不要因为会发胖就从此不给宝宝吃水果，里面含有的大量维生素是宝宝身体必需的，只要适当控制水果的摄入量就可以了。

营养：为宝宝做几款蛋香美食

第3周 第3天

1.三鲜蛋羹

原料：鸡蛋1个，虾仁2个，香菇1朵，蟹柳1/3条，鸡汤、盐、香葱适量。

做法：（1）鸡蛋打散，加入温鸡汤及微量盐继续搅拌均匀；（2）虾仁拍扁，剁成虾泥；（3）香菇去蒂切碎，取1/3条蟹柳切碎，与虾泥一起放入蛋液中搅拌均匀；（4）上锅蒸熟、撒上香葱花即可。

2.蛋黄粥

原料：蛋黄1/2个，小米适量。

做法：（1）将煮熟的蛋黄取出，用勺子碾碎；（2）小米粥快熟时将蛋黄碎末放入；（3）搅拌均匀，开锅即可。

3.黄金粥

原料：玉米粉适量，鸡蛋1个。

做法：（1）玉米面用水和好后倒入锅中煮熟；（2）将搅散的鸡蛋倒入粥中即可。

4.蛋黄土豆泥

原料：蛋黄1个，小土豆3个。

做法：（1）土豆洗净蒸熟，趁热去皮切块；（2）鸡蛋煮熟后取出蛋黄；（3）将蛋黄和土豆块碾碎并混合均匀。

营养提示：香软可口、营养多多的美味，不仅让宝宝食欲大增，更能吃出营养、吃出健康。

5.鲜虾豆腐蒸蛋

原料：嫩豆腐50克，海虾50克，鸡蛋50克，精盐3克，葱10克，姜10克。

做法：（1）将鲜虾洗净，剥出新鲜虾肉，葱切段，姜切片；（2）锅里倒水，放入葱段和姜片，滚开后再放入虾肉略焯一下，捞出洗净，剁成虾泥；（3）嫩豆腐焯水，然后放进碗里，用调羹碾成豆腐泥；（4）鸡蛋搅匀，加入虾泥、豆腐泥和精盐，搅拌均匀，加适量冷开水，上锅大火蒸15～20分钟；（5）出锅前淋上芝麻油即可。

鸡蛋氨基酸组成与人体蛋白质最为接近，极易被人体吸收。每给宝宝补充1个鸡蛋可以提供6.5克蛋白质，占每日蛋白质需要量的19%。

营养：百变蒸蛋，营养又美味

炒鸡蛋容易使鸡蛋中的营养成分流失，并且比较油腻，不利于宝宝消化吸收，而煮鸡蛋的口感又不太受宝宝的欢迎。聪明的妈妈可以尝试蒸的做法，不仅易于消化吸收，而且可以调出多种口味，让宝宝爱不释口。

1.肉菇蛋羹

原料/调料：干香菇少许，鲜猪肉馅少许，鸡蛋1个，精盐、姜末儿少许。

妈妈做法：

（1）干香菇发好，切成小粒，鲜猪肉馅放入小碗，加入精盐、姜末儿搅拌均匀，鸡蛋打散，加清水调稀成鸡蛋液。（2）将蛋液、香菇粒倒入肉馅中，搅拌均匀后放入蒸锅中，大火蒸熟即可。

2.蒸水蛋

原料/调料：鸡蛋一个，青菜叶少许，瘦肉少许，精盐、葱、香油各少许。

妈妈做法：（1）切碎菜叶，剁碎肉。（2）将鸡蛋打在碗里，加入菜叶、肉末，盐、葱、香油少许，搅拌均匀。（3）加2/3碗水搅匀。（4）放入蒸锅内用中火蒸10分钟即可。（5）每天1次，可以变换青菜种类，也可以以番茄代替青菜，用鲜鱼肉或火腿肠代替瘦肉，经常变换花样使宝宝充满新鲜感。

3.日式蒸蛋

原料/调料：鸡肉75克，蟹柳1条，冬菇2个，鸡蛋2个，鲜奶（或鸡汤）1杯，盐1/3茶匙，油半汤匙，生抽1茶匙，生粉半茶匙，油半汤匙。

妈妈做法：（1）冬菇用清水浸软，沥干水，剪去菇梗，切片。（2）鸡肉撕去皮，洗净沥干水，切小粒，加腌料拌匀。（3）鸡蛋加调味及鲜奶打散，除去泡沫。（4）把鸡肉、蟹柳、冬菇排在碗中，倒入蛋汁，用慢火蒸4分钟，打开锅盖让蒸汽散去，然后再盖上锅盖蒸，每蒸3分钟把锅盖打开1次，直到蒸熟，约蒸9分钟。这样蒸熟的蛋表面光滑里面鲜嫩。

营养：鸡蛋再好也要适量

第3周第5天

鸡蛋营养丰富，含有蛋白质、脂肪、卵黄素、卵磷脂、维生素和铁、钙、钾等人体所需要的矿物质，其中卵磷脂和卵黄素是婴幼儿身体发育特别需要的物质。因此，鸡蛋成为宝宝餐桌上的明星食物。但鸡蛋并不是吃得越多越好。

过多吃鸡蛋会增加消化道负担，使体内蛋白质含量过高，引起血氨升高，导致消化吸收功能障碍，引起消化不良和营养不良。同时加重肾负担，容易引起蛋白质中毒综合征，发生腹部胀闷、四肢无力等不适。鸡蛋还具有发酵特性，皮肤生疮化脓的时候吃鸡蛋会使病情加剧。

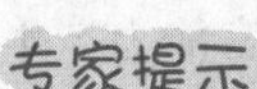

专家提示

2岁的宝宝每天需要蛋白质40克左右，除普通食物外，每天吃1个或1个半鸡蛋就足够了。

有些家长认为豆浆和鸡蛋营养价值都很高，喜欢在豆浆中冲入鸡蛋给宝宝吃。其实，豆浆冲鸡蛋对宝宝的健康是不利的。因为鸡蛋中的黏性蛋白（鸡蛋清）会与豆浆里的胰蛋白酶结合，产生的物质不易被宝宝吸收，会使鸡蛋和豆浆都失去原有的营养价值。

不要给宝宝吃煎蛋或生鸡蛋。鸡蛋的蛋白质中含有抗生物素蛋白和抗胰蛋白酶，这两种物质能阻碍蛋白质被人分解、消化、吸收。因此给孩子吃鸡蛋时必须先将其破坏掉，才能有效地利用鸡蛋中的营养。在高温条件下这两种物质可以分解，半熟的鸡蛋中这两种物质没有被破坏，使一部分鸡蛋的蛋白质在体内不能被消化、吸收，而在代谢过程中被排出体外。另外，鸡蛋在形成过程中，细菌可以从母鸡的卵巢直接进入蛋体内。在半熟的鸡蛋里，细菌没有全部被杀死，容易使宝宝感染疾病。因此，不要给宝宝吃半熟的鸡蛋。

有的家长喜欢用开水冲鸡蛋加糖给宝宝吃，由于鸡蛋中的细菌和寄生虫卵不能完全被烫死，因而容易引起腹泻和寄生虫病。如果鸡蛋中有鼠伤寒沙门杆菌和肠炎沙门杆菌，宝宝会因此而患伤寒或肠炎；如鸡蛋中不含活菌而只有大量毒素存在则表现为急性食物中毒，潜伏期只有几个小时，起病急，病程持续1～2天，症状为呕吐、腹泻，宝宝会表示腹痛严重，伴有高热、疲乏等。

第3周 第6天

早教：宝宝偶尔口吃不必紧张

大多数2～3岁的宝宝在某一段时间内想的与讲的不一致，偶尔会重复某一音节。这种情况常出现在妈妈离开、换保姆或换环境等状况下，宝宝情绪上产生焦虑不安的时候。如妈妈带宝宝见到阿姨要打招呼时会“啊……啊……啊”说不上来，这时不要勉强他说，先让他坐下来吃早饭，或者玩一会儿，心情舒畅之后讲话会恢复正常。大人先不要紧张，让宝宝与别的宝宝接触，多做动手操作、少讲话的游戏，大人尽可能陪宝宝玩，偶尔出现的口吃现象会自然消失。如果大人逼着他说，宝宝会感到自己语言有问题，有了自卑感，大人越纠正情况会越严重。

有些家长发现宝宝口吃会大惊小怪，马上带宝宝找语言专家做纠正治疗，无异于给宝宝戴上“语言缺陷”的帽子。其实这种偶然出现的重复发音会自然消失的，妈妈多一些关怀，生活上规律一些，就会减少宝宝紧张和压力，宝宝心情舒畅就恢复得快。

家长对待这个年龄段的宝宝口吃，必须像没事儿一样对待。需要注意的是，当宝宝说话的时候，不管是口吃还是流利，千万不要紧紧地盯着宝宝说话的嘴巴，那样会让宝宝感到局促和紧张，会对自己的语言能力和表达能力产生怀疑。不管宝宝是否口吃，家长都要像平时一样和宝宝正常交流，这样能让宝宝对自己的语言能力产生信心，让宝宝更加愿意说话，有利于让宝宝说话更流利，提高宝宝的表达能力。

此外，宝宝的听力与语言发育相关。如果宝宝2岁时还不会表达自己的需要，也不能理解大人的话，很可能存在听力问题，父母最好带宝宝去医院进行检查。有的宝宝都能听懂大人说的话，但就是不开口说话，不用语言表达自己的需要，这种情况就不是听力原因造成的，只是宝宝说话早晚的问题。

早教：处理好妈妈和宝宝的关系

第3周第7天

1.宝宝不让妈妈上班，怎么办

2岁多的宝宝早已度过了分离焦虑期，但是有的宝宝会在这个时候有一个反弹，会突然不让妈妈去上班。每次妈妈去上班，只要看见妈妈背着包就会抢包，要求妈妈不上班。这该怎么办呢？

宝宝小的时候懵懂无知，所以妈妈上班，他能接受。但随着他一天天长大，心智发展到一定程度，情感比以前更丰富了，他就会明白妈妈上班就意味着自己要与亲爱的妈妈分别，就会产生分离焦虑了。在这种情绪左右下，每次妈妈走的时候他都会难舍难分。但是，妈妈真走了，他的注意力很快就会被别的事物吸引过去，随即就会平静下来了。

如果妈妈因为这个事情很焦虑，妈妈的这种情绪会被宝宝感受到，会传递给宝宝一个信息：连妈妈都如此焦虑，这就一定是一件大得不得了的事情。所以，妈妈要平静地看待这个事情，温和地跟宝宝说“再见”，并且允许他通过哭闹来发泄情绪。过些日子他就会明白，妈妈上班只意味着他要跟妈妈分开一段时间，过了这段时间，妈妈会回来陪伴他，他也就能接受这个事实了。

2.一直都是老人带宝宝，宝宝不愿意跟妈妈，怎么办

由于妈妈工作工作繁忙，有很多家庭都是老人带孩子。渐渐地，宝宝更愿意跟着老人，而不愿意跟着妈妈。这该怎么办呢？

由于宝宝一直由老人带，老人对宝宝照料得更多、更细致，就给宝宝带来安全感，宝宝对老人产生情感依恋就是必然的事情。特别是2岁左右的宝宝，情感依恋发展正处于高峰期，宝宝的这种行为也就表现得更为明显。妈妈切不可操之过急，勉强宝宝。

宝宝对爱的感受是具体的，所以给他一块糖、一个亲吻，和他玩一次藏猫猫的游戏，带他去公园跑跑跳跳……这些都能使宝宝更加亲近妈妈。试图通过劝说、训斥、吓唬等等宝宝难以理解的方式来说服宝宝，只能使宝宝因害怕而与妈妈的感情更加疏离。只要妈妈坚持给予宝宝及时、细心的照顾，经常和宝宝做游戏，宝宝一定会接受妈妈的。

第4周第1天

营养：合理饮食，防治便秘

1.多吃水果和蔬菜

水果和蔬菜中富含膳食纤维，能够加快肠胃蠕动，减少便秘的发生。因此，可以多给宝宝多吃些水果和蔬菜。

这里重点推荐能够有效防治宝宝便秘的美味水果——猕猴桃。猕猴桃属于膳食纤维丰富的低热量、低脂肪食品，每个猕猴桃中仅有45卡热量，所含纤维有1/3是果胶，能起到润燥通便的作用，可以快速清除体内堆积的有害代谢物，有效地预防和治疗便秘，对于肥胖症也有一定的预防作用。

香蕉中含有大量的纤维素和铁质，有通便补血的作用。它尤其能清热、润肠、解毒，适宜热性便秘和习惯性肠燥便秘的宝宝食用。但是宝宝吃香蕉也有禁忌，首先是不能空腹吃香蕉；其次，香蕉属于寒凉性的水果，过量食用会对胃功能造成损害，尤其是体质属虚寒的宝宝就更不适合吃香蕉了。

平时还可以多给宝宝吃些含粗纤维的食物，如玉米面和米粉做成的小点心，这些纤维素能帮助宝宝的肠胃蠕动，还可增加食物残渣，刺激肠壁，促进肠道蠕动，使大便易于排出。

2.蜂蜜治疗宝宝便秘

平时应注意多给宝宝喝白开水，如果宝宝不喜欢开水也可以适当地加入些蜂蜜。蜂蜜味甘，性平，能补中润肺，润肠解毒，为良好的营养、滑润剂；芝麻味甘、性平，有补肝肾、益精血、润肠燥的作用；牛奶营养丰富，亦有益胃润燥的功效，三物同用，和胃养血，润肠通便，治疗宝宝久病体弱、肠燥便结功效甚佳，每早空腹服用为宜。

3.红薯治疗宝宝便秘

红薯可以防治宝宝的消化不良，还能润肠通便。将红薯洗干净，削皮后切成小块儿，然后放入锅中，加入适量的水，煮软之后即可给宝宝服用。但是不能给宝宝多吃，否则容易引起腹胀。

健康：紧急应对宝宝便秘问题

第4周第2天

有些宝宝爱吃肉类食品、油炸食品以及加工精细的大米、白面，不爱吃粗粮和蔬菜、水果，导致膳食纤维摄取不足，不能在肠道中形成足够的食物残渣，因此不能有效地刺激肠道蠕动促进粪便排出或促使神经系统产生排便反射，造成粪便在肠道中停留时间过长，水分被过度吸收而变成又干又硬的粪团或粪块，形成便秘。

干硬的粪便会擦伤肠黏膜，使大便带血或黏液，排便时有疼痛感。宝宝会因疼痛而拒绝排便，造成大便更加干燥，严重的时候甚至会出现肛裂。肛裂又会加重宝宝对大便的恐惧心理，造成恶性循环，时间久了，引起腹胀、食欲减退、睡眠不宁。所以说，宝宝便秘可不是件小事儿，应当及时解决。这里就介绍几个解决宝宝便秘问题的好方法：

1.给宝宝按摩腹部

把baby油涂在手指上，双手摩擦让手变温暖。由宝宝的肚脐上方开始顺时针按摩，力度以手指压下时宝宝皮肤呈白色、放开后呈粉红色为好。按摩宝宝腹部可以促进肠蠕动，有助于顺利排出便便。

2.适量喝点食用油

可以给宝宝食用一点蓖麻油，每次5毫升～10毫升，通便效果很显著。也可以用其他食用油替代，注意，要先熬开，然后冷却，再给宝宝食用。

3.试着插根肥皂条

将肥皂削成铅笔粗细，长约3厘米的细条，用水润湿后轻轻插入宝宝的肛门。肥皂可以刺激肠壁，引起排便。

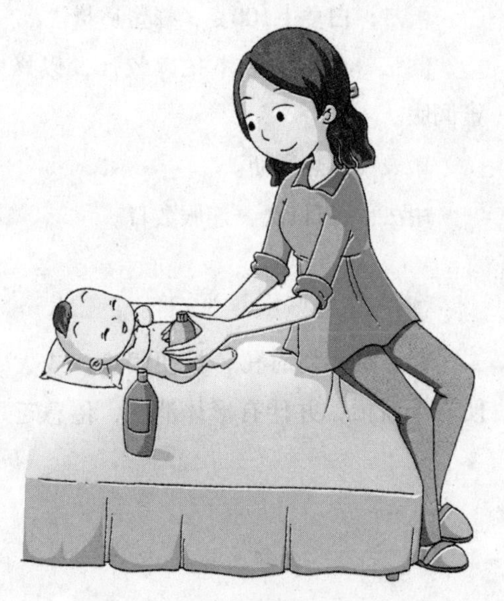

第4周 第3天

健康：宝宝便秘对症食疗方

1.积热便秘食疗方

特点是大便干燥，坚硬如羊粪，排便困难，可伴有腹胀痛、口臭、手足心热等症，治疗宜清热润肠。

（1）鲜笋拌芹菜

配方：鲜嫩竹笋100克，芹菜100克。

制法：将竹笋煮熟切片。芹菜切段，用开水略焯，控尽水分与竹笋片相合，加入适量熟食油、食盐、味精调味。

功效：清热通便。

用法：佐餐食之。

（2）白萝卜蜂蜜汁

配方：白萝卜100克，蜂蜜适量。

制法：先将白萝卜拍碎绞汁，以蜂蜜调服。

功效：清热通便。

用法：每日1次，连服数日。

2.虚证便秘食疗方

特点是大便时秘，排便困难，或大便先干后稀，并伴有形体消瘦、倦怠乏力、食欲不振等症。

（1）杏仁芝麻糖

配方：甜杏仁60克，黑芝麻500克，白糖250克，蜂蜜250克。

制法：甜杏仁打碎成泥；黑芝麻淘洗干净，倒入铁锅内，用小火炒至水气散尽、芝麻发出响声立即盛碗，稍凉后研碎；将杏仁泥、黑芝麻、白糖、蜂蜜倒入大瓷盆内，拌匀；瓷盆加盖，隔水蒸2小时离火。

功效：益气润肠。

用法：每日2次，每次1匙，饭后宜咀嚼咽下。

（2）人参黑芝麻饮

配方：人参5～10克，黑芝麻15克，白糖适量。

制法：黑芝麻捣烂备用；人参水煎去渣留汁；加入黑芝麻及适量白糖，煮沸即可。

功效：益气润肠，滋养肝肾。

用法：可作早晚餐或点心食用。

安全：宝宝乘飞机安全须知

第4周第4天

1.出行前做好充分准备

即使只有一两个小时的飞行时间，宝宝也可能在飞机上哭闹。因此，行前一定要做好物质准备和心理准备。切记一定要带上一两件宝宝最喜欢的玩具、一两本宝宝常看的图画书等。在飞行途中，当宝宝感觉无聊的时候，这些物品可以帮助他安定情绪，以免他情绪过于激动而玩命哭闹、踢腾，甚至碰伤自己。

2.登机前穿戴要安全

不少父母出行的时候都会给宝宝准备各种各样时尚漂亮的服饰，但是在航空旅行中，宝宝的穿戴首先需要考虑的是安全问题。穿什么样的衣服其实是很有讲究的，建议带宝宝登机前仔细检查，看看全家的服饰是否符合以下要求：

◎ 记得给宝宝和自己穿上纯棉、羊毛、丝绸或皮革等天然纤维衣物，因为这些服装在着火或者疏散时可能为宝宝提供最好的保护。

◎ 避免穿尼龙、人造丝或混纺织品，因为这些材质在高温下会迅速熔化。

◎ 尽量不要给宝宝穿短裙、短裤，这样可以有效地保护腿部和胳膊不受伤害。

◎ 选择不露脚趾、鞋带牢固的鞋，把拖鞋、凉鞋等放在行李箱中。妈妈则不要穿高跟鞋，因为高跟鞋可能会刺破逃生滑梯。

◎ 大人和宝宝都不要穿太紧的服装，这样可以保证行动自如，在紧急情况下可以迅速逃离。

◎ 体积比较小但重量过重的行李一定要托运，以免在高空飞行发生湍流时，这些行李从行李舱中滑落伤人。

3.登机后做好防范准备

即便你有丰富的飞行旅行经验，仍然需要注意以下事项：

◎ 认真倾听安全须知，阅读放在座椅背后口袋中的安全资料卡。

◎ 不同机型有不同的布局，因此，入座后要注意观察紧急出口所在地，认真数一下从自己的座位到最近的出口有多少排座位，确定离自己最近的出口位置。

第4周第5天

安全：乘飞机时出现不适怎么办

1.遭遇湍流要镇定沉着

◎ 聆听所有安全通知，并且遵循机组人员的指示行事。

◎ 一旦发生湍流要保持镇静。

◎ 将行李放在行李舱，不要散落在座位旁边，尤其一些可能给人带来伤害的物品，如雨伞、拐杖等，湍流到来时这些东西可能成为很危险的抛射体。

◎ 在湍流过后，行李舱里的行李可能移动，因此，打开顶部行李舱时要小心，以免行李掉下来砸伤宝宝和自己。

◎ 在座位上时，如果没有系好安全带要立刻给自己和宝宝系好安全带，并给予宝宝安抚。

◎ 在舱内走动时立刻扶好座椅靠背或者头顶行李舱边缘，防止摔倒。

◎ 最好在整个航程中都给宝宝系好安全带，父母本身也最好系好安全带，以给宝宝一个仿效的榜样。

2.客舱失压要应对有序

客舱失压的情况极为罕见，但是，万一乘坐的飞机发生了意外失压，一定不要惊慌失措。父母要注意以下事项：

◎ 保持镇静并正常呼吸。

◎ 用力拉下自动脱落到面前的氧气面罩将面罩戴到嘴和鼻子上，然后拉紧系带。

◎ 快速给自己戴好面罩后，再给宝宝戴上面罩。

3.应付耳朵疼痛有诀窍

内耳对气压变化非常敏感，飞行也可能增加内耳的压力。感冒会增加对气压变化的敏感性，使耳咽管充满液体，堵住内耳，引起疼痛。如果感冒后乘坐飞机，飞机改变高度可能会妨碍耳咽管的平衡。有的宝宝对这个问题更为敏感，在飞机起飞或降落时通常会哭闹。咀嚼和吸吮动作可张开颌部，从而减轻耳咽管的压力，缓解内耳疼痛。因此，当飞行高度改变引起这些不适时，父母可以给宝宝一个奶瓶或奶嘴让他吸吮。成年人则可以通过嚼口香糖或活动颌部肌肉来减轻这种不适。大一点的宝宝也可以让他学父母的样子活动颌部。

早教：做游戏，学数学

第4周第6天

1.学习10的不同组合

游戏方法：可用买来的蒙台梭利玩具，或自己用筷子或硬纸板制作的玩具，找一个盒子装好。先取出两个1，让宝宝摆在合适的位置；再取1和2共4块，让宝宝摆上；再取1、2、3共6块，让宝宝摆上。最后可把小块全倒出来让宝宝拼上。

游戏目的：让宝宝练习用1和9摆成10；2和8也摆成10；3和7、4和6、5和5都摆成10。因为高度相同，使宝宝有了一个形象的概念，逐渐记住哪两个数加起来得10。这是蒙台梭利最有名的数学玩具之一，用形象的东西在孩子脑中留下明确的概念，容易学会10的不同组合，为学习加减法打基础。

2.背儿歌倒数数

游戏方法：学背倒数数的儿歌，背熟了才学倒数数。儿歌为：

一二三，三二一，

一二三四五六七，七六五四三二一。

儿歌很顺口，又押韵，易于背诵。学会第一句即学会1～3的倒数数；背会第二句即学会1～7的倒数数。学会7～1的倒数后，便可以顺利地学会10～1的倒数数。

游戏目的：孩子学会按顺序数数便于做加法；学会倒数便于做减法。例如学会10～1的倒数，做减法7-3时，竖起3个指头，倒数6、5、4，得出4为得数；学会10以上的倒数时，做减法不必借位。例如12～4，竖起4个手指，11、10、9、8，得到8，比借位方便。

3.赢大小

游戏方法：先选用“1”“2”“3”，3种数字的纸卡，每种数4张，一共12张。将纸卡混在一起，每人取6张。妈妈先出一张1，如果宝宝出2，就能把妈妈的牌赢过来；宝宝出一个3，如果妈妈出1，宝宝再赢；宝宝出一张2，如果妈妈出3，妈妈赢。用这3个数字先玩几天，熟练之后，可加上4和5，再玩几天，熟练后加6和7，最后可加到10。逐渐可以用扑克牌去掉K、Q、J，玩赢大小的游戏。

游戏目的：通过游戏分清谁比谁大。宝宝通过背数、点数虽然已经认识数和数字，但仍不理解谁比谁大。赢牌游戏可让宝宝逐渐理解大小的顺序。

第4周第7天

早教：培养宝宝的分享意识

培养宝宝分享的习惯，建议从分享食物或者其他宝宝不怎么看重的东西入手，而不要从他最喜欢的东西入手。一般来说，如果宝宝手头有足够多好吃的，他一般都不会小气的。鼓励他多带一些美食外出，分给别的小朋友一起吃，慢慢他就会从这样的活动中体验到分享的乐趣。在家也是，可以有意识地给他提供一个给大家分美食的机会，帮助他建立分享的概念。

专家提示

强迫宝宝分享是最没有效果的方式，而且，这种方式还会剥夺宝宝的需求，实际上相当于在告诉他——你的需求不重要，这是一种贬低宝宝自我价值感的做法，对培养他的自尊心、自信心一点好处都没有。

在家中的时候，家长要试着让宝宝分享好吃的东西，逐步让宝宝学会分享。家中的好东西不能让宝宝独占，否则会养成自私的毛病。好东西虽少也要平分3份，爸爸、妈妈各1份，宝宝1份。有了分享东西的习惯，如果爸爸或妈妈不在时，宝宝就会想到给爸爸或妈妈留1份，学会关心别人。

家长也可以用英语与宝宝交流。比如在盘子里放几块儿小饼，爸爸对宝宝说："Give me one cookie，please.请给我一块儿小饼。""Thank you，Bobo is a good girl.谢谢，宝宝是个好孩子。"又说："Give a cookie to daddy please.请给爸爸一块儿小饼。"爸爸说："Thank you，Bobo is really good.谢谢，宝宝真好。"又说："Give a cookie to mummy.给妈妈一块儿小饼。"妈妈说："Thank you，Bobo is very kind.宝宝真好。"

经常让宝宝分享自己的东西，可以让宝宝养成心中有别人的良好习惯。有的父母觉得宝宝太小，本来好东西就不多，干脆给他一个人算了。但习惯养成之后，宝宝心目中就没有别人，一切唯我独尊。从小学会分享，宝宝就会为别人着想，长大后会孝敬父母，也更容易与别人相处。

2岁第4个月养育计划

这个阶段的宝宝正是模仿学习语言的关键期，但对于语言是否文明还没有判断和选择的能力，所以他常常是听见某个词句就发这个词句的语音，大人对这个语音关注度越高，他越爱发这个音。

生长发育情况

1.体格发育

到这个月的月末，也就是宝宝满2岁4个月（28月龄）的时候：

母乳喂养儿童体格发育情况

身高（厘米）							
性别	−3SD 轻度生长迟缓	−2SD 正常	−1SD 正常	0SD 正常	+1SD 正常	+2SD 正常	+3SD 偏高
男孩	80.5	83.8	87.1	90.4	93.7	97.0	100.3
女孩	78.8	82.2	85.7	89.1	92.5	96.0	99.4
体重（千克）							
性别	−3SD 中度体重不足	−2SD 轻度体重不足	−1SD 正常	0SD 正常	+1SD 正常	+2SD 正常	+3SD 超重或肥胖
男孩	9.1	10.2	11.5	12.9	14.5	16.3	18.4
女孩	8.6	9.7	10.9	12.3	14.0	16.0	18.3
头围（厘米）							
性别	−3SD	−2SD	−1SD	0SD	+1SD	+2SD	+3SD
男孩	44.6	46.0	47.3	48.7	50.1	51.5	52.9
女孩	43.5	44.9	46.3	47.7	49.1	50.5	51.9

数据来源于《世界卫生组织儿童生长标准（2006年）》，SD为标准差，0SD即为平均数。

2.动作发育

（1）大动作

有较好的平衡能力，可练习走短的平衡木。

（2）精细动作

握笔姿势较以前正确，会画规则的线条、圆圈等。

营养：维持宝宝体内的酸碱平衡

第1周 第1天

1.偏酸性体质易生病

酸碱平衡是人体赖以生存的平衡状态之一。健康人体，包括宝宝，身体的酸碱度总是维持在7.35～7.45之间，呈现一种弱碱性的内稳态，刚出生的小婴儿就是这个值。

当pH偏酸到7.2左右的时候最容易成为病毒的培养基，就是说最适合病毒生长。所以，爱生病的都是体质偏酸的宝宝。他们还容易出现易哭闹、烦躁、吃睡都不好、易感冒、皮肤脆弱、抵抗力差、模仿能力和反应能力都比较差等情况；而体质偏碱性的宝宝吃、睡、玩相对规律，模仿能力、学习能力较强。

2.酸性体质可通过饮食调整

酸性体质可以通过日常饮食调整成碱性体质。

酸性食物和碱性食物是指食物经过消化吸收后，其代谢产物在体内表现出来的酸碱性质，因此，又可以称作呈酸性食物和呈碱性食物。食物的酸碱性与所含矿物质的种类和数量有关，钾、钠、钙、镁、铁含量高的食物呈碱性，磷、氯、硫含量高的食物呈酸性。因此，蔬菜、水果、豆类和海藻类是主要的碱性食物。

肉类、粮食类（豆类除外）均为酸性食品，日常膳食中酸性食物摄入较多容易造成酸性体质，要注意碱性食物的搭配摄入，常见的碱性食物有海带、柑橘类、葡萄、柿子、黄瓜、胡萝卜、大豆、番茄、香蕉、草莓、菠菜、红豆、苹果、甘蓝菜、豆腐等。

第1周第2天

营养：酸碱平衡宝宝餐

下面的食物可以帮助小宝宝维持体内酸碱平衡，对健康意义重大。

1.山楂香梨汁

原料：香梨200克，山楂50克，冰糖10克。

做法：（1）将山楂去核、去蒂、洗净；（2）香梨去皮、去核、切成小块；（3）将山楂、香梨放入榨汁机中榨汁；（4）放入冰糖，搅拌使其溶解；（5）给宝宝喝之前兑适量白开水。

营养提示：山楂中钙、铁、锌含量较高，属于碱性食品；维生素C含量极高，能够作为抗氧化剂提高免疫力；其中富含的营养成分能促进脂类物质消化吸收，宝宝积食可以多加服用。

香梨中钾含量丰富，也属碱性食品。山楂和香梨均为秋冬季应季水果，有润喉生津的作用，适合早晚饮用。

营养含量：热能134千卡，蛋白质0.5克，脂肪0.4克，碳水化合物36.1克，维生素A67国际单位，维生素C26毫克，维生素E3.66毫克，钙34毫克，铁1毫克，锌0.35毫克。

2.核桃花生豆浆

原料：黄豆50克，干核桃25克，花生仁20克，黑芝麻5克。

做法：（1）黄豆洗净，浸泡8～12小时；（2）花生浸泡后剥去红衣；（3）核桃取仁，黑芝麻洗净；（4）将泡好的黄豆、花生仁、核桃仁、黑芝麻放入豆浆机中，加入适量清水，豆浆煮熟后过滤，即可饮用。

营养提示：黄豆属碱性食物，不仅营养丰富，蛋白质含量高达35%，同时含有丰富的不饱和脂肪酸、B族维生素和钙、铁、磷等矿物质。研究表明，大豆蛋白有抗辐射、改善记忆、减轻肾脏负担等作用。中国营养学会对学龄前儿童的膳食指南中推荐常吃大豆和豆制品。

营养含量：热能477千卡，蛋白质27.2克，脂肪33.9克，碳水化合物27.4克，尼克酸5.2毫克，维生素C1毫克，维生素E26.4毫克，钙157毫克，钾983毫克，锌3.02毫克，铁6.3毫克，硒5.26微克。

营养：给宝宝补充维生素A

第1周第3天

1.维生素A对宝宝的生长发育有重要作用

◎ 维生素A对上皮细胞的细胞膜起稳定作用，维持上皮细胞的形态完整和功能健全。缺乏维生素A可引起眼结膜或角膜干燥、软化，甚至穿孔，以及泪腺分泌减少；皮肤皮脂腺、汗腺萎缩；舌味蕾上皮角化，肠道黏膜分泌减少，食欲减退；呼吸道黏膜上皮萎缩、干燥，纤毛减少，抗病能力减退，从而使得消化道和呼吸道感染性疾病的危险性提高，且感染常迁延不愈。

◎ 维生素A构成视觉细胞内的感光物质，缺乏维生素A的时候，眼睛对黑暗环境的适应能力减退，严重的时候容易患夜盲症。

◎ 维生素A参与细胞的RNA、DNA的合成，对细胞的分化和组织更新有一定影响。参与软骨内成骨，缺乏时长骨形成和牙齿发育均受影响。

◎ 维生素A可维持和促进人体的免疫功能，提高免疫细胞产生抗体的能力，维生素A缺乏时人体的免疫功能下降。

2.宝宝每日应摄入维生素A的量

中国营养学会建议：1~3岁的宝宝每日应摄入维生素A500微克视黄醇当量，其中1/3~1/2来自动物性食物。

3.富含维生素A的食物

维生素A的最好来源是各种动物的肝脏（每100克鸡肝含维生素A10414微克视黄醇当量，猪肝含4972微克视黄醇当量）、鱼肝油、奶类（每100克牛奶含24微克视黄醇当量）和蛋类（每100克鸡蛋含310微克视黄醇当量）；植物性食物，比如胡萝卜（每100克含4010微克视黄醇当量）、苋菜（每100克含2110微克视黄醇当量）、菠菜（每100克含2920微克视黄醇当量）、韭菜、青椒、红心白薯以及水果中的芒果（每100克含8050微克视黄醇当量）、橘子（每100克含1660微克视黄醇当量）、枇杷（每100克含700微克视黄醇当量）等含有维生素A的前身胡萝卜素。胡萝卜素中最具维生素A生物活性的是β-胡萝卜素，人体的吸收利用率大约是维生素A的1/6，其他胡萝卜素的吸收率更低。

第1周第4天

营养：让宝宝爱上胡萝卜

胡萝卜含有多种营养成分，其中胡萝卜素含量较高。胡萝卜素进入人体内，在肠和肝脏内可转变为维生素A，是膳食中维生素A的重要来源之一。

胡萝卜有一股淡淡的涩味儿，许多宝宝非常抗拒这种味道，拒食胡萝卜。针对这种情况，家长可以将胡萝卜与肉、蛋、猪肝等搭配着吃，可以遮盖胡萝卜的味儿。用牛奶加工胡萝卜也是一种不错的方法。另外，最好将胡萝卜用油烹调，不仅更有利于宝宝摄取胡萝卜中的营养成分，而且用油烹热之后的胡萝卜口感也更佳，宝宝更容易接受。但要注意用油不要太多，以免宝宝摄取过多的油脂。

下面介绍几款胡萝卜美食食谱，让宝宝爱上胡萝卜！

1.奶油胡萝卜泥

原料：胡萝卜、黄油适量。

做法：（1）将胡萝卜清洗干净，切成小块；（2）上屉蒸透；（3）将蒸透后的胡萝卜碾成泥状；（4）将黄油加入并搅拌均匀即可。

2.胡萝卜白米香粥

原料：胡萝卜1根，白米粥一小碗。

做法：（1）将胡萝卜清洗干净，去皮煮熟；（2）将蒸熟的胡萝卜和白米粥一起压成泥状，也可用果汁机打成泥状即可。

3.胡萝卜面糊

原料：面条一小碗，胡萝卜一小段。

做法：（1）将胡萝卜切丝，加一碗水煮，直到汤汁的颜色由无色转淡，取出汤汁；（2）面条煮烂后，用汤匙将其切成小段；（3）把胡萝卜汁与面条糊搅和在一起，拌匀即可。

4.胡萝卜蛋粥

原料：胡萝卜半根，鸡蛋1个，白米50克，清水适量，盐少许。

做法：（1）白米清洗干净，浸泡30分钟后放在锅里用文火慢煮；（2）把胡萝卜去皮切成细丁，放在锅里与白米一起煮；（3）待粥煮好后，在里面加上蛋花拌匀，最后加一点点盐即可。

健康：清明时节要注意防过敏

第1周 第5天

每年的4月5日前后是清明，此时我国大部分地区的日均气温已升到12℃以上。此时正是桃花初绽、杨柳泛青的时节，人体的血液也正处于旺盛时期，激素水平相对处于高峰期，此时易患过敏性疾病。

1.哪些宝宝易过敏

过敏就是体内的免疫系统对某种物质出现不合适的反应，一般将容易发生过敏反应和过敏性疾病而又找不到发病原因的人称之为“过敏体质”。具有过敏体质的人可发生各种不同的过敏反应及过敏性疾病，如湿疹、荨麻疹、支气管哮喘等，有的则对某些药物特别敏感，可发生药物性皮炎，甚至剥脱性皮炎。

过敏体质有些是先天的，体内免疫功能有先天性缺陷，外来相关的抗原物质进入后，便会与体内特异性抗体结合起来产生一系列有害于机体的反应。如果父母一方或双方是过敏体质，那么孩子是过敏体质的可能性就比较大。过敏体质也可能是后天形成的。各种家用电器、电脑和手机的电磁辐射都是造成过敏性体质的一大因素。

2.常见过敏原

诱发过敏反应的抗原称为过敏原，常见的有2000～3000种。它们通过吸入、食入、注射或接触等方式使机体产生过敏现象。

（1）吸入式过敏原

如花粉、柳絮、粉尘、螨虫、动物皮屑、油烟、油漆、汽车尾气、煤气、香烟等。

（2）食入式过敏原

如牛奶、鸡蛋、鱼虾、牛羊肉、海鲜、动物脂肪、异体蛋白、酒精、毒品、抗菌素、消炎药、香油、香精、葱、姜、大蒜以及一些蔬菜、水果等。

（3）接触式过敏原

如冷空气、热空气、紫外线、辐射、化妆品、洗发水、洗洁精、染发剂、肥皂、化纤用品、塑料、金属饰品（手表、项链、戒指、耳环）、细菌、霉菌、病毒、寄生虫等。

（4）注射式过敏原

如青霉素、链霉素、异种血清等。

第1周第6天

早教：聪明宝宝学拼图

拼图能锻炼宝宝从局部推断整体的能力，还能提高宝宝的方位能力。所以练习拼图是一种综合的训练，既练手的技巧又练习思维能力，是一种很好的益智游戏。

1.拼上分成两块的图

用几何图形，如两个半圆形拼成圆形；两个长方形拼成方形；两个三角形拼成三角形。可以买现成的积木或塑料拼图；也可以自己用硬纸板先剪好圆形、方形和三角形，然后在中间剪开，让宝宝再练习拼上。

用有图的画片，如单个动物、花、某件东西或水果的图卡，先用硬纸将底面贴牢，然后将图中之物的主要部分切开，一分为二，让宝宝练习将其拼上。注意宝宝是否看到切开的片块就能猜出它是什么东西的一部分。开始练习时只让宝宝看到同一幅图中的两个半块，使宝宝较容易将它合拢。拼过几次之后，可以将两三幅图的切片混在一起，让宝宝将一幅幅图都拼上。

鼓励宝宝认识切分成两块的几何图形和切分成两块的普通图片，让宝宝能将它们区别开并拼好。如果几何图形外面有穴或者有外框，放上一片后，穴和框中会留有空位，宝宝容易找到另外一块，所以带穴和带框的图容易拼上。

拼图片时要明确方位，例如把动物的头拼到身体上时不能颠倒着放，要摆对头和身体的关系；竖切开的苹果拼图拼时要摆对左右关系。所以拼一分为二的图片较拼一分为二的几何图形略难一些，但图片代表一个实物，更加有趣，所以宝宝很喜欢学习拼图片。宝宝多次练习后可以拼上切分成3块的图形和图片。

2.拼3～4块拼图

用竖切和竖横切两种不同的方法，把贺年片或杂志上的图片分成3块，让宝宝学习拼图。宝宝先学会拼竖切成3块的图，要试几次才能拼上竖横切成3块的拼图。也可以将图斜角切开，再做侧面斜切。宝宝能拼上用几种不同方法切成3块的拼图后，可另找图片沿直线或曲线将其分成4块。直线剪开的比曲线剪开的容易拼上。切分图形时要将图中主要部分切开，如头可分成两块，两只眼睛各在一块上，或者将鼻子或耳朵切分开，让宝宝按目标将缺少的部位拼上。

早教：让宝宝学习做家务

第1周第7天

1.端茶不洒

杯子里放2/3的水，用一个盘子托着，让宝宝从厨房端到客厅，看看盘子上有无洒出的水。锻炼几次之后，家中来客人时，妈妈在杯中倒好茶水，让宝宝小心地用盘子托着端给客人，看看宝宝是否能不将茶水洒出来。宝宝学会给客人送茶，会受到客人的称赞，使宝宝增强信心，学会细心做事。

2.用肥皂洗手绢

先在水中浸湿手绢，把肥皂涂在手绢上，双手搓洗；把肥皂沫挤出来，蘸点清水再搓洗。第一次搓洗时将手绢表面的污垢洗掉，加清水再搓洗可把深入布纹内的污垢清除，洗得更干净。用水将肥皂沫冲去，再清一次水就可以挂起来晾干。

让宝宝从洗手绢学起，学会用手洗衣物。

3.学洗茶杯、擦桌子

客人离开后，让宝宝将茶杯和盘子送进厨房，将杯中的剩茶水倒掉，把茶叶倒入垃圾桶，用清洗剂把杯盘洗净。要宝宝注意，手上沾了清洗剂拿茶杯会很滑，容易打碎。让宝宝握住杯体，使之不易打滑。洗完杯盘后顺手将桌子擦净。不许把茶叶倒入水池，因为茶叶会阻塞下水道，这会给以后带来不便。

4.用刀切片

用玩具刀将面团切成薄片；用钝刀将馒头切成片；或者用玩具刀将胶泥切片。用刀切片要双手配合，即用左手固定被切之物，右手拿刀去切。初学时最好用玩具刀，不会伤到手指。等用刀的技巧有了进步，再用钝的餐刀切馒头、切丝糕和蛋糕等食物。

用刀如同写字，要双手配合，一手固定要切之物，一手持刀去切。先学会用玩具刀，再学习用钝的餐刀将食物切开。刀是常用的工具，要经过多次练习才能使用熟练。

第2周第1天

营养：警惕零食中的健康杀手

1.香精

给宝宝购买零食时一定要注意仔细看清包装袋上的标识，如果含有香精最好不要给宝宝吃。不少小食品生产厂家为了迎合消费者的口味，喜欢大量使用香精来增加味觉，这样宝宝就容易对浓烈的味感形成依赖，形成了习惯性的口味儿之后，宝宝就可能对牛奶、蔬菜等清淡、有营养的食品不感兴趣。长此以往，容易导致宝宝膳食结构不合理，影响宝宝对营养的均衡摄入。对于处在生长发育期的宝宝而言，这种挑食、偏食的习惯还会影响到骨骼和大脑发育。在大量吃某种膨化食品的宝宝中常常可见两种不正常的发育形态：一种是因胃口不好而引起的过分消瘦，另一种则是摄入了膨化食品过高的脂肪而导致肥胖。

2.人工色素

含有人工色素的零食最好也不要给宝宝吃。人工色素是通过人工化学方式合成的，用于改善食品感官性状，对人体健康有害无益，可引起多种过敏症。近年来，一些科学家研究认为，小儿多动症与摄入人工色素有关，某些人工色素作用到神经介质，影响到冲动传导，从而导致一系列多动症症状。国家对此有严格的管理规定，明令禁止一部分食品使用人工色素，另一部分则严格限制人工色素使用剂量。但是，一些食品生产单位为了追求小食品好看，往往过量使用人工色素，比如膨化食品等。所以家长给宝宝购买零食首先要到正规的经营场所，其次要认真阅读零食外包装上的标识，以免买到不安全的零食。

3.防腐剂

食品防腐剂是为了改善食品品质，保证食品在运输、储存时的不变质而加入食品中的天然或化学合成物质。如果在添加这些物质时严格按照国家颁布的标准执行，对人体不会构成危害；但如果超量添加，或使用了不符合国家标准的产品，它就会成为人类健康的隐形杀手，如苯甲酸、山梨酸钾和亚硝酸盐等，可能会在一定程度上抑制骨骼生长，危害肾脏、肝脏的健康。

营养：亲手为宝宝做健康零食

第2周 第2天

1.自制冰激凌三明治

在巧克力全麦饼干上撒些低脂奶酪，经冷冻之后即可用来代替宝宝想要的冰激凌三明治。这样做的好处是既能降低70%的脂肪，又可增添谷物的摄入量。

2.冰冻水果

冰爽食物是宝宝的最爱，妈妈可以将一些小块的菠萝、甜瓜和香蕉穿成一串冻在一起，制成冰爽水果，让宝宝摄入更多的高纤维水果。

3.生菜包肉

蔬菜或者水果沙拉能够给宝宝补充足够的营养。用生菜来包瘦肉块、草莓及乳酪等美味食品可让宝宝吃得更开心。同重量的生菜和黄瓜相比，前者维生素A的含量几乎是后者的7倍。

4.花菜巧烹饪

宝宝不喜欢吃花菜的原因是觉得没有味道。将花菜煮熟，和土豆泥混在一起，添加少许胡椒粉，会受到宝宝的欢迎。

5.土豆变比萨

充分利用宝宝喜爱比萨饼的口味和形式这一特点，创新其他营养食品。比如，在烙好的土豆饼上撒上番茄酱和乳酪。土豆含丰富的钾元素、维生素C及粗纤维。

6.吃一些红薯当主食

不要以为主食只有米和面，红薯也是不错的选择。它含丰富的纤维素、维生素A和维生素C。将红薯切成楔形条状，装在塑料袋中，再加入2茶匙菜子油和少许盐，反复摇晃使红薯条外层均匀附着油和盐，放置在400℃烤箱中烘烤25分钟便大功告成。

7.肉丸加蔬菜、麦片

如果宝宝酷爱吃肉丸，那么家长可以在其中加进一些麦片、蔬菜，这等于给宝宝增加纤维素的摄入量，还可以将肉丸串在棒冰的小棍上吸引他。

第2周第3天

营养：宝宝吃零食需要注意的问题

1.不能任凭宝宝随意吃零食

随着年龄的增加，宝宝的肠胃功能越来越健全，膳食中所能添加的食物种类也越来越多，慢慢地，宝宝也可以吃些小零食、小点心了，零食吃得科学可以促进孩子的生长发育。对于刚开始品尝美味的孩子来说，甜蜜蜜的糖果和巧克力的诱惑是无与伦比的，但如果在非用餐时间不注意控制巧克力、蛋糕等小零食的摄入量，一旦让它们撑饱了宝宝的肚子，到就餐时间宝宝自然就没有胃口了。所以，家长不要采取放任的方式，任凭宝宝随意吃零食，应该有所控制。

2.合理安排宝宝吃零食的时间

宝宝吃零食的时间最好不要与每天3次正餐的时间过于接近，零食应该作为正餐间的营养补充，而不应该对正餐形成干扰。如果宝宝在正餐之前吃了零食，就会有强烈的饱腹感，如果过不了多久爸爸妈妈就让宝宝吃饭，宝宝肯定吃不下。所以，宝宝吃零食的时间与正餐之间应该至少相隔1.5～2小时。此外，临睡前不应吃零食，否则因为无法及时消化吸收会影响睡眠质量，还会增加患龋齿的危险。宝宝每天食用零食的次数应该控制在3次，而且量不宜过多，最好每天把零食总量控制在25克～40克，以不影响正餐食欲和食量为准。

3.不能边玩边吃零食

许多家长都知道宝宝吃正餐的时候要守规矩，不能边吃边玩，却往往忽略了吃零食时要求也是一样的。有些家长喜欢在宝宝玩耍时给他们吃零食，觉得宝宝一边玩、一边吃，玩得高兴，吃得也高兴。其实，这种做法是非常不健康、不科学的。因为宝宝在吃零食时玩耍，摸过了玩具或地面的小手再触摸食物，很可能会病从口入，让细菌进入口中。另外，宝宝吃零食时心不在焉，或者情绪过于激动，都很可能让零食进入气管，带来窒息的危险，果冻、冷饮棒、棒棒糖等都可能成为游戏时的“杀手”。所以，当宝宝玩耍时应该尽量避免给孩子吃零食，玩的时候专注地玩，吃东西时专注地吃，要注意防患于未然。

营养：一定要严加看管的零食

第2周 第4天

1.爆米花

在爆米花的制作过程中常常会产生一种对人体非常有害的物质——铅，一旦进入人体，铅就会破坏人的神经、血液、消化系统和造血功能。儿童的排毒系统还没有发育完全，经常吃爆米花可能会导致慢性铅中毒。铅过量很可能会引发肾病、贫血或导致身材矮小。因此，爆米花不宜给宝宝多吃，最好不吃。

2.山楂片

很多爸爸妈妈认为山楂片是一种健康食物，能让宝宝胃口大开，还能够帮助宝宝吸收营养，促进消化，所以常常会给宝宝买着吃。其实，这是非常不明智的行为。因为宝宝的牙齿釉质较薄，而山楂中所含的果酸会对它产生一定的腐蚀作用，不利于宝宝牙齿的生长。所以，山楂片只能作为宝宝的一种调剂零食，而不要让宝宝长期大量食用。

3.葵花子

葵花子是家庭日常生活中常备的消遣零食，但是最好不要给3岁以下的宝宝吃。因为葵花子的体积非常小，宝宝在食用过程中很容易进入气管，引起窒息。此外，葵花子还含有大量的不饱和脂肪酸，宝宝吃多了会影响肝细胞的功能。另外，目前市面上出售的葵花子大多是需要用嘴嗑的，有些家长自己把葵花子嗑出来再给宝宝吃，就更加不卫生了。

4.口香糖

一般不建议3岁以下的宝宝吃口香糖或泡泡糖，因为大部分口香糖都是以蔗糖为甜味剂，咀嚼口香糖时糖分会长时间在口腔内停留，口腔中的致龋菌就会利用蔗糖产生酸性物质，对牙齿产生腐蚀，致使牙齿脱钙，从而诱发龋齿。长时间嚼口香糖，咀嚼肌始终处于紧张状态，有可能养成睡梦中磨牙的习惯，从而影响孩子的睡眠质量。另外，宝宝不懂得吃口香糖或泡泡糖的方法，很容易无意中使糖进入气管，或者将糖吞入肚子里，可能会造成肠粘连或肠梗阻，即使不会对生命造成威胁，也可能会影响宝宝的消化，对消化功能造成障碍。

第2周 第5天

健康：宝宝出游必备药品清单

带宝宝外出，最怕宝宝生病。尤其是3岁以前的宝宝，免疫力比较低，非常容易生病。所以，带宝宝出游最好带些日常药品，这样才能让游玩更快乐尽兴。

1.感冒药

有些宝宝很容易因为气候和环境改变而感冒，随身带些适合宝宝的感冒药很有必要。不要想着到时候现去买，身在异乡有诸多不便，还是有备而去为好。

2.腹泻药

除了益生菌，其他方面的腹泻药可以根据自己宝宝的实际情况来决定带与不带。妈咪爱对腹泻和大便干燥都有作用，可以一举两得。

3.抗过敏的药

带宝宝出门在外，有可能会引起皮肤过敏，还有由于蚊虫叮咬而引起的皮肤过敏。外用药最好是宝宝曾经用过的，或者是适合儿童使用的。此外，双氧水和棉签一定不要忘了随身携带，这两种东西用处颇多。内服药的携带则需要仔细考虑一下，以医生的建议为准。

4.外用

◎创可贴。宝宝活泼好动，一到外面就疯玩疯跑，难免摔倒碰破，妥善处理伤口是非常必要的。带上点创可贴能很好地把创面保护好，以防感染。

◎清凉油。别看这小小的清凉油不起眼，但对于长途外出的宝宝却十分重要。如果宝宝出现晕车、蚊虫叮咬、甚至轻度中暑症状都可以用清凉油做紧急处理。

◎体温计。这个也是不可缺少的。宝宝的身体还很弱小，又不会很准确地表达自己的想法。家长多观察尤显重要。当宝宝精神状态不太好时，给宝宝试试体温，可以及时有效地监测及发现宝宝是否身体不适，也便于家长及时应对与处理。

除了这些外用药以外，建议您再带上一支防晒油。宝宝的皮肤非常娇嫩，长时间暴露在阳光下很容易受伤。适当地给宝宝抹一些防晒油，是保护宝宝肌肤的有效方法。

早教：小瓶子也能玩出大智慧

第2周第6天

1.配瓶盖

收集一些漂亮的瓶子和盒子，如矿泉水瓶子、大小药瓶和酒店盛浴液的小瓶子等。瓶子的大小不同，盖子的形状和颜色也不同，让宝宝自己学着打开再拧上。宝宝很喜欢玩这种东西，自己收集的小瓶对宝宝的吸引力常比买来的玩具更大。大大小小的瓶子也可以作为宝宝过家家的道具，大人平时应注意帮宝宝收集。

宝宝会细心地把不同的瓶盖、盒盖打开，然后逐个拧上；也可同时打开两三个，让宝宝选择合适的盖盖上。熟练之后，将六七个瓶盖、盒盖打开混在一起，看看宝宝是否能自己按其大小、颜色及记忆将盖子盖上。

妈妈也可以用英语发出指令："This small bottle covers with small lid.这个小瓶要用小盖。" "The blue bottle uses a blue lid.蓝盒子用蓝盖。" "The red bottle covers with a white lid.红瓶子盖白盖。" "Screw the cap off that bottle.拧开那个瓶子。" "Screw a lid on this bottle.拧上这个瓶盖。"

在打开和拧上盖子时要手脑并用，同时练习手的技巧。让宝宝学会用按合的、螺纹的、有小按钮的等各种方法开关瓶子，使宝宝懂得观察盖的结构，判断打开和合上的方法，以后再有不同的瓶子也会打开。大人在游戏中同宝宝用英语交流，可培养宝宝语感，也能增加词汇量。

2.量一下

宝宝喜欢玩大小不同的瓶子，学会了配瓶盖后可以学"量一下"。找一个小瓶子装满水后把水倒入大瓶中，看这个大瓶能装几小瓶水；再把小瓶水倒入中等大小的瓶中，看能装几瓶水。量过两次就有了一个大概的数量，再取第3个瓶子。先猜一下它能装上几小瓶水，然后用小瓶装水再倒进去，看谁猜得对。

这个游戏可以让宝宝认识水的量也可以测量，如同用尺来量身高一样。吃配方奶的宝宝常看到大人用奶瓶上的标志去量水配奶粉。宝宝也学用小瓶去量水，用小杯去量沙土，做"量一下"的游戏。

第2周第7天

早教：和宝宝玩吹泡泡

1.手印、脚印

游戏方法：大人和孩子光着脚在清洁的水泥地面上玩。先在水中把脚浸湿，在水泥地面上走，两人走出大小不同的一串脚印，宝宝很兴奋；再在水中把手和脚都浸湿，手、脚并用在地面上爬行，可以交替出现手和脚不同的印迹。有时爬行时手脚未完全落地，会出现不完整的手印和脚印。

选择宝宝生日的时候，给他做个永久性的手印和脚印纪念。用印章用的红油或用墨汁把手掌脚底涂上一层颜色，将手印和脚印留在纸上，写上日期。以后每年或每5年留一次做纪念。市面售有塑料印模，可以让宝宝直接将手、脚印留在塑料上，以后干结成形就可以作为永久性纪念。

宝宝光着脚在水泥地面上走，看到自己留下的脚印会很兴奋。夏天可以玩走脚印的游戏，比比谁的脚印长，谁的步子大。两岁孩子走路时左右脚印离得较远，约12厘米～15厘米，要到4岁左右脚印离得近些，才可以学走直线。

游戏目的：让宝宝认识自己的脚印和手印，进一步认识自己。蘸水在水泥地上走路可以早期发现外八字脚和内八字脚，让宝宝自己也看看，对着脚印矫正可产生兴趣并易于收效。宝宝喜欢看自己的手印，他会发觉自己的手印与别人不同，哪道纹最长和最深他都能记住，以后能在许多手印中识别自己的手印。

2.吹泡泡

游戏方法：用细铁丝绕成一个直径两厘米的环，接一根10厘米～12厘米的柄，把肥皂水或洗涤剂加水稀释。将环浸入肥皂水中，提起来时用手甩或者口吹都可起泡，宝宝会很高兴地去吹泡泡或者将它们打破。要告诉宝宝不要让泡泡飞入眼睛里，否则会流泪。有些专门供宝宝们玩的泡泡液不会刺激眼睛，但也要让孩子注意不能将泡泡液吞入口中以免中毒。

在户外吹泡泡更加好玩，因为太阳光会使泡泡出现彩虹样的颜色，宝宝们喜欢去追泡泡。

游戏目的：引起宝宝的兴趣，让宝宝去追着玩，或者学习自己用手甩出许多泡泡，然后将它们吹到高处。这个游戏使全身都可活动，而且增加宝宝户外活动的兴趣。宝宝在玩时会学到新的词汇如：吹、越来越大、越飞越高、破了；红的、橙的、黄的、蓝的、绿的等颜色等。

营养：健康饮食的4大平衡守则

第3周 第1天

1.食速快慢的平衡

经常看见父母追在宝宝屁股后面喂饭，或者催着宝宝吃，过后又说他吸收得不好、偏食、挑食、不爱吃饭……总之问题多多。对于进餐速度，医书中是这样记述的："食不欲急，急则损脾，法当熟嚼令细。"不论粥饭点心都应该嚼得细细的再咽下去。咀嚼是帮助消化的重要环节，宝宝的脾胃功能还不够完善，咀嚼能力差，狼吞虎咽是幼小的消化道难以适应的，于是就容易出现问题。建议父母养成好习惯，经常提醒宝宝："多嚼嚼！多嚼嚼！"细嚼慢咽的宝宝肠胃功能都不错，生病少。即便生病，也会因为吸收的底子好、抵抗力强而快速度过。

2.饥与饱的平衡

古语有云："要想宝宝安，三分饥与寒。"宝宝肠胃小，一次吃不了多少；但活动量大，一会儿就饿。很多父母怕麻烦，希望宝宝一次多吃点儿，就不停地催促，这种情况下很容易造成宝宝积食，甚至几天不愿意吃东西。建议多准备些小零食：几颗枣、一块南瓜、一片面包抹点芝麻酱、鹅肝酱、乳酪什么的……做到先饥而食，先渴而饮，饥不可太饥，饱不可太饱。这就是饥与饱的平衡原则。

3.冷热平衡

要注意宝宝膳食的冷热平衡。很多宝宝一到夏季就咳嗽，因为吃了一肚子冰激凌，胃里温度比外边低了30℃。胃的温度一下降，旁边肺的温度也随着下降了，造成毛细血管不扩张，自然就会咳嗽。到了秋天换季时，冷空气一刺激也会咳嗽，都是同一个道理。所以，古代有一句话叫"热食伤骨，冷食伤肺，热无灼唇，冷无冰齿。"就是说热别烫着嘴，冷别凉着牙，要控制好了，这才是健康饮食之道。

4.动静平衡

食前忌动，食后忌静。宝宝也是一样的。饭前动来动去的，一定不专心吃饭；吃得多了，血液跑到胃里帮助消化，接着睡觉，身体休息胃也休息，吸收得当然不好了。因此建议父母，要给宝宝养成好的饮食习惯，固定进餐位置，将所有玩具拿走，不要打开电视以免分散宝宝的注意力。告诉宝宝吃饭时要专心，饭后可以带宝宝适当活动。

第3周第2天

健康：5招提高宝宝免疫力

1.多吃蔬菜、水果

胡萝卜、青豆、柑橘、草莓……都含有维生素C和类胡萝卜素等能够增强人体免疫力的植物营养素。植物营养素能促进身体产生抗感染的白细胞和干扰素。干扰素是一种抗体，它包裹在细胞表面，能够阻挡病毒进入。研究表明，富含植物营养素的饮食还有助于降低成年人患癌症、心脏病等慢性病的几率。

2.增加睡眠时间

对成年人的研究表明，睡眠不足会减少自然杀伤细胞（这种细胞是免疫系统攻击微生物和癌细胞的武器）的数量，从而降低人体免疫力。2～3岁宝宝每天则大约需要10小时睡眠。如果宝宝白天不肯睡觉，晚上就应该早点儿睡。

3.全家一起做运动

研究表明，运动能增加成年人体内自然杀伤细胞的数量，同样，经常活动的宝宝也会因此受益。为了培养宝宝一生的健康习惯，父母应该做个好榜样。要求宝宝自己做运动，不如和父母一起做运动。

4.预防细菌传播

消除细菌当然不能提高免疫力，但这是帮宝宝的免疫系统减压的好办法。一定要给宝宝勤洗手——记得用肥皂。研究表明，只要在肥皂水中泡10秒钟就能除去手上90%的致病细菌和病毒，大大降低了宝宝患病的可能。尤其是饭前饭后、出外归来后、摸过玩具后和擦过鼻涕后，要注意宝宝的卫生。外出时要带着一次性纸巾，随时给宝宝做清洁。

5.避免宝宝吸二手烟

如果爸爸吸烟，劝你还是戒掉吧。因为烟雾中含有4000多种毒素，大部分会刺激或杀死体内的细胞。由于宝宝的呼吸频率比成年人快，自然解毒系统还不完善，因此，比成年人更容易受到二手烟的负面影响。吸二手烟会增加宝宝患支气管炎、耳部感染和哮喘的几率，还可能影响智力和神经系统发育。如果爸爸不能完全戒烟，那就别在宝宝所在的房间里吸烟，这样也可以大大降低宝宝患病的危险。

健康：学会区分感冒和鼻炎

第3周第3天

感冒和过敏性鼻炎的症状虽然很像，但是它们之间无论是在病因、症状还是治疗方法上都是有差异的。做做下面的测试吧，通过它你能了解到宝宝究竟是过敏了，还是患上了感冒。

◎ 出现这些症状多久了？

A.几天　B.1周　C.1周多了

◎ 流鼻涕吗？

A.浓　B. 稀　C. 说不清楚　D.根本就不流鼻涕

◎ 发烧吗？

A.发烧　B.不发烧　C.没给他测体温

◎ 宝宝的眼睛

A.发痒　B.泪水多　C.都不是

◎ 打喷嚏吗？

A.不怎么打　B.经常打　C.有时候经常打，有时候又不打

◎ 鼻子经常发痒吗？

A.是的　B.不是　C.不敢肯定

◎ 最容易在一年中的哪个季节出现这些症状？

A.春季　B.夏季　C.秋季　D.冬季

◎ 说话有鼻音吗？

A.有　B.没有　C.不敢肯定

◎ 跟你说过他鼻子不通气吗？

A.说过　B.没说过

C.他还不会说话

◎ 有没有全身发痒？

A.有过　B.没有过　C.不敢肯定

选A较多说明宝宝可能是感冒。感冒一般只持续3天到一周，明显症状是：鼻子不通气，鼻涕黏稠（通常变色），偶尔打喷嚏，可能伴有低烧，但不会瘙痒。对付感冒的最好办法是——等它自己好。如果宝宝疲惫无力、情绪暴躁也不用惊慌，这很正常。

选B较多说明宝宝可能是过敏。过敏通常表现为鼻涕稀、连续打喷嚏、瘙痒、流眼泪，但不发烧。过敏最常发生在春季、夏季和初秋（第一场霜降之前）。出现上述症状后首先应该去找儿科医生，给宝宝做个检查。这样，医生就能诊断出宝宝是不是对某些东西过敏，以及引起过敏的物质是什么。如果宝宝最终被确诊为过敏，也不用着急，很多药物都可以有效治疗儿童过敏，有时简单到用非处方抗组织胺剂就可以治疗。如果情况比较严重，就需要服用处方药或者打过敏针了。

第3周第4天

健康：过敏性鼻炎的西医疗法

目前对小儿过敏性鼻炎的防治大多采取控制的方法：一是避开过敏原，这是最主要的；二是抗过敏药物治疗；三是植物免疫脱敏疗法。

1.避开过敏原

小儿过敏性鼻炎最根本的保健措施是了解引起孩子过敏的物质，即过敏原，并尽量避免它。如果症状主要发生在户外，应尽可能限制其户外活动，尤其是接触花草或者腐烂的树叶、柳絮的机会，外出时可以戴口罩，或者可以到过敏原较少的海滨。当症状主要发生在室内时可以注意以下几点：

◎ 如果宝宝对毛皮或螨虫过敏，把羽绒枕头、羽绒被子等统统撤掉。家里常用吸尘器清洁环境，而不要用扫帚扫地。卧室的门窗要经常打开，保持空气清新流动。

◎ 如果是对化学气体过敏，则对居家环境的装潢布置就要特别注意，尽量使用绿色环保的装潢材料；

◎ 如果是感冒后诱发的过敏性鼻炎，主要是锻炼身体，减少感冒，也能起到预防的作用。

2.药物治疗

如果过敏非常厉害，可以用抗过敏的药。有局部用的，也有全身用的。小儿过敏性鼻炎用药基本上与成人相似，都是激素类药物，易产生耐药性。抗过敏药种类繁多，其适应症也不尽相同，因此选用抗过敏药时应以抗组胺药优先，但不要长期、大剂量服用某一种抗过敏药，否则不仅会使药物失效，还会出现不良反应。

3.脱敏治疗

即小量多次逐步增加过敏原（如花粉）的注射剂量，直至患儿体内产生抗体。治疗时间一般为3～5年。但世界卫生组织并不推荐在发展中国家使用脱敏治疗，因为发展中国家很多过敏原制备不纯，有潜在的过敏性休克的危害。

健康：过敏性鼻炎的中医疗法

第3周 第5天

1.气虚寒型

临床主要表现为阵发性鼻痒，打喷嚏，流清涕。早晚易发，遇风（寒）即作。怕冷，易感冒。面色淡白，气短，咳嗽痰稀。鼻黏膜苍白水肿，舌质淡，苔白，脉细。治疗用温肺散寒法，常用方剂如小青龙汤、桂枝汤、玉屏风汤、温肺止流汤等，常用药如黄芪、防风、桂枝、白玉、白芍、麻黄、细辛、辛夷、白芷、五味子、诃子肉、甘草等。

2.气虚弱型

临床主要表现为阵发性鼻痒，打喷嚏，流清涕，鼻塞，鼻酸胀较重。四肢乏力，头昏头重，饮食不香，大便偏稀。鼻黏膜肿胀明显、苍白或灰暗，舌质淡，边有齿印，苔白或腻，脉细或弱。治疗用益气健脾法，常用方剂如补中益气汤、参苓白术汤等，常用药如黄芪、党参、白术、山药、茯苓、甘草、辛夷、柴胡、扁豆、苡仁等。

3.肾阳亏虚型

临床主要表现为阵发性鼻痒，喷嚏频作，鼻流清涕，量多如注。形寒怕冷，腰酸腿软，小便清长，夜尿频。舌质淡，苔白，脉沉细。治疗用温阳补肾法，常用方剂如附桂八味丸、右归饮等，常用药如仙茅、仙灵脾、桑葚子、枸杞子、白芷、细辛、附子、肉桂、甘草等。

4.气虚血淤型

临床主要表现为阵发性鼻痒、打喷嚏、流清涕，鼻塞明显，鼻甲紫暗。舌暗红有淤点，苔白，脉涩。治疗用活血化淤法，常用方剂如补阳还五汤、通窍活血汤等，常用药如黄芪、当归、川芎、赤芍、桃仁、红花、三棱、莪术、地龙、蝉衣等。

5.外寒内热型

临床主要表现为阵发性鼻痒，打喷嚏，流清涕，鼻塞。怕冷，遇风易发作，口干，喜冷饮。大便干结，舌红苔黄。治疗用平调寒热法，常用方剂如清肺脱敏汤、清热止嚏汤、辛夷清肺汤等。常用药如桑白皮、黄芩、紫草、茜草、旱莲草、栀子、生石膏、知母、枇杷叶、辛夷等。

第3周第6天

早教：巧用字卡学字词

1.词组归类

游戏方法：每个字卡都由两个字的词组构成，如“快走”“慢跑”“大笑”“公鸡”“小狗”“苹果”“包子”“再见”“谢谢”“桌子”“毛衣”“帽子”“皮鞋”等，要求宝宝把意义近似的词组放在一堆，如属动作的：“快走”“慢跑”“大笑”等。宝宝不认识或忘记了的可以问，但大人不帮助归类，待宝宝把桌子上的字卡都分好后大人再检查。开始玩时桌上只放10张字卡，会玩后可以逐渐增加，使宝宝锻炼判断类别的能力。

宝宝最先认识食物，然后认识动物及日常的用品，或者会区分衣服和玩具。在认字过程中还将学会一些表达情感和动作的词汇。学习分类是在两岁半到3岁期间逐渐完成的，孩子只能按用途分类，先学会分吃的、用的、玩的、穿的；再慢慢理解如动物、交通工具、花、草、树木及一些动作和表情词汇。

游戏目的：宝宝把学过的词卡按照理解分类，首先要懂得词卡的意思，经过分析和判断，把许多不同的东西按用途做出综合归类。

2.儿歌摆字

游戏方法：宝宝3岁前已经认识一些汉字了。1岁半以前的宝宝还不会背儿歌，只会念出押韵的一个字。3岁前的宝宝已经可以一口气背诵几首儿歌，有些宝宝还会背诵唐诗。唐诗的字太难认，暂时不要求宝宝摆字，但儿歌的字可以让宝宝试试能否自己在认字盒中找到并摆出来。如果个别字在盒中没有，大人不妨用纸写出来摆上然后再认。儿歌中背诵过的词孩子是熟知的，再认一两个生字宝宝不会感到太难而且会较快记住。

大人可以从宝宝摆好的字中抽出一些词组提问，看看宝宝能否马上认得。再把这些字卡打乱，再抽出另一个词组看看宝宝是否也能摆上。有时一连摆出几个句子，但突然问其中一个词会把宝宝难住。宝宝往往会背整个句子，其中一两个字在整句中会读，但单拿出来认就费劲。这种练习能使宝宝记住单个字。不仅会读整句，也会读每个单词，能重新组句，这才算真正学会了。

游戏目的：利用儿歌能使宝宝将字串起来，较快掌握许多新词，便于联想和记忆。

早教：玩游戏，学数学

第3周第7天

1.小碗量米

游戏方法：取大、中、.小3个套碗，1把玩具小刀和1个塑料盘子。先用大碗盛1碗大米，倒入放在盘子上最小的套碗内，用小刀把碗口刮平，再将小碗的米倒入中碗内。重复操作，再把一小碗米倒入中碗内，看看中碗能盛下几小碗米。

把余下的米倒入盘内，空出大碗。再用中碗盛米，用刀刮平碗口，把米倒入大碗内，看看要倒几中碗米才能把大碗装满。如果怕米撒到外面，可用一张大纸铺在桌面上收集撒出来的米。

游戏目的：通过游戏，宝宝知道了大碗比中碗大，装得多；中碗比小碗大，比小碗装得多。还可以让宝宝用碗量沙土、量水、量黄豆，了解容量的概念。

2.哪一瓶最重

游戏方法：找3个大小、形状完全一样的塑料瓶，1个装满沙子、一个装半瓶沙子、1个装少量沙子。将3个瓶子随便混放在桌上，请宝宝用手去掂量，把最重的瓶子放在左边，最轻的放在右边，按重量将3个瓶子排好。如果宝宝排得正确，将沙子倒出重装。1个装3/4瓶沙子、1个装1/2瓶、1个装1/4瓶，让3个瓶子的重量差别缩小，看看宝宝是否能用手掂量出来。

游戏目的：用手掂量重量是一种常识，孩子也要学会这种本领。这种本领越练越精确，可以让宝宝多次练习，使分辨能力提高。

3.排数字

游戏方法：将塑料数字或从挂历上剪下来的单个数字散放在桌上或地上，让宝宝按顺序排列。先练习排1、2、3，再练习排1、2、3、4、5，再加上两个排到7；最后排到10。

家长可从中间找一个数，如3，要求宝宝从3排到7，或从4排到8，或者取任一个数，要求宝宝将这个数前面的和后面的数排起来。

游戏目的：经常反复排数字，有利于宝宝对加1顺序的理解和前后加减1的理解。

第4周第1天

营养：为宝宝补充优质蛋白质

在人们的饮食中，蛋白质是不可缺少的重要组成部分，宝宝的生长发育更需要优质蛋白的摄入。

1.蛋白质功能卓著

蛋白质对身体各个器官组织的形成是相当重要的，因为人体的肌肉、骨骼、皮肤，甚至负责生化反应的酵素、荷尔蒙及决定遗传基因的DNA，都必须以蛋白质作为原料。蛋白质是由小单位的氨基酸所组成的，参与合成蛋白质的氨基酸之中约有8~9种是人体无法自行制造而必须由食物中获得的，这类氨基酸称为必需氨基酸。

2.动物性蛋白质

食物蛋白质按其不同来源可分为动物性蛋白质和植物性蛋白质两大类。动物性蛋白质主要来源于鱼虾、禽肉、畜肉、蛋类及牛奶。一般说来，动物性蛋白质大多属于优质蛋白质，这是因为动物蛋白质含有量多且是人体所必需的氨基酸，在人体内吸收率高，其营养价值也高。

◎ 牛肉。牛肉中蛋白质含量高达20%，同时，锌、硒等微量元素和各种B族维生素含量也比较高。牛肉性微温，各种体质的宝宝都可以吃。

◎ 羊肉。羊肉中蛋白质、维生素含量与牛肉接近，羊肉性温热，如果宝宝身体怕热又经常大便燥结则要少吃羊肉。

◎ 猪肉。猪肉中蛋白质含量低于其他肉类，平均为15%左右。猪肉性平，相对更适合消瘦的宝宝吃，较胖的宝宝要适当控制食用量。

◎ 鸡肉。鸡肉中蛋白质含量达20%。微量元素较为丰富。鸡肉性微温，对身体较弱、食欲不好的宝宝更为适宜。

◎ 鸭肉。鸭肉中蛋白质含量略低于鸡肉，在16%左右。鸭肉性质偏凉，容易上火的宝宝可以多吃鸭肉代替鸡肉。

◎ 牛奶。牛奶属于优质动物性蛋白质，添加辅食后也要保证宝宝每天喝奶，且最好能达到每天500毫升~700毫升。

3.植物性蛋白质

植物性蛋白质主要来源于豆类、根茎类、干果、坚果。

◎ 豆腐。美国大豆出口的标准是：蛋白平均为36%，适于做豆腐的大豆须含蛋白38%以上方为最低标准。因此豆腐为最佳的植物性蛋白质，适合给宝宝每天吃些。

营养：宝宝需要吃蛋白质粉吗

第4周第2天

1.给宝宝吃蛋白质粉好吗

宝宝想要健康成长必须摄入足够的蛋白质，这一点专家已形成共识，但是，对于宝宝是否需要吃蛋白质粉来补充蛋白质却有不同的看法。许多专家认为，宝宝在正常情况下不需要通过吃蛋白质粉来补充蛋白质，而只需要在正常的膳食中摄入蛋白质就行了。长期吸收精细的蛋白质食物会让宝宝的消化功能得不到锻炼，而且会加重宝宝的肾脏负担，反而会影响宝宝的健康。所以，不要一味追求高蛋白质饮食，蛋白质的摄取其实很大部分可以从乳制品中获得，而许多辅食也能补充蛋白质。如果宝宝明显缺乏蛋白质，比如出现体重不足、生长缓慢，甚至出现脸、手、腿水肿等症状，可以在医生的指导下决定是否需要吃蛋白质粉，千万不要自作主张。

2.高蛋白食物一定好吗

许多家长觉得孩子只有多吃高蛋白才会长得高、长得壮，所以盲目地给宝宝添加各种高蛋白食物，恨不得宝宝吃得越多越好。但实际上，高蛋白食物摄取得过多可能导致宝宝低烧，甚至对身体健康、成长发育造成不利影响。宝宝过多食用高蛋白食物不仅有可能会逐渐损害动脉血管壁和肾功能，影响主食摄取而使脑细胞新陈代谢发生“能源危机”，还会经常引起便秘，使宝宝容易“上火”。所以，家长要注意每日三餐要让孩子均衡摄取碳水化合物、蛋白质、脂肪等生长发育的必需营养素，而不能只注重高蛋白食物的摄入。

3.蛋白质摄入不足应该怎么吃

宝宝生长发育速度快，器官、组织对优质蛋白质的需求量多，蛋白质摄入不足可能影响宝宝正常的生长发育。在日常饮食中，家长要注意适当给宝宝增加鸡蛋、鱼虾、鸡肉、牛肉、奶制品及豆制品等，主食应该多选用大米、小米、红小豆等。注意牛肉、羊肉等食物性温热，不宜让宝宝吃得太多，应该多选用易消化吸收的鱼虾类或鸡蛋、鱼肉等。尽量不要用油炸，而以蒸、煮等烹调方式为佳；做饭时米不要淘洗遍数过多，也不宜放在热水中浸泡。

第4周第3天

健康：幼儿急疹的症状与护理

幼儿急疹也叫“婴儿玫瑰疹”，是由病毒引起的一种小儿急性传染病，一年四季都有发病的可能。

1.幼儿急疹的症状

（1）高热

幼儿急疹早期表现和上呼吸道感染颇为相似，但流鼻涕、打喷嚏这些感冒症状不明显，主要是发高烧。宝宝的体温会一下子就升得很高，常在39℃～40℃。

高热早期，有的宝宝可能伴有惊厥，有的宝宝可能出现轻微流涕、咳嗽、眼睑浮肿和眼结膜炎。个别宝宝可能会出现热性惊厥，也就是俗称的“抽风”。有时在宝宝的脖子和后脑勺处能摸到一些小疙瘩，那是肿大的淋巴结，但精神和食欲与平时相差不多。

（2）恶心、呕吐

在发热期间，宝宝食欲较差，并可能出现恶心、呕吐、轻度腹泻或便秘等症状。同时，宝宝可能伴有咽部轻度充血，枕部、颈部及耳后淋巴结肿大。

（3）热退疹出

发烧3～5天后宝宝的体温会出现骤降，退热后9～12小时内出疹子，有的宝宝一边出疹一边退烧。通常先从胸腹部开始，很快波及全身。皮疹呈现红色，一小片一小片的，疹子之间可以看见颜色正常的皮肤，用手按一下红色会消失，松开手后又会很快变回红色。皮疹主要分布在面部、颈部、胳膊、前胸、后背。2～3天内皮疹逐渐消退，不留任何痕迹。

2.幼儿急疹的正确护理

◎ 发烧期间要注意降温，首选物理降温的方法。可以用温水给宝宝擦浴或者洗个热水澡，水温最好比体温低1℃。宝宝皮肤薄，吸收能力强，所以千万不要用酒精擦浴。

宝宝发烧38.5℃以上就一定要去看医生了，必要时还需要化验一下血常规。因为很多疾病的早期表现都是发烧，只有医生才能鉴别清楚。千万不要给宝宝乱用药，尤其是抗生素类药物，一定要听从医生的建议。

◎ 一定要让发热的宝宝多饮水，以防止出汗过多引起虚脱，同时也有利于体内毒素的排泄，促进身体有效出汗，

帮助降低体温。

◎ 宝宝出现幼儿急疹症状后应多卧床休息，尽量少去户外活动，同时注意隔离。

◎ 患幼儿急疹的宝宝饮食要清淡，如果宝宝食欲不佳不要过分勉强。同时，宝宝的衣服和被褥不要过多过厚，以保证皮肤能够有效地出汗和散热。宝宝出汗后要及时调换衣褥的薄厚，避免身体受凉。

◎ 注意保持室内空气新鲜和流通，室温不要太高。

第4周第4天

健康：宝宝听力的第一杀手：中耳炎

根据专家的统计，我国目前有近200万人患有听力障碍，其中儿童约占50%，而儿童听力损伤的主要原因就是中耳炎。中耳炎是一种发病急而且隐秘的疾病，往往不被重视，等发现的时候听力已经开始受到影响了。

1.宝宝易患中耳炎的原因

宝宝的免疫功能尚不健全，很容易受感冒或其他病毒的感染，继而引发中耳炎。同时，宝宝中耳的咽鼓管内侧开口与口鼻相通，咽鼓管短、平直，易患上呼吸道感染。感冒时，鼓膜和咽鼓管之间的空间充满液体，形成炎症。另外，还有很多其他情况会引发宝宝中耳炎。如游泳方式不当或擤鼻涕方法不当等，病菌就随污水及脓涕等入侵而发病。

2.早发现，早治疗

宝宝患中耳炎的主要表现为耳鸣、耳痛、听力下降和耳道流脓等，大致可分4个阶段：

（1）第1阶段：早期——咽鼓管阻塞期

表现为精神不振、食欲减退，出现耳鸣、耳内不适等，会影响宝宝的睡眠和日常活动。

（2）第2阶段：进展期——化脓前期

表现为发高烧，体温可达39℃～40℃，宝宝哭闹不安、听力下降和耳痛，同时伴有恶心、腹泻等消化道症状，类似感冒或肠炎，极容易被忽视或误诊。

（3）第3阶段：高峰期——化脓期

主要表现为高烧、拒食，严重者面色发灰、听力下降和耳痛向四周放射。

（4）第4阶段：后期——消散期

一般在患病4～5天后，患儿的体温下降，耳痛消失，可以入睡，但鼓膜破溃，脓液从耳道流出，耳鸣和听力下降仍存在。

父母要注意，并不是每个患中耳炎的宝宝都会有明确的4个分期。由于宝宝太小不能准确地表述自己的病征，更需要父母注意观察，如哭闹不止、抓耳朵、烦躁不安等就应该警惕。发现宝宝患有中耳炎，要马上带着宝宝去医院进行治疗。

健康：急性中耳炎的治疗与护理

第4周 第5天

与成人相比，宝宝的咽鼓管位置呈水平状，且较宽、直、短，上火或感冒后鼻涕增多，咽喉部有炎症时，鼻咽部的细菌或病毒可轻易通过咽鼓管侵犯中耳，引起急性化脓性中耳炎。

宝宝得了急性中耳炎会有发热、畏寒、呕吐、腹泻等症状，周岁以内的宝宝会表现出哭闹不休、烦躁、抓耳、不吃奶等，两三岁的宝宝会指着耳朵说痛。

得了急性中耳炎后切忌给宝宝乱用滴耳药，应到医院请耳鼻喉科医生检查确诊。此病一经确诊要及时治疗，以免迁延转为慢性，发生听力减退或引起化脓性脑膜炎等严重并发症。0～4岁是儿童语言发育的关键时期，听力减退将直接造成儿童获得性语言迟缓，进而影响儿童认知能力的正常发育。所以，早期发现急性中耳炎并给予正确治疗，对儿童的健康生长发育具有极其重要的作用。

临床治疗首先给予有效的抗生素。家长要注意，急性中耳炎的治疗一般需连续服用抗生素10～14天。当宝宝服药后两三天症状减轻或消除后切勿掉以轻心，要继续带宝宝到医院治疗。要注意保持患儿的耳部清洁，及时清洗外耳道脓液，用消炎药水滴耳。洗耳药一般为3%的过氧化氢液，滴耳消炎药一般可酌选庆大霉素、氯霉素、卡那霉素等。在治疗本病的同时应注意清除耳周围的感染病灶，如鼻炎、扁桃腺炎、鼻窦炎等。若患儿在病程中突然出现高热、寒战、抽风，应警惕急性化脓性脑膜炎。若本病历经 3～4周仍不愈，身热不退，流脓量多，耳后乳突红肿疼痛，甚至出现耳后脓肿，则可能并发了急性乳突炎，必要时可行乳突凿开术。此外，若耳痛明显，可予止痛药缓解疼痛。

家长要加强护理，注意保证患儿休息，让患儿多饮水。急性期饮食宜清淡，宜多食清凉之品，如新鲜蔬菜、雪梨等，其中芥菜、芹菜、荠菜等最好。急性患儿忌食葱、蒜、虾、蟹，少食蛋类及其他引发毒邪的食物。

在给宝宝洗头或淋浴时注意不要让水进入宝宝耳朵内。鼻腔分泌物较多时，不要捏住宝宝两侧鼻孔擤鼻涕，以免鼻涕和细菌经咽鼓管进入中耳。正确的方法是：压住一侧鼻孔轻轻擤鼻涕，然后换另外一侧。

第4周第6天

早教：宝宝说脏话怎么办

1.宝宝为什么会说脏话

正在学说话的宝宝没有分辨能力，不管是文明话还是不文明的话都会作为发音练习拿来模仿。别人随口说出的“脏字”或“脏话”，他很好奇，便学来了。这个阶段的宝宝正是模仿学习语言的关键期，但对于语言是否文明还没有判断和选择的能力，所以他常常是听见某个词句就发这个词句的语音，大人对这个语音关注度越高，他越爱发这个音。

2.父母应该怎么办？

遇到这种情况，家长有两种教育态度是错误的。一种是严厉地批评宝宝，宝宝却并不真正明白自己错在哪里，迫于家长的严厉不说了，但也打击了宝宝学习说话的积极性；另一种是家长假声假色地批评，实际上感觉宝宝很逗趣，宝宝会很敏感地察觉家长表里不一的态度，会一再重复说这样的话以吸引家长。

家长的正确教育态度是严肃但不严厉，跟宝宝平静地说：“妈妈不喜欢你说这样难听的话。”或者采取忽略不理睬的态度，转移宝宝的注意力，不让他觉得自己说这样的话能吸引妈妈的特别关注。

要寻找脏话的可能来源，避免宝宝以后再在这样不文明的语言环境中受污染。妈妈喜欢‘你好’‘谢谢你’‘请坐’这样好听的话。

说文明话需要文明的语言环境，家人要注意自己别说脏字、脏话，避免带宝宝进入说话粗俗的人群，为宝宝创造文雅的语境。

早教：锻炼宝宝思维能力的小游戏

第4周第7天

1.放得进去吗

游戏方法：在大纸箱上开一个洞，再找几个玩具。有的玩具比洞口小，有的玩具比洞口大，有的玩具虽比洞口大，但转一个角度也可以放入纸箱。玩时准备一些小奖品，如点心、糖果等。

第一次玩时问："这个能放进去吗？"宝宝答对了可得一个奖品。宝宝这时对于答对与答错无所谓，反正他说对了就有奖。

第二次玩，说好答对有奖、答错要罚，答错时要从得到的奖品中退回一个糖果或点心。这次宝宝变得慎重起来，他会用眼去估量大小，还会用手去试一下，学着转不同的角度试一试后再回答。

第三次玩，可以改变纸箱的洞口形状，或者换用另外一些东西让宝宝判断能不能放进去，看宝宝的判断力是否有提高。

游戏目的：这种有奖有罚的游戏可以提高孩子的判断能力，使宝宝的回答更加慎重，并可学会采用不同的方法将玩具放入纸箱。

2.哪里去了

游戏方法：先让宝宝看，大人左手有个硬币，右手有个揉好的面团。大人两手合在一起硬币就不见了。宝宝是否能猜到硬币已揉入面团内？如果猜不着，让他扒开面团把硬币取出。自己再将硬币揉进去，将几粒黄豆也揉进去，做过一次就明白了。

取一个旧火柴盒，在宝宝不注意时将硬币塞进火柴盒。宝宝会到处找，后来摇摇盒子听到了响声，打开盒子会发现硬币在里面。让宝宝从侧缝将硬币塞进火柴盒，让他长点本领。

找几张漂亮的卡片给宝宝看，趁他不注意，把几张卡片全夹入书内。宝宝会翻开书页将卡片取出。

将盒子的盒底剪开一个洞放在桌上，放几个小东西在盒子里。大人右手拿起盒子，左手接住从盒底漏出来的小东西，问宝宝刚才放在盒里的东西哪里去了。宝宝先打开盒子寻找，当他发现盒底有洞，知道东西已漏出来，就会翻开大人的手找到东西。

游戏目的：让宝宝观察简单的操作过程，通过一次又一次地找东西，渐渐悟出道理。东西会藏在近处，要顺藤摸瓜将小东西找出来。

2岁第5个月养育计划

宝宝最开始说话时是单音词，较难理解；两岁前后能说三四个字的简单句；3岁时可以说复合句。从这个月开始可以锻炼宝宝说较长的话，从简单句过渡到复合句。

生长发育情况

1.体格发育

到这个月的月末，也就是宝宝满2岁5个月（29月龄）的时候：

母乳喂养儿童体格发育情况

身高（厘米）							
性别	−3SD 轻度生长迟缓	−2SD 正常	−1SD 正常	0SD 正常	+1SD 正常	+2SD 正常	+3SD 偏高
男孩	81.1	84.5	87.8	91.2	94.5	97.9	101.2
女孩	79.5	82.9	86.4	89.9	93.4	96.9	100.3
体重（千克）							
性别	−3SD 中度体重不足	−2SD 轻度体重不足	−1SD 正常	0SD 正常	+1SD 正常	+2SD 正常	+3SD 超重或肥胖
男孩	9.2	10.4	11.7	13.1	14.8	16.6	18.7
女孩	8.8	9.8	11.1	12.5	14.2	16.2	18.7
头围（厘米）							
性别	−3SD	−2SD	−1SD	0SD	+1SD	+2SD	+3SD
男孩	44.7	46.1	47.4	48.8	50.2	51.6	53.0
女孩	43.6	45.0	46.4	47.8	49.2	50.6	52.0

数据来源于《世界卫生组织儿童生长标准（2006年）》，SD为标准差，0SD即为平均数。

2.动作发育

（1）大动作发育

练习单脚站稳，使体重落在一只脚上。初学时要有人扶持或扶物，逐渐使体重完全由一只脚支撑而站稳。

（2）精细动作发育

手指的操作常与想象力结合，在画画、雕塑、捏面团时会表现自己的想法。细心的父母可以发现宝宝的艺术潜能而且应加以称赞，使潜能得到及时开发。

营养：给宝宝吃水果要讲究方法

第1周第1天

1.宝宝吃水果要注意些什么

水果含有丰富的营养物质，尤其是维生素C和碳水化合物，不仅可以为宝宝提供必要的营养，而且可以增进唾液的分泌，增进食欲。2岁多的宝宝可以吃各种水果，但要注意水果必须洗净、去皮。有些家长认为水果外皮的营养比果肉更加丰富，而将果皮喂给宝宝吃，这样做是不科学的。一方面，果皮中可能残留有农药，无法用水洗或浸泡的方式完全去除；另一方面，果皮的质地也比果肉坚硬，可能不适合宝宝的口感。吃水果时切忌大块儿往下咽，以免胃肠负担过重，引起消化不良。

2.宝宝什么时间吃水果最好

可以把宝宝吃水果的时间安排在两餐之间，或是中午午睡醒来后，这样可让宝宝把水果当做点心吃。宝宝的胃容量还比较小，餐前吃水果势必会影响正餐的摄入；饱餐之后也不要马上给孩子吃水果，因为水果中有不少单糖物质，堵在胃中很容易形成胀气，以致引起便秘。每次给宝宝的适宜水果量为50克～100克，也可根据宝宝的年龄大小及消化能力，把水果制成适合宝宝消化吸收的果汁或果泥。

3.为什么吃水果要与宝宝体质相适宜

给宝宝选择水果要注意与体质、身体状况相宜。舌苔厚、便秘、体质偏热的宝宝最好吃寒凉性水果，如梨、西瓜、香蕉、猕猴桃、芒果等，可以败火。秋冬季节宝宝患急慢性气管炎时吃柑橘可疏通经络、消除痰积，有助于治疗。但柑橘不能过多食用，如果吃多了会引起宝宝上火，每天给宝宝吃2～3个即可。当宝宝缺乏维生素A、维生素C时多吃含胡萝卜素的杏、甜瓜及葡萄柚，能给身体补充大量的维生素A和维生素C。在秋季气候干燥时，宝宝易患感冒咳嗽，可以给宝宝经常做些梨粥喝，或是用梨加冰糖炖水喝。因为梨性寒，可润肺生津、清肺热，从而止咳祛痰，但宝宝腹泻时不宜吃梨。另外，皮肤生痈疮时不宜吃桃，这样会使宝宝病情加重。

营养：给宝宝吃水果的常见误区

第1周第2天

1.正餐没吃饱，饭后用水果补

解读误区：即便没吃饱也不应该在饭后立即给宝宝吃水果，水果中的果胶会吸收水分、增加胃内食糜的含水度。同时，果肉中富含的糖分和有机酸还会与食物发生不良反应，从而加重胃的负担。如此一来，不但水果和正餐的营养成分都不能被很好地吸收，还会因为水果的发酵作用而使宝宝出现腹胀、打嗝、反酸、口臭等状况。

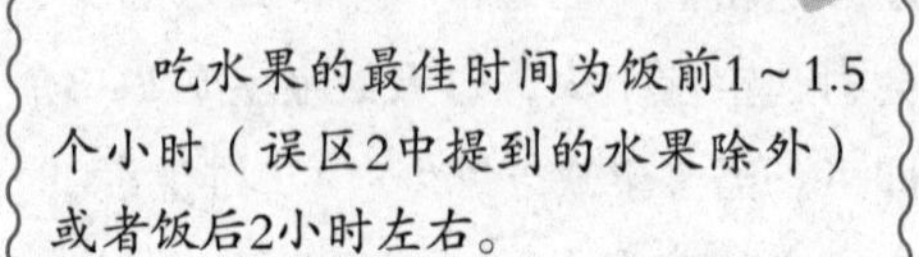

专家提示

吃水果的最佳时间为饭前1～1.5个小时（误区2中提到的水果除外）或者饭后2小时左右。

2.早晨的水果是黄金，空腹吃最利于吸收

解读误区：橘子、菠萝、柿子、黑枣、香蕉、荔枝、山楂等水果以及蔬菜中的番茄是不能在空腹，特别是早晨刚起床的时候吃的，否则会使宝宝胃痛、反酸，甚至形成胃结石，刺激并损伤胃肠黏膜，带来恶心、呕吐、抑制心血管功能等一系列的问题。

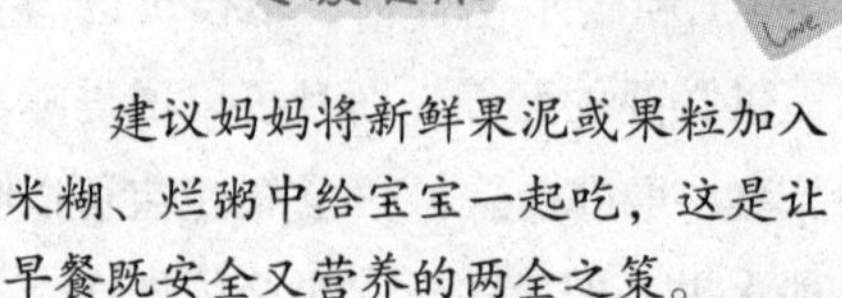

专家提示

建议妈妈将新鲜果泥或果粒加入米糊、烂粥中给宝宝一起吃，这是让早餐既安全又营养的两全之策。

3.用水果作辅食的替代品

解读误区：水果中富含糖分、有机酸和芳香物质，因而可以促进食欲，帮助营养吸收。但是，水果含蛋白质的量很少，而且矿物质和维生素的种类和含量都远不及粮食+蔬菜+肉/蛋/鱼/豆的组合。因此，水果是不可以完全替代辅食的。用水果完全替代常规辅食还会对宝宝造成以下的潜在危害：

◎ 营养摄入不均衡，容易缺乏蛋白质、铁、磷、钙、镁等，以及维生素A、维生素D、维生素E和某些B族维生素，导致抵抗力下降。

◎ 一次性大量摄入某些高糖水果，如葡萄等，会引起高渗性腹泻。

◎ 宝宝会因为习惯了水果的甜味而养成挑食的不良饮食习惯。

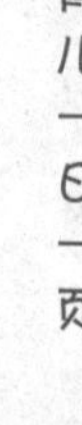

营养：水果、蔬菜大变身

第1周第3天

让水果和蔬菜大变身，再搭配上其他的食材，真是漂亮又美味，宝宝肯定会爱不释口。

1.胡萝卜土豆沙拉

原料：土豆1／5个，胡萝卜1／5根，奶油1勺，沙拉酱2勺。

做法：（1）将胡萝卜、土豆煮熟煮软；（2）将熟胡萝卜、土豆切成小碎粒；（3）将胡萝卜块和土豆块混合放入盘内，淋上沙拉酱。

营养提示：胡萝卜含有丰富的维生素A，有利于宝宝的视力发育。

2.水果沙拉

原料：罐头黄桃1片，苹果1片，梨1片，酸奶1勺。

做法：（1）将黄桃、苹果、梨切成小粒；（2）将切好的原料拌在一起，淋上酸奶。

营养提示：水果切成玉米粒大小，以防止宝宝发生危险。

3.葡萄木瓜泥

原料：新鲜葡萄100克，木瓜50克。

做法：（1）葡萄洗净，将完整的葡萄颗粒用榨汁机榨出果汁；（2）木瓜洗净后对半剖开，去核后取中间的果肉，研磨成泥状；（3）在木瓜皮中保留部分果肉，形成木瓜船待用；（4）将木瓜泥和葡萄汁搅拌均匀，重新放回木瓜船中就可以吃了。

营养提示：葡萄中所含的多酚类物质和白藜芦醇是很棒的抗氧化剂，可以提高免疫力，增强抵抗力，葡萄还是维生素A、维生素C及钾、镁等营养素的良好来源。木瓜含有的木瓜酵素、木瓜蛋白酶等，能够帮助脂肪、蛋白质的分解，促进消化。

4.鱼肉酸奶果蔬沙拉

原料：金枪鱼2勺，黄瓜1/4根，圣女果2颗，生菜叶1片，沙拉酱1勺。

做法：（1）将黄瓜洗净去皮后切成块，圣女果切碎；（2）碗底铺上生菜叶， 将鱼肉、黄瓜、圣女果放在上面，淋上沙拉酱。

营养提示：鱼肉含有丰富的蛋白质，有利于宝宝吸收。水果、蔬菜含有丰富的维生素，能满足宝宝的生长需要。

第1周第4天

健康：夏季要注意防蚊避蚊

夏天到了，蚊子越来越多。蚊虫叮咬不仅会使宝宝感到瘙痒不适，还会传播乙脑等各种疾病。怎样为宝宝防蚊避蚊呢？

1.让蚊子无处孳生

蚊子的繁殖需要水，把周围环境中的水面清理干净，如空瓶子中的积水，可以有效防止蚊子孳生。将堆在室内、容易积水的杂物清理干净，可以让蚊子无处产卵繁殖。还应定期清理家中的卫生死角，不给蚊子留下越冬的温床。

2.将蚊子挡在室外

夏季到来之前要检查各扇纱窗，及时修补，堵住蚊子进屋的窗口。消灭蚊子最好不要用化学制剂，否则可能会影响宝宝的健康。蚊子是有趋光性的，所以在天快黑的时候尽量不要开灯，蚊子就会飞到纱窗上，借着外面的亮光很容易将蚊子消灭掉。晚上散步回来，进门前先检查门上有没有趴着蚊子，要防止蚊子跟着人进家门。

3.外出时的预防措施

首先，要避免带宝宝到野草丛等蚊虫密集的地方玩。宝宝外出前最好喷涂驱蚊液，但要注意最好选用宝宝专用的驱蚊液。另外，还可以试试声波驱蚊器，也有不错的效果。许多婴儿推车是带蚊帐的，也是宝宝外出防蚊的不错选择。

4.睡觉时如何防蚊

（1）勤洗澡

蚊子喜欢汗水的味道。睡觉前给宝宝洗个澡，在洗澡水中可以放一点“十滴水”或“宝宝金水”，既能祛痱又可以防蚊。

（2）蚊帐

强烈推荐帐篷式蚊帐，绝对环保，对人体无害。现在的蚊帐又薄又透气，帐篷式的设计使蚊帐非常严密，蚊子无缝可钻。特别要提醒父母们注意的是，千万不要把蚊子关到蚊帐里面呦！宝宝睡觉前要仔细检查一遍。

（3）灭蚊灯

灭蚊灯安全无毒，可以直接杀灭蚊子，可惜效率不是太高。它的蓝光会使一些人睡不好，而且蚊子被电死的声音在安静的深夜听起来有点吓人。父母可以根据宝宝的睡眠习惯和睡眠情况决定是否选用灭蚊灯。

早教：不必急着让宝宝学英语

第1周第5天

一般认为，宝宝2～4岁期间是口语发展的关键期，此时不仅掌握母语迅速而容易，也能比较快速地学习第二语言，甚至第三语言。

事实上，宝宝语言词汇的积累不到1岁就已开始了，到了3岁左右，神经系统对舌头肌肉的控制能力明显增强，口语表达能力也迅速提高。因为处在母语环境中，通过不断的积累与练习，宝宝能迅速地掌握母语。

但是，如果没有一个稳定的、正确的英语环境，宝宝不仅可能学不好英语，甚至还可能对母语学习造成不必要的干扰，以致哪种语言都学不好。因此，医学专家和育儿专家都建议在宝宝3岁以后教他外语比较合适，而且不要急于求成，重点应放在培养宝宝的学习兴趣上。如果有浓厚的兴趣和良好的语言环境，宝宝自然就能学好英语。

宝宝学英语不宜像小学生那样坐着专门学，他的学习主要是无意的。比如，当他独自做游戏的时候，你打开录音机或电视机，他能做到边玩边学，并在以后的生活情景中随机脱口而出。

2岁多的宝宝语言发展水平有限，教宝宝说一些简短的英语单词或句子，培养宝宝对英语的基本情感和语感即可，主要还是应该教宝宝学习完整和流利的中文。因为，母语对婴儿不仅具有语言学习意义，更具有促进宝宝智力发育与交流水平的意义，而零星的、单一的英语不足以支持宝宝学习思维与表达情感，所以妈妈不必对宝宝学习英语太着急，应适可而止。

专家提示

如果妈妈的英语发音不准，不宜教宝宝学英语。可以采取听录音、看电视的方式，为宝宝营造学英语的环境。

第1周第6天

早教：让宝宝小手更灵巧的游戏

1.“包剪锤”游戏

游戏方法：先让宝宝知道伸开手掌代表布，举起中指、食指表示剪刀，握拳头代表锤子。布能包锤，剪刀会把布剪破，锤子会把剪刀砸坏。玩时要听号令，一、二、三，大家一起伸出手势，看谁赢或谁输了。

游戏目的：学会猜拳。学会用大家都同意的办法解决纠纷。

2.编辫子

游戏方法：给娃娃的头发上系3条黑毛线，让宝宝练习编辫子。从开头就要编得紧一些，一直编到末端，用红毛线扎上。

再加上两条同样长的黑毛线，让宝宝练习用5条毛线编辫子。要严格按顺序编才能使辫子编得漂亮。如果同时有几位小朋友在一起玩时，可以比赛看谁编得快。

游戏目的：练习手的技巧，同时练习按顺序操作，使辫子漂亮、松紧适度。

3.补好撕破的书

游戏方法：宝宝虽然已经长大了，不会像小时候那样爱撕书，但是有时还会不小心把心爱的书撕破。大人同宝宝一起，用纸剪出大小适合的书页，用胶水把书补好。有的是从图的中央撕破，可以用透明胶条将书补好。宝宝学会修理书就会加倍爱惜书，以后小心取放，不把书撕破。

游戏目的：练习宝宝手的技巧，同时也能让宝宝从小学会爱护图书。

4.撕纸

游戏方法：用缝纫机先在纸上扎出一行行的针眼，让宝宝小心地顺着针眼将纸撕成条。宝宝学会顺针眼撕纸之后，再用铅笔在纸上画图形，如圆形、方形、三角形等，用缝纫机在纸上沿着画好的轮廓扎针眼，让宝宝小心地把图形撕出来。等圆形能撕得较好之后，再在纸上扎出小鸡、小猫等图形，让宝宝将图形顺针眼撕出来。

经过多次顺针眼撕纸之后，大人就不必事先用缝纫机扎针眼，宝宝自己会去想一个轮廓，小心翼翼地撕出图形或物体的外形。

游戏目的：练习手的技巧，以后可按自己的想法撕出图样来。这又是一项手眼协调的较高级的练习。

早教：让宝宝爱上音乐

第1周 第7天

1.领唱和合唱

游戏方法：全家人经常在一起唱宝宝喜欢唱的儿童歌曲。初学时大家一起唱，可以试着某一句由一个人领唱。例如大家一起唱“小兔子乖乖”，唱到“不开不开不能开”时，让宝宝一个人唱，大家再合唱最后一句“妈妈不回来，谁来也不开”。使歌曲更有戏剧性。

唱“丢手绢”时，“轻轻地放在小朋友的后面，大家不要告诉他”这句可由一个人领唱，最后大家再合唱，使这首歌更具有游戏性。

游戏目的：让宝宝练习领唱一两句歌词，再同大家合起来唱。一来练习敢于一个人唱歌，二来同大家在一起唱，节奏准确不易走调。

2.敲出声音

游戏方法：取1根筷子和碗、积木、塑料盒子、铜铃铛各一个。先让宝宝用筷子敲响桌上的4种东西，多敲几次，记住每种东西发出的声音。然后让宝宝背对着桌子，由大人敲任意一种东西，宝宝来猜敲的是什么东西，才发出这种声音。

让宝宝离开桌子两米远，背对桌子，看看能否分辨出大人所敲的是什么东西发出的声音。

游戏目的：练习听力，分辨敲击不同质地的物品发出的声音。家庭有乐器的也可用乐器发出的声音让宝宝分辨。目前只能用中音区第1到第5个音阶让宝宝练习分辨。

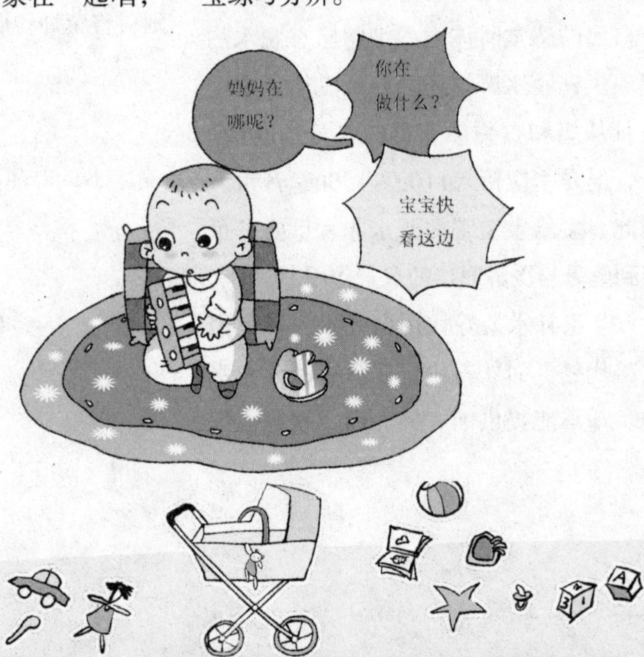

第2周第1天

营养：宝宝夏季饮食原则1

1.饮食宜清淡

夏天气温高，宝宝的消化酶分泌较少，容易引起消化不良或感染性肠炎等肠道传染病，需要适当地为宝宝增加食物量，以保证足够的营养摄入。最好吃一些清淡、易消化、少油腻的食物，如黄瓜、番茄、莴笋、扁豆等含有丰富维生素C、胡萝卜素和无机盐等营养素的食物。可用这些蔬菜做些凉菜、在菜中加点蒜泥，既清凉可口，又有助于预防肠道传染病。

2.白开水是夏季最好的饮料

夏天宝宝出汗多，体内的水分流失也多，宝宝对缺水的耐受性比成人差，有口渴的感觉时体内的细胞已有脱水的现象了，脱水严重还会导致发热。宝宝每日从奶和食物中获得的水分约800毫升，但夏季应摄入1100～1500毫升水。因此，多给宝宝喝白开水非常重要，可起到解暑与缓解便秘的双重作用。

儿童补水最好饮用白开水，不宜用饮料代替。甜饮料中仅仅含有糖分和水分，却不能提供钠、钾、钙、镁等电解质，也不含维生素。因此，妈妈不要用甜饮料来为宝宝解渴，而应当鼓励孩子多吃水果，还应当在家中准备营养丰富的粥汤和解暑饮料，其中尤以豆汤、豆粥对补充矿物质最有帮助。宝宝饮水一定要注意少量多次，因为暴饮可能造成突然的大量排汗，还会导致宝宝食欲减退。刚从冰箱中拿出的饮料一定要在室温下放一会儿才能饮用。

3.夏季要注意补盐

天热多汗，体内大量盐分随之排出体外，缺盐使渗透压失衡，影响代谢，人易出现乏力、厌食，所以夏季喝水时最好放点盐。若不习惯于喝含盐饮料，则应将菜炒得咸一点。

营养：宝宝夏季饮食原则2

第2周 第2天

1.冷饮不可多吃

夏天宝宝最贪吃冷饮，这时爸爸妈妈要立场坚定。冷饮吃得过多会冲淡胃液，影响消化，并刺激肠道，使蠕动亢进，缩短食物在小肠内停留的时间，影响宝宝对食物中营养成分的吸收。特别是宝宝，胃肠道功能尚未发育健全，黏膜、血管及有关器官对冷饮的刺激尚不适应，多食冷饮会引起腹泻、腹痛、咽痛及咳嗽等症状，甚至诱发扁桃体炎。

2要注意给宝宝补充多种营养素

婴幼儿正处于快速生长的时期，需要足够的蛋白质。在35℃以上的高温中，人体排汗会损失大量蛋白质，同时体内蛋白质分解也会增加。炎热的天气宝宝往往食欲不振，容易发生蛋白质摄入不足的现象。妈妈一定要注意，零食、饮料和冷饮不能为宝宝提供足够的蛋白质，因此，每天要给孩子保证1杯牛奶、1个鸡蛋、豆制品或豆粥，还要经常吃些瘦肉和鱼，以补充铁质。夏季，每日会从汗液中排出较多的维生素C和维生素B_1、维生素B_2，缺乏这些维生素会使人身体倦怠、抵抗力下降。据测定，高温天气中水溶性的维生素需要量是平时的2倍以上。补充维生素C的好办法是多吃蔬菜和水果，补充维生素B_1的好食品是豆子和粗粮，维生素B_2的好来源则是牛奶和绿叶菜。有了充足的维生素，宝宝在夏天也能精神抖擞了。

第2周第3天

健康：让宝宝“吃”走夏季炎热

1.防治宝宝伤暑中医简便方

小儿伤暑不但病情重而且发病急，可以选用以下简便方加以防治：

◎ 绿豆煎汤加糖适量饮服，不拘日、次。

◎ 鲜藿香、鲜芦根各10克，鲜荷叶小半张，煎水当茶饮。

◎ 午时茶1块，煎水，分2～3次服，可加糖适量。

2.喝粥调养夏季热

（1）荷叶冬瓜粥

材料：新鲜荷叶两张，冬瓜250克，粳米30克，白糖适量。

制作：将荷叶洗净后煎汤500毫升左右，滤后取汁备用。冬瓜去皮，切成小块状，加入荷叶汁及粳米煮成稀粥，加白糖适量，早、晚服用。

功效：冬瓜可清热生津、利水止渴，荷叶清热解暑，适用于发热不退、口渴、尿少的患儿。

（2）蚕茧山药粥

材料：蚕茧10只，红枣10枚，山药30克，糯米30克，白糖适量。

制作：先将蚕茧煎汤500毫升，滤液去渣，再将红枣去核，山药、糯米加入煮成稀粥，早晚各服1次。

功效：蚕茧止渴解毒，山药、红枣健脾和胃。适用于低热、神疲乏力、胃纳减退、大便溏薄的患儿。

（3）益气清暑粥

材料：西洋参1克，北沙参10克，石斛10克，知母5克，粳米30克。

制作：先将北沙参、石斛、知母用布包加水煎30分钟，去渣留汁备用。再将西洋参研成粉末，与粳米加入药汁中煮成粥，加白糖调味，早晚服用。

功效：西洋参益气养阴，北沙参、石斛、知母养阴清热止渴，适用于发热持续不退、口渴、无汗或少汗的患儿。

（4）苦瓜菊花粥

用料：苦瓜100克，菊花50克，粳米60克，冰糖100克。

制作：将苦瓜洗净去瓤，切成小块备用。粳米洗净，菊花漂洗，二者同入锅中，倒入适量的清水，置于武火上煮，待水煮沸后将苦瓜、冰糖放入锅中，改用文火继续煮至米开花即可。

功效：清利暑热，止痢解毒。适用于中暑烦渴、痢疾等症。

健康：严防空调病，花草来帮忙

第2周第4天

到了夏天，整天待在开着空调、空气不流通的房间里，宝宝的身上的确是凉爽了许多，也不长一颗痱子，可是时间一长，宝宝渐渐就会出现头昏、头痛、胸闷、心慌、睡眠不安、身体没劲、食欲不佳等表现，而且很容易患伤风感冒以及反复发生呼吸道感染。这是因为妈妈买的空调质量有问题而引起的吗？不是。这是因为宝宝房间的空气出了问题。

1.空调房间问题多

（1）空气问题一：缺乏负离子

房间内的空气经空调器处理后，所吹出的冷风大多是取自房间内原来的空气，经过多次这样的循环后，使得房间内空气里的负离子数极度减少。而负离子又被人们视为“空气维生素”，当宝宝处在缺乏负离子的空气环境中时，植物神经功能就会紊乱，表现为以上所述的各种不适。

（2）空气问题二：二氧化碳浓度高

由于房间内的空气被反复使用，空气中的二氧化碳浓度就会逐渐升高，最终导致空气中氧气缺乏而变得污浊，十分适合霉菌、病毒及细菌生长；同时还因空调器内的空气和水反复使用使得病原菌不断增多，并通过排风口污染房间内的空气。严重的病原菌感染甚至会引起头痛、高烧，全身肌肉酸痛、呕吐、腹泻、精神恍惚。

（3）空气问题三：温差过大

因为室内的温度比室外低，这种温差就会刺激鼻、咽、喉部等黏膜，尤其是温度调节得较低而使室内外温差较大时。结果是使血管膨胀，分泌物增多，空气难以通过鼻腔，从而引起宝宝鼻塞等伤风感冒症状。

2.花花草草来帮忙

如今，花花草草的作用已经不单纯是装饰或作为礼物，可以用来为宝宝营造清新的居家环境。以下植物可以用来洁净空气：

◎ 具有吸收有害气体作用的植物，如吊兰、芦荟、常青藤、铁树、石榴、金橘、万年青等；

◎ 具有杀菌作用的植物，如薄荷、香草、迷迭香。

◎ 具有净化空气作用的植物，如冷水花。

◎ 具有制氧和吸收电子辐射的植物，如仙人掌类植物。

第2周第5天

健康：宝宝中暑紧急救助法

1.宝宝中暑紧急措施

（1）先兆中暑

表现：汗多、口渴、头昏、眼花、胸闷、恶心、四肢无力及发麻、注意力不集中等症状，体温正常或略高。

紧急措施：让宝宝到阴凉处休息，并补充适量水分即可。

（2）轻度中暑

表现：除先兆中暑表现外，有面色潮红、皮肤灼热、面色苍白、呕吐、皮肤湿冷、血压下降等症状，体温升高。

紧急措施：如能及时处理，数小时内可恢复正常。

◎ 尽快将宝宝移到阴凉处，脱去衣物，注意保持宝宝呼吸道通畅；

◎ 把宝宝放在凉席或冷毛巾里，用毛巾蘸凉水替宝宝擦拭降温，或放进有凉水的（不是冰水）浴盆里帮助降温。

◎ 每隔10～15分钟给宝宝喝一些清凉饮料，如绿豆汤等。如宝宝出现呕吐或意识不清的情况不要喂，以防意外事故发生。

◎ 尽快让宝宝的体温降下来，但是要小心不要降得太低，可以用电扇及空调等降低环境温度。

◎ 如上面的处理方法无法缓解，应立即拨打急救电话求助于专业人士。

（3）重度中暑

除了上述情况，宝宝还伴有昏厥、昏迷、肌肉痉挛等症状，或一日内不能恢复者属于重症中暑。一旦出现重症中暑应立即去医院治疗。

2.防止宝宝中暑小妙招

（1）衣——清凉、透气

应给宝宝选择透气、轻便的服装。纯棉、麻或蚕丝等夏装面料比较好，而化纤织物则不利于散热。

（2）住——室内通风

在温度不是很高的情况下用电扇增加空气流通，加强汗液蒸发，汗液的蒸发能带走大量热量，调节体温。尽量少开空调，以增加宝宝自身调节功能和适应环境温度的能力，建议室内温度达到30℃以上时再用空调。

（4）行——防晒

不要在10～16点的时间段内在烈日下行走。外出尽量选择阴凉地方玩耍，并给宝宝带上遮阳帽。

早教：提高宝宝的语言能力

第2周第6天

1.猜谜语

游戏方法：大人和宝宝都可自编谜语让别人猜。例如“谁的鼻子长？能把人卷起来扔出去？”“谁的脖子长？能吃到树顶上的嫩叶？”“谁的脚有蹼，能游泳？”“外面很冷，出门要带什么？”“什么是圆的，又酸又甜，谁都爱吃？”

游戏目的：锻炼宝宝说较长的话，从简单句过渡到复合句。宝宝最开始说话时是单音词，较难理解；两岁前后能说三四个字的简单句；3岁时可以说复合句。编谜语时要把事物的特点说清楚，简单句常常不够用，补充一些内容，就可以成为复合句。

2.回忆有趣的一天

游戏方法：要过生日或者准备外出游玩之前事先告诉宝宝明天会去什么地方，或者有什么人要来做客，会有什么有趣的事发生，让宝宝有个心理准备，以记住所发生的有趣事情，以后讲述出来。

在游玩时要按次序同宝宝讲现在看到了什么、什么新鲜东西以前未看到过。大人的讲述会引起宝宝注意，使他能深入观察新鲜事物。找出主要的两三件事让宝宝记住，晚饭后要求宝宝向大家讲述这两三件事。宝宝会讲出他认为有趣的方面，如大佛的肚子很大，或亭子的4个角翘起来；桥下面的水哗哗地流，里面还有几条小鱼等。无论孩子记住什么，每一种新鲜事物都会给孩子留下较深的印象。有些事孩子未提到，但当时曾使他感到很快乐，如看见游人钓鱼，看到游乐场的孩子们在跳蹦蹦床，只要大人一提起，孩子就特别高兴。这种回忆性的交谈对孩子很有用，因为他本来想说，但可能说不出“钓鱼”“蹦蹦床”等词儿，所以未讲出来。大人讲述时，提到这些词儿宝宝就记住了。

游戏目的：诱导叙述，通过回忆发生过的事，构成几句话讲述出来。如同小学生作文一样，两三岁孩子通过回忆的叙述，让他把句子连接起来，试着把事情经过连成串，对语言发展十分有利。

第2周第7天

早教：让宝宝学会自己穿脱衣服

1.替娃娃更衣

游戏方法：买一个可以更衣的娃娃，购买或者自制一些易于穿脱的娃娃衣服供宝宝练习。衣服尽量宽大，前面有几颗扣子或有拉锁，不宜用系带的衣服，因为孩子要到5岁时才会解系活结。可用松紧带或粘扣。

让宝宝提出给娃娃换衣服的理由，如要上街、要洗澡或者天气冷了要穿厚衣服等。如果开始有困难，大人先帮助宝宝给娃娃脱去第一只袖子，其余由宝宝自己想办法完成。练习解扣和系扣，宝宝会拉开拉锁，但拉锁末端不会合上，需大人帮助。

游戏目的：宝宝练习为娃娃更衣，在操作过程中练习穿脱衣服的步骤和每一个细节，如解系扣子、拉开或合上粘扣等。每一种技巧都对宝宝自己穿脱衣服有用，这是培养自理能力的游戏。

让宝宝在游戏时懂得不同情况下应穿不一样的衣服，并学会这些衣服的英文名称。

2.穿脱外衣

游戏方法：为宝宝安排一个他够得着的地方挂他的外衣。冬天出门前让他自己穿外衣、围围巾和戴帽子、手套。从外面回到家自己将外衣脱下挂好，把帽子、围巾也挂好，将手套放入衣兜内。穿脱衣服的方法要在生暖气前先练习几次，将这些程序按步骤做几遍。可以先戴帽子和围巾，然后穿上大衣，系齐扣子或拉好拉锁，最后再戴手套。如果反过来先戴手套，无论戴帽子、穿衣都不方便，更无法系上扣子。

让宝宝觉得自己穿戴整齐是很能干的表现，以后宝宝每次出门或者回家都能自我服务，不必让妈妈操劳。

游戏目的：让宝宝学习自我服务，提高自理能力。目前许多两三岁的孩子在上街之前都等着大人去照料。宝宝不久就要上幼儿园，如果孩子每次户外活动时都要让老师协助穿衣，就会十分忙乱。要让宝宝在入园之前学会自理，使宝宝感到自己有能力干好，不但自己会穿，还会帮助别人。

营养：自制蔬果汁注意事项

第3周第1天

1.选择新鲜果蔬

新鲜的蔬果营养价值高，一旦放置时间久了，维生素的含量逐日减少，甚至完全破坏。榨果汁要选用新鲜水果，无公害、绿色或有机产品最好。单品种果汁，如橙汁、葡萄汁、木瓜汁等也是上选，可以经常调换口味。

2.彻底清洗干净

蔬果外皮也含营养成分，如果是有机产品可洗净后榨汁或煮水；如果是非有机产品最好还是削皮。一定要清洗干净，再用盐水浸泡15～30分钟后再榨汁。

3.做好后立即饮用

加工好的果汁要立即饮用，放太久会损失部分营养。蔬果汁放置太久，因接触空气维生素会受损，营养价值变低，还可能产生有毒物质，使宝宝中毒。如果放置20分钟后就不要给宝宝喝了。

4.稀释后再喝

对于肠胃吸收功能不太好的宝宝，每日果汁的量最好控制在30毫升～50毫升左右。并且注意蔬果汁可稀释一倍后再给宝宝喝，过酸的可少量加点糖。

5.少选易过敏的水果

容易引起过敏的常见水果是芒果、菠萝、柑橘类水果。可以从添加苹果、香蕉、梨、西瓜之类的常见水果开始，逐步给宝宝增加新品种。初次加时先从几勺开始，观察无异常再适当加量。

6.不可与牛奶同饮

牛奶含有丰富的蛋白质，而蔬果汁多为酸性，会使蛋白质在胃中凝结成块，吸收不了，从而降低了牛奶和果汁的营养价值。

7.选择时令水果

不必以维生素含量的高低作为选择水果的标准，对宝宝而言，新鲜的时令水果才是最好的选择。不要选用反季节水果，因为这些水果容易让宝宝产生过敏反应，且含有大量催熟的化学物质，不利于宝宝的身体健康。

8.不能过量饮用

蔬果汁好喝，但并不能代替白开水，所以蔬果汁的量要控制，上下午各一次即可。

第3周第2天

营养：酸酸甜甜水果汁

果汁中含有大量的水分、丰富的维生素，还有一些果糖。对于宝宝而言，夏季适当地喝一些果汁不但能够增加维生素C和水的摄取，还可以消暑降温、缓解便秘。

1.鸡尾酒果汁

原料：猕猴桃，草莓，橙子。

做法：（1）猕猴桃去皮，榨汁；（2）木瓜用搅拌机榨汁；（3）橙子以压榨的方式取汁；（4）将三种果汁依次倒入杯中。

特色：鲜艳亮丽的色彩如彩虹般层层展现，好比果汁中的鸡尾酒，非常能够吸引宝宝的眼球。

2.美味西瓜汁

原料：西瓜，樱桃。

做法：（1）将西瓜子挑出；（2）将西瓜榨成汁，倒出，在吸管上点缀一颗樱桃即可。

特色：许多宝宝钟爱西瓜那红润的色彩，并且西瓜具有利尿、解毒的作用，此款果汁特别适合便秘的宝宝。

3.清爽雪梨水

原料：雪梨3个，蜜枣4颗，杏仁20克。

做法：（1）雪梨洗净，去皮，去核；（2）适量水煮沸，放入蜜枣、杏仁、雪梨，再次煮沸后小火煲1个半小时；（3）晾凉后即可饮用。

特色：雪梨水香甜爽口，温柔的甜美中富含维生素，尤其对那些因上火而咳嗽的宝宝特别有效。

4.胡萝卜橙汁

原料：胡萝卜1根，橙子2个。

做法：（1）胡萝卜洗干净，去皮，切成小块，榨汁；（2）橙子洗干净，去皮去子，切成小块，榨汁，将两种汁混合即可。

特色：胡萝卜的好处，妈妈们都知道，但多数宝宝并不喜欢胡萝卜的味道，而有了橙子的香甜味道就会大不一样了，不但可以让宝宝爱上胡萝卜，还可以提供给宝宝更多营养。

营养：营养美味水果餐

第3周第3天

1.香蕉奶昔

原料：香蕉50克，猕猴桃50克，鲜牛奶100克。

做法：（1）猕猴桃去皮、去子，切块，香蕉去皮、切段；（2）牛奶煮开后，晾凉；（3）将猕猴桃和鲜牛奶倒入搅拌机，搅拌20秒后，放入香蕉继续搅拌10秒即可。

营养提示：香蕉含有丰富的微量元素钾，每100克香蕉可以为宝宝提供每日钾需要量的1/3～1/2；可溶性膳食纤维含量也非常丰富，能促进胃肠蠕动，润肠通便；香蕉中蛋白质的含量高于一般水果，据说还有镇静作用。

2.水果粥

原料：燕麦片50克，牛奶100克，西瓜20克，香梨20克，菠萝20克。

做法：（1）水果洗净，去皮、去核，切成小丁；（2）向锅内加少量水，放入各种水果，煮开后加入麦片同煮；（3）待麦片软烂时，加入牛奶，煮开后即可出锅。

营养提示：菠萝中有一种特殊的酶，能分解蛋白质，有助于消化吸收。菠萝中的有机酸能促进食欲，菠萝中还含有人体所需的多种维生素和矿物质，具有清咽降火、生津润燥的作用；燕麦片可以提供丰富的膳食纤维、B族维生素、维生素E和钙、钾、铁、锌、硒等矿物质成分。

3.香蕉沙拉

原料：熟透的香蕉1/3支，酸奶1勺。

做法：（1）香蕉去皮后，在碗中碾成泥状；（2）调入一勺酸奶，搅匀即可。

营养提示：酸奶含有乳酸菌，有利于宝宝的肠胃健康。香蕉含有丰富的微量元素，有润肠的效果。但要控制食量，以免宝宝出现滑肠现象。

第3周第4天

营养：注意营养素之间的相互作用

1.注意蛋白质的互补作用

除了人体自身的蛋白质以外，自然界并不存在另一种能完全替代人体蛋白质的化合物。因此，只有将优质的动物性蛋白质和植物性蛋白质进行科学搭配才能获得最完美的全价蛋白质。在日常膳食中可采用摄食多种多样主副食的方法来达到这一目的，也就是通过营养学上的平衡膳食来满足人体对优质蛋白质的需求。

采用混合食用多种食物蛋白质，以取得各种食物相互补充各自氨基酸不足的效果，达到按人体蛋白质氨基酸的构成比重新组建人体蛋白质的目的，这就是蛋白质的互补作用。这种互补作用在食用植物蛋白（较动物蛋白生物利用率低）时尤为明显，例如，面粉、小米、大豆、牛肉单独食用时，其蛋白质的生物价分别为67、57、64、76，若按39%、13%、22%、26%的比例混合食用，其蛋白质的生物价可提高到89。

烹饪方法对食物中营养素的消化吸收有重要影响，如黄豆的一般吃法是煮、炒等，其中蛋白质的消化吸收率仅为50%~60%，而加工成豆腐后吸收率可达90%以上。

2.先补锌再补钙

锌有“生命之花”“智力之源”的美誉，对促进孩子大脑及智力发育、增强免疫力、改善味觉和食欲至关重要。所以营养专家提出：补钙之前补足锌，宝宝更健康、更聪明。我们知道，生长发育的过程是细胞快速分裂、生长的过程。在此过程中，含锌酶起着重要的催化作用，同时锌还广泛参与核酸、蛋白质以及人体内生长激素的合成与分泌，是身体发育的动力所在。先补锌能促进骨骼细胞的分裂、生长和再生，为钙的利用打下良好的基础，还能加速调节钙质吸收的碱性磷酸酶的合成，更有利于钙的吸收和沉积。如果孩子缺锌，不仅无法长高，补充的钙也极易流失。

人体内的各种微量元素不仅要充足，而且要平衡，一定要缺什么补什么，不要盲目地同时补充。如果确实需要同时补充几种微量元素，最好分开服用，以免互争受体，抑制吸收，造成受体配比不合理。钙和锌吸收机理相似，同时补充容易产生竞争，互相影响，故不宜同时补充，白天补锌、晚上补钙效果比较好。

营养：烹饪方法影响营养吸收

第3周 第5天

1.多炖煮，少生冷

给宝宝制作食物的时候，要注意烹调方法。避免油炸、凉拌或煮后冷食，应以煲菜类、烩菜类、炖菜类、蒸菜类或汤菜等为主。此外，要避免吃、喝温度偏低的食品或饮品，宝宝的食品或饮品最好在40℃以上，不让低温刺激宝宝娇嫩的胃肠黏膜，引发消化道疾病。

2.正确的烹饪方式减少营养素的损失

宝宝的胃容量小，进食量少，但所需要的营养素的量相对比成人多。为了使宝宝得到合理而充分的营养，讲究烹调方法，最大限度地保存食物中的营养素是很重要的。在淘米过程中，维生素B_1损失率为29%～60%，维生素B_2为25%，矿物质为70%。用容器蒸米饭时维生素B_1保存率为62%，维生素B_2为100%。如果用捞饭法维生素B_1保存率为17%，维生素B_2为50%。一般蔬菜与水同煮20分钟，维生素C损失率为30%，如果采用旺火急炒就会减少维生素C的损失。所以说选择合理的烹调方法，就能减少食物中营养素的损失。

另外，合理使用调料，如醋也可起到保护蔬菜中B族维生素和维生素C的作用。在烧鱼或炖排骨等菜肴时加入适量醋，还可使原料中的钙质溶解，利于人体吸收。在制作各种菜肴时挂糊或上浆、勾芡也可起到保护维生素的作用。

3多给宝宝吃营养又健康的美食

动物肝脏、紫菜、海带、海鱼海虾（特别是深海鱼）等海产品也应该给宝宝多吃一些。最好每周能给宝宝吃上1～2次猪肝。家长可采用猪肝与其他动物食品混煮，如猪肝丁和咸肉丁、鲜肉丁、蛋块混烧或猪肝炒肉片等。将猪肝制成白切猪肝片或卤肝片，在宝宝还未进餐的时候，洗净手一片一片拿着吃也是个好方法。

第3周第6天

早教：让宝宝学会比较

1.比多少

游戏方法：先在一边放1块积木，另一边放2块，宝宝会很快说出有2块的一边多。在一边放1块，另一边放3块，宝宝也能指出有3块的一边多。家长可以继续试放2块与3块、2块与4块等，宝宝也会看出哪边多。如果看不出，可作一对一排队，看哪一边长出来。

游戏目的：让宝宝明确哪边多，用一对一的排队办法，长出来的一排多。

2.一样多

游戏方法：盘中放花生、糖果或核桃，大人先放两颗在桌上，让宝宝从盘中取“一样多”的摆在桌上。问：“你拿出几个？”他会回答“2个”。再同他强调一次“咱们放的一样多”。

大人再取1颗，桌上变成3颗，再让宝宝同大人摆“一样多”。宝宝学大人那样再从盘中取1颗，使他的那堆也有3颗；或者将他原先取出的放回去，重新取出3颗，使两边“一样多”。

大人再取1颗，使大人一边有4颗，看看宝宝能否摆够4颗。能取对最好，不能取对也不要勉强。再把4颗分成两份，问：“这两份是否一样多？”让宝宝也把他的那边分成两份，看看是否一样多。再把其中一份分开，每边1颗，问宝宝是否一样多。使宝宝明白“一样多”的意义。

游戏目的：让宝宝理解“一样多”的意义。多数两岁的宝宝能在1～3的范围内判别是否“一样多”，个别孩子能拿到4颗。用分食物的方法最方便教宝宝识数。例如要分给每人一份花生、糖果、核桃或果子等，大家都要一样多，让宝宝去分份，使宝宝很快地学会摆出一样多的份来。

4.比轻重和远近

游戏方法：（1）让宝宝把左右两手放在身后，将1元和1角的硬币分别放在宝宝的两只手中，问他哪一个重。（2）将宝宝的布娃娃放在房间中央的椅子上，把大象放在房间尽头的家具上。让宝宝数自己的脚步，走几步能拿到娃娃；再走几步能拿到大象。比较谁近谁远。

游戏目的：让宝宝对事物进行比较，可以用身体做简单测量，如用手托着比较轻重；用脚走几步估量远近。

早教：让宝宝养成讲卫生的好习惯

第3周 第7天

1.仔细洗手

大人示范，指导宝宝仔细洗手，养成饭前及便后洗手的习惯。宝宝在室外玩耍及上街回家后都要仔细洗手，以免将脏东西带回家污染玩具和用品。

大人先用指甲刀将宝宝指甲剪短，教宝宝用小刷子或旧牙刷蘸肥皂仔细洗刷指甲缝，将指甲缝中的土和脏东西刷掉，用水冲净；再用肥皂或肥皂液将手掌、手背和指缝洗净，特别注意指缝与手背之间的部分不得留有污迹，用水冲洗；冲净后大人检查一遍，如果哪里未洗净可用肥皂再搓，直到洗净为止；冲净后用清洁的毛巾擦干。有些孩子洗手时只在龙头下用水冲一下，没洗净的手会把干净毛巾擦脏。要让宝宝知道手是传染胃肠道疾病和寄生虫病的源泉，用不洁的手抓东西吃，手上的细菌和指甲缝里的虫卵会吃进肚子里使宝宝生病。

2.学刷牙

让宝宝学习自理，学习保持口腔清洁。至少每天早晚各刷牙一次，如果能在吃甜食后立即刷牙就更好。刷去附在牙龈上的食物残渣，防止食物发酵变酸损伤牙釉，防止龋齿发生。

宝宝用的儿童牙刷，刷子上只有两排毛，每排四束，可以到超市去购买。初学刷牙时不必用牙膏，大人同孩子一起先用水漱口，用牙刷将牙齿表面从上到下刷净；再刷左右侧的上排和下排牙齿，也按上下的方向刷；最后用牙刷尖部刷门齿上下列的内侧；刷完后用流水将牙刷冲净。宝宝有16颗牙就可以开始练习刷牙，因为软毛经常接触牙龈对臼齿萌出有帮助。

第4周第1天

营养：有些食物宝宝不能吃

1.蜂王浆

蜂王浆与蜂蜜是营养结构完全不同的两种食物，虽然1岁以上的宝宝可以适量吃些蜂蜜，但蜂王浆却不宜饮用。蜂王浆又名蜂皇浆、蜂乳，属于营养滋补品，10岁以下的儿童都不宜饮用。因为蜂王浆可能会引起肠管强烈收缩，诱发肠功能紊乱，导致腹泻、便秘等症。更加严重的是，宝宝正处于生长发育高峰期，体内的激素分泌处于复杂的相对平衡状态，而且供应较为充足，而蜂王浆内含有极少量的激素，如果宝宝饮用了，有可能导致激素分泌失衡，甚至引起性早熟，进而影响到宝宝的正常发育。

2.生杏仁

杏仁所含营养素较丰富，是人们经常吃的可口食品，但杏仁不可生吃。因为杏仁、桃仁、李子的果仁乃至木薯等都含有一种物质，叫做氰甙，氰甙在胃酸及肠道微生物共同作用下，依靠其自身存在的氰甙酶被分解为苯甲醛及游离的氢氰酸，后者是一种细胞原浆性剧毒物质，能阻滞细胞内呼吸致使肌体组织缺氧而陷入窒息状态。氢氰酸对呼吸中枢及血管运动中枢的毒性表现为先兴奋后抑制乃至麻痹，甚至死亡。如果要给宝宝吃杏仁一定要先行加工，如煮熟或蒸透，并敞开锅盖使氢氰酸充分挥发后才能食用。

3.加工成零食的海苔

海苔是条斑紫菜的别名，其蛋白质含量较高，矿物质和维生素的含量极其丰富，被人们称为“维生素的宝库”，具有治疗溃疡的作用。海苔的脂肪含量虽不过1%～2%，但其中有利于孩子神经系统发育的多不饱和脂肪酸，EPA的含量为49.7%。中医认为，海苔味甘咸，性寒，有清热利尿、化痰软坚等功效。海苔味道鲜美，可用于做汤，制作寿司，或放入其他菜肴中作为配料。在给宝宝吃海苔之前，要用清水泡发，并换一两次水，以清除其中的污物和毒素。此外，需要注意的是，海苔偏寒性，对脾胃虚寒者不利，所以如果宝宝胃肠消化功能不好，或者有腹痛便溏的症状，就不要给宝宝吃了。市面上包装好的一些海苔零食最好不要给宝宝吃，因为这些零食经过了精加工，并且含有一些添加剂，还含有过量的盐分，对宝宝的健康没有好处。

营养：不要轻易说宝宝厌食

第4周 第2天

1.宝宝食欲不好就是厌食吗

不要轻易给宝宝扣上“厌食”的帽子，医学上对孩子厌食症的诊断有明确的标准：

◎厌食时间：6个月以上（含6个月）。

◎ 食量：蛋白质、热能的摄入量不足推荐标准量的70%～75%；矿物质及维生素的摄入量不足推荐标准的5%；3岁以下的孩子每天谷类食物摄取量不足50克。

◎ 生长发育：身高（长）、体重均低于同年龄人正常平均水平（遗传因素除外）；厌食期间身高（长）、体重未增加。此外，还有味觉敏锐度降低，舌菌状乳头肥大或萎缩等现象发生。

2.哪些因素会导致宝宝厌食

厌食可有多方面的原因：

（1）精神性厌食

多与精神心理状态有关，需在医生指导及心理老师辅导下进行综合性治疗。

（2）疾病因素

由于局部或全身性疾病影响消化系统功能，如肝炎、慢性肠炎等都是食欲减退的常见原因，发热、上呼吸道感染等也有厌食症状。

（3）心理因素

大脑——中枢神经系统受内外环境各种刺激的影响，使消化功能的调节失去平衡。如当孩子犯了过错受到家长严厉的责骂时。另外，气候炎热也会妨碍消化酶的活力。

（4）不良饮食习惯

这是当前孩子厌食的主要原因。由于直接照看宝宝的人教育方法不当，不考虑宝宝的心理状态和精神发育特点，采取哄骗、强制、恐吓或在进食时打骂等办法，造成对宝宝有害的环境气氛和压力，使宝宝的逆反心理和进食联系在一起，形成负性的条件联系，从而对进食从厌烦、恐惧发展到完全拒绝。

3.宝宝厌食怎么办

当宝宝拒食时不必劝诱，更不可强迫其进食，否则会增加他的反感。可暂停饮食，让正常的饥饿感来引起宝宝的食欲，“饿了就会吃”是个朴实的道理。同时要注意宝宝的全身状况，观察他有无发热或其他不适。如果发现有异常的症状或体征，应及时请医生诊治。

第4周第3天

健康：给宝宝用药的常见误区

1.打针比吃药好

输液能快速有效地补充能量和水分，比口服药起效快，但输液有可能引起输液反应，也可能引起交叉感染。吃药是最常用的方法，简便易行，比较安全可靠，一般副作用较少。只要病情允许，应尽可能口服用药，特别是一些慢性病，用药时间长，更应口服用药。有些病口服药的效果比打针更好，如细菌性痢疾、胃肠炎、消化不良、便秘等消化道疾病，口服药物直接作用于胃肠道，能较好发挥治疗作用。

2.随意选用药物

把成人药直接减量给宝宝服用，或者随意改变药物剂型，甚至随便选择好几种药物一起使用，这些都是非常不对的。改变药物原有剂型将减弱药物的作用、增加药品的毒副作用，甚至造成不良后果。而且有些成年人使用的药物并不适合宝宝，如氟哌酸，可引起宝宝的骨骼病变，影响生长发育。

3.抗生素使用不规范

应在明确诊断的情况下尽量减少不必要的抗生素应用。有的妈妈拒绝使用抗生素，和滥用抗生素的妈妈相反，因为了解使用抗生素的种种害处，所以到了谈抗生素色变的地步。其实，合理使用抗生素和滥用抗生素完全是两个概念，在病情需要的情况下合理使用抗生素是必要的。

4.滥用止泻药

有的妈妈不加选择地给宝宝乱用止泻药，用后腹泻虽然减轻，却不知道不是所有的腹泻都可以使用止泻药，如细菌性痢疾，用止泻药会导致因肠道的毒素吸收增加而引发全身中毒。

5.服药方式有问题

◎用热水服药。有些药物对于用什么温度的水送服是有要求的，如消化类、维生素类及止咳糖浆类药物，热水送服会使药效消失或减弱。

◎把药放在奶汁或饮料中。母乳和配方奶都是一种中和剂，与药物结合可形成另一种物质，从而降低药效；饮料中含有的维生素C和果酸很容易导致药物提前分解或溶化，不利于药物在肠内的吸收，影响药效。

健康：夏季要注意防止病从口入

第4周 第4天

夏季饮食不洁是引起多种胃肠道疾病的元凶，如痢疾、寄生虫等疾病；若进食腐败变质的有毒食物还可导致食物中毒，引起腹痛、吐泻，重者出现昏迷或死亡。夏季，人体本身也减少了消化酶的分泌，消化功能降低，要防止病从口入，注意饮食卫生。食品应新鲜、清洁，不吃变质食物，慎吃熟食成品。

◎ 冲调奶粉的清洁水要煮沸凉到40℃后再使用，避免饮用水的二次污染。

◎ 细菌最容易在奶里繁殖，因此吃剩的奶不能在冰箱里储存、加热后再吃。

◎ 为防止细菌污染奶瓶、奶嘴及餐具，在夏天里一定要煮沸消毒，并密闭保存，不能只用热水烫后就使用。

◎ 在购买食物时一定要把新鲜作为前提。烹饪时，生食及熟食宜分开处理；食物要待冷却后才能放入冰箱，否则会导致冰箱内的温度迅速上升，引起其他食物变质；食物不宜反复解冻，以免新鲜度打折、影响口感、养分流失。

◎ 忌食生冷、油腻及不易消化之物，吃得过多往往会使宝宝消化功能紊乱，甚至出现呕吐、腹泻等。

◎ 一定不要让宝宝喝生水，因为饮用水煮沸后可杀灭致病微生物，即使是凉开水，放置时间久了也不要饮用。

◎ 洗净的瓜果要放入冰箱冷藏，如果时间长了应重新清洗；使用榨汁机给宝宝做果汁时要注意机器的清洁。

◎ 夏天食品容易变质，最好给孩子吃一顿做一顿，不要把食物储藏太长时间；冰箱里储存的食物食用前要加热，以热透为准。

◎ 尽量少食用易带致病菌的食物，如螺丝、贝壳、螃蟹等水海产品，食用时要煮熟蒸透。生吃、半生吃、酒泡、醋泡或盐淹后直接食用的方法都不可取。

◎ 食物要生熟分开，避免交叉污染，一定要把食物煮熟再给宝宝吃。

◎ 尽量减少与腹泻病人的接触，特别是不要共用餐饮用具吃、喝。

◎ 勤给宝宝洗手，勤剪指甲；养宠物的家庭，不要让宝宝一边喂宠物一边自己吃东西等。

第4周第5天

早教：让玩具成为宝宝的好朋友

1.给宝宝提供安全而好玩的玩具

越是简单的玩具和自然的材料越能让宝宝展开无尽的想象，而电动玩具因为玩法上过于固定，可能使宝宝在新鲜劲儿过后就弃而不顾。

泥沙、橡皮泥、折纸等造型材料能让宝宝随意动手进行丰富多彩的造型活动，通过锻炼手指活动，促进智力的发展。这类游戏材料宝宝通常都会百玩不厌，是因为他能按自己的意愿随意操纵，不需要成人明显的帮助，就能在快乐的动手过程中展现无穷的想象，在自己的作品前感受到成功的喜悦，有利于培养宝宝的自信心、保持愉快的情绪。

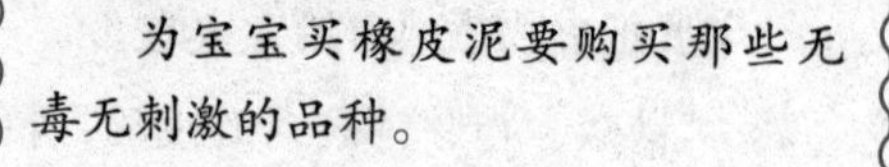

专家提示

为宝宝买橡皮泥要购买那些无毒无刺激的品种。

折纸相对其他活动难度较大，不仅要求宝宝手指灵巧，还要求宝宝观察力强、注意力集中，否则他就无法完成“工作”。父母首先应注意纸张的安全性，比如是否掉颜色，纸的边沿是否会割破宝宝的手；其次折叠内容一定要符合宝宝的水平，过分简单或难度大，都可能减少宝宝的活动兴趣，打击他的积极性。此外，父母最好和宝宝一起用折叠的作品进行相关内容的游戏，以激发他进一步的活动兴趣。

2.正确引导让宝宝自己收拾玩具

收拾玩具对家长来说很合理也很简单，但对于宝宝来说不是一件容易的事。因为，收拾玩具需要宝宝理解物质与物质之间的空间关系，具有一定的分类意识、物归原处的长时记忆能力，以及克服玩累了还要收拾的毅力等。更为关键的是，宝宝不喜欢总是被妈妈命令干这干那，这样多不自由、多伤自尊啊！

家长引导宝宝收拾玩具时要亲和一些，把命令变成拟人化的情境，例如对宝宝说：“积木要回家了，一会儿天黑就找不到家了。”

妈妈要学会给宝宝示范一半，另一半让宝宝模仿自己做，这种方法既不是完全代替宝宝做，也不是完全交给宝宝随便做。

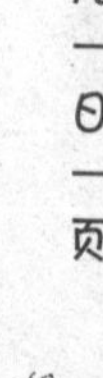

早教：和宝宝一起玩语言游戏

第4周 第6天

1.说礼貌用语

大人每次让宝宝做事情时都说“请你把伞拿来”“请你把××给我”，收到东西都说“谢谢”，让宝宝听惯礼貌用语，一旦宝宝有需要时也要求他说“请”和“谢谢”。为了巩固这种习惯，要求家人平时互相之间都用礼貌语言。早上看到任何人都要说“您早”，睡前要道“晚安”。

2.学方位词

锻炼方位感觉，让宝宝把玩具放在不同方位，要求他理解表示方位的词意，把玩具放在要求的地方。

找一个空鞋盒、一条板凳和宝宝的大小玩具。大人说：“请将狗熊放在板凳上”；“请将积木放入鞋盒里”；“请把鞋盒放在板凳下面”；“请把娃娃放在板凳右侧，再把小狗放在板凳左侧”；“请把套碗放在鞋盒上面，把鞋盒摆在门外”；“请把铅笔夹在布书里，放到狗熊旁边”；“再把板凳搬到桌子下面”……让宝宝把玩具放在东西的上、下、左、右、里面、外面或者前面、后面，会使宝宝跑来跑去而不感到寂寞。

3.学会回答假设句

大人同宝宝玩“如果”的游戏。“如果已穿上鞋忘记穿袜子怎么办？”宝宝可能有两种回答：（1）干脆不穿袜子；（2）将鞋脱下来，先穿袜子再穿鞋。

“如果先涂了护肤霜但还没有洗脸怎么办？”可能回答：（1）算了，不洗脸也可以；（2）先洗脸，把嫩肤霜洗掉，洗完脸了再涂一遍。

“如果去亲子班忘了背书包怎么办？”可能回答：（1）只好让老师批评几句；（2）让妈妈回家去拿。

“如果出门已将门碰上，发现没拿钥匙怎么办？”可能回答：（1）给爸爸打电话，让他下班快点回来；（2）看看窗户是否关严，如果窗户没关可以从窗户进去；（3）请会开锁的师傅用万能钥匙开锁，或将锁打坏，换上新锁。

这许多“如果”能够让宝宝掌握假设句的问答方式，同时能教宝宝做未雨绸缪的打算，使思维更加周密。

第4周 第7天

早教：把握好看电视的尺度

2岁多的宝宝到底应不应该看电视？家长好好引导宝宝看电视，宝宝就可以从中学习到不少知识，关键是看家长的态度。如果家长想提高宝宝的创新能力，可以挑选适合的节目让宝宝看。例如，很多宝宝都有喜欢看电视广告和天气预报的倾向，这是因为这两种电视节目时间短小、画面花哨动感、语言简洁响亮、音乐通俗流畅，这些特点适合宝宝的童趣和接受水平；还由于这两个节目总是重复一些广告词和解说词，反复的词汇刺激，对宝宝的语言发育也有良好的促进作用，因此，很多宝宝学说的第一批词汇和句子都是电视广告和天气预报。

不过，宝宝小时候是感受能力强、有无限可能性的时期。如果这个阶段看电视太多，宝宝会在不知不觉中只关心别人是怎么做的，只喜欢模仿别人。模仿能力太强，创新能力就会受挫，这种状态可能只会造就出宝宝表面上的聪明。

此外，宝宝的眼球正在发育，要把握好宝宝看电视的距离和时间。宝宝看电视最起码的距离可以这样计算：用电视机尺寸的大小乘以0.1来计算，比如家里的电视是21英寸的，那么宝宝看电视的最近距离是21×0.1米=2.1米。

宝宝连续看电视的时间最多不要超过20分钟。如果他的眼睛不看电视，只是在放电视的房间待着，这没有关系。因为宝宝喜欢声响丰富、悦耳的环境，而且听电视对他的心理发展也有好处。

如果看电视不注意度的把握，就会有以下不良的影响，主要表现在：

◎ 不利于宝宝的视力发育。因为，宝宝的眼睛还在发育中，视力还未完善，不断闪烁的电视光点会造成屈光异常、斜视、内斜视，尤其是近距离大电视屏幕造成的损害更大。

◎ 看电视时电视机放射的电磁波，对宝宝的健康也是有害的。

◎ 电视画面的快速转换会引起注意力紊乱，这会使宝宝难以集中精力专注于某一件事。

◎ 看电视是一种被动性经历，会导致宝宝形成一种“缺乏活力”的大脑活动模式，而这与智力活动的迟钝有直接关系，长此以往，宝宝会对亲子互动缺乏反应。

2岁第6个月
养育计划

到这个月的月末，宝宝已经能够跑得比较稳了，跑时动作较协调。能够双脚连续向前跳3～4米远，原地跳10～20次。喜欢玩更刺激的游戏，对脚踏的三轮车很感兴趣，很快学会而且骑得很快。

生长发育情况

1.体格发育

到这个月的月末，也就是宝宝满2岁6个月（30月龄）的时候：

母乳喂养儿童体格发育情况

身高（厘米）							
性别	-3SD 轻度生长迟缓	-2SD 正常	-1SD 正常	0SD 正常	+1SD 正常	+2SD 正常	+3SD 偏高
男孩	81.7	85.1	88.5	91.9	95.3	98.7	102.1
女孩	80.1	83.6	87.1	90.7	94.2	97.7	101.3
体重（千克）							
性别	-3SD 中度体重不足	-2SD 轻度体重不足	-1SD 正常	0SD 正常	+1SD 正常	+2SD 正常	+3SD 超重或肥胖
男孩	9.4	10.5	11.8	13.3	15.0	16.9	19.0
女孩	8.9	10.0	11.2	12.7	14.4	16.5	19.0
头围（厘米）							
性别	-3SD	-2SD	-1SD	0SD	+1SD	+2SD	+3SD
男孩	44.8	46.1	47.5	48.9	50.3	51.7	53.1
女孩	43.7	45.1	46.5	47.9	49.3	50.7	52.2

数据来源于《世界卫生组织儿童生长标准（2006年）》，SD为标准差，0SD即为平均数。

2.动作发育

（1）大动作

到这个月的月末，宝宝已经能够跑得比较稳了，跑时动作较协调。能够双脚连续向前跳3米~4米远，原地跳10~20次。喜欢玩更刺激的游戏，对脚踏的三轮车很感兴趣，很快学会而且骑得很快。要告诫宝宝不要在马路上骑车，以防发生车祸。

（2）精细动作

能将纸叠成方块，边角基本整齐。折纸游戏使宝宝专注时间延长，因为触觉比视觉更易于锻炼专注性。在大人的鼓励下可以用10块积木搭高楼或电视塔，同时还能用3块方木搭成有孔的“桥”。

3.认知发育

如果给宝宝看18张他熟悉的图片，能正确说出其中10张图片的名称。

营养：夏季要注意给宝宝补锌

第1周 第1天

锌可以促进生长发育和组织再生，关系到食欲，能促进性器官和性功能正常发育，并参与机体的免疫功能。生长期的宝宝对缺锌非常敏感，缺锌可导致生长发育迟缓、食欲不振、味觉迟钝、皮肤创伤不易愈合乃至性成熟延迟……

1.宝宝出现哪些症状说明需要补锌

宝宝缺锌的典型症状有：生长发育迟缓，身高、体重、头围等发育指标明显落后于同龄宝宝，显得矮小；低体重儿血锌过低还可产生浮肿、低蛋白血症；智力发育缓慢、动作及语言发育迟缓，智商低下；精神不振、抑郁、行为异常等症，有的宝宝还出现颤抖、抽搐；消化功能异常，缺锌使唾液中磷酸酶减少，味蕾功能减退，故出现厌食、偏食、口腔炎、口腔溃疡等。此外，还有异食癖、第二性征发育迟缓；免疫功能，细胞免疫及体液免疫功能异常，抵抗力下降，因而易致感染，特别是反复患呼吸道感染。家长如果能及时观察，发现上述异常迹象，应及时提供医生参考，结合出生情况、喂养是否合理、有无其他疾病，并参考血锌、发锌水平测定，让医生做出正确的综合判断。以上症状和体征有的并不是缺锌所特有的，家长不可以点带面地做出缺锌的诊断，而随意给宝宝补锌。

2.哪些食物能给宝宝补锌

锌元素主要存在于海产品、动物内脏中，其中以乌鱼蛋、海蛎含锌量最高。动物性食品含锌量普遍较多，每100克动物性食品中大约含锌3毫克～5毫克，并且动物性蛋白质分解后所产生的氨基酸还能促进锌的吸收。植物性食品中锌较少，每100克植物性食品中大约含锌1毫克。各种植物性食物中含锌量比较高的有豆类、花生、小米、萝卜、大白菜等。动物性食物中锌不仅含量高，而且吸收率也比植物性食品高，如肉类中锌的吸收率高达30%～40%，而植物性食物吸收率一般只有10%～20%。瘦肉类、海参、海鱼、鸡蛋、核桃仁、葵花子、苹果、大葱、金针菇等，都是摄取锌的良好来源。

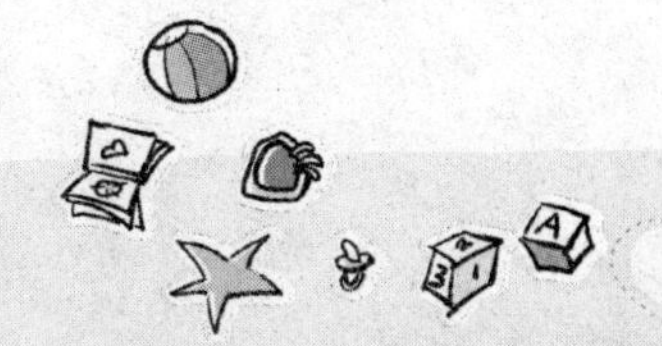

第1周第2天

营养：宝宝补锌美食1

1.清蒸鲈鱼

原料：鲈鱼50克，植物油5克，生姜5克，葱5克，酱油5克。

做法：（1）将整条鲈鱼洗净、去鳞后切取鱼肚部分的鱼肉，葱、姜切细丝；（2）将鱼肉放入蒸盘中，上面均匀地放些葱姜丝，大火蒸10～15分钟；（3）取出鱼肉，去掉葱姜丝，盘中的汤汁留取备用，重新装盘；（4）另外起锅，植物油烧至七成热，放入葱、姜丝，加酱油和蒸鱼的汤汁；（5）将步骤4的调料均匀地淋在蒸好的鱼肉上，即可食用。

营养提示：鲈鱼富含蛋白质，含量高达18.5%，且多为优质蛋白质，易于消化吸收。鲈鱼还含有人体所需的多种营养物质，如维生素A、尼克酸、钙、锌、硒等，锌含量为2.83毫克/100克。

厨房秘笈：蒸鱼的火候非常重要，过之，鱼肉易变老。清蒸鲈鱼的蒸制时间约为10～15分钟，用筷子叉鱼能够一插到底说明鱼已经蒸熟了，即刻出锅。蒸鱼非常好用的一种调料是李锦记的蒸鱼豉油，可以代替酱油的作用，而且味道非常鲜美。

2.番茄牛肉羹

原料：牛里脊200克，番茄100克，洋葱30克，土豆50克，胡萝卜50克，姜5克，生粉10克，精盐5克。

做法：（1）将牛里脊切成薄片，再用刀背剁成肉糜；（2）洋葱、土豆、胡萝卜洗净切丁，番茄去皮切块；（3）将油倒入锅中，放入洋葱、姜丝爆香，再放入肉糜煸炒，然后放番茄、胡萝卜丁翻炒，至番茄呈酱状；（4）加适量清水，大火煮开后加土豆丁，小火慢炖至所有材料成浓稠状；（5）放精盐调味，加适量生粉勾芡，稍事熬煮即成。

营养提示：牛肉中锌含量丰富，而且吸收率高，每100克牛里脊肉中锌含量高达6.92毫克，是锌的良好来源。

厨房秘笈：牛肉的不同部位，锌含量也有所差别。后腱的锌含量较低，为3.93毫克/100克，前腱含锌量最高，可达7.61毫克/100克。所以，买牛肉时要注意挑选。

营养：宝宝补锌美食2

第1周 第3天

1.核桃花生浆

原料：核桃仁5 0克，花生仁5 0克，牛奶100毫升。

做法：（1）将核桃仁、花生仁洗净炒香，去皮；（2）将核桃仁、花生仁放入搅拌机，加入100毫升牛奶一起搅拌成浆；（3）将核桃花生浆倒入锅中，不断搅拌，用小火烧开；（4）加少量白砂糖即可食用。

营养提示：核桃中含有丰富的蛋白质、不饱和脂肪酸、维生素E等，矿物质含量丰富，锌含量为2.17毫克/100克。花生的营养价值与核桃类似，炒过的花生仁含锌量为2.82毫克/100克。

营养含量：热能658千卡，蛋白质22.4克，脂肪54.8克，碳水化合物25.8克，维生素A87国际单位，核黄素0.26毫克，尼克酸10毫克，维生素E29.3毫克，钙274毫克，铁5.2毫克，锌2.91毫克。

2.奶酪粥

原料：奶酪20克，大米25克，土豆20克，胡萝卜15克，菠菜15克。

做法：（1）土豆和胡萝卜洗净，煮软，切成小丁；（2）菠菜洗净，焯水后切碎；（3）大米洗净，用清水浸泡1小时，放入锅中煮成稀粥；（4）将土豆、胡萝卜和奶酪倒入粥锅内，不断搅拌成糊状；（5）最后加入菠菜，搅拌煮熟即可。

营养提示：奶酪是浓缩的牛奶，蛋白质含量高达20%以上，而且经过微生物发酵，容易消化吸收。奶酪还是锌的良好来源，每100克奶酪可以提供4.13毫克锌。

营养含量：热能177千卡，蛋白质9.2克，脂肪4.9克，碳水化合物24.2克，维生素A690国际单位，核黄素 0.23毫克，尼克酸1.2毫克，维生素C12毫克，维生素E0.68毫克，铁2.5毫克，硒1.85毫克，锌1.79毫克。

第1周第4天

健康：让宝宝乖乖吃药

1.宝宝不肯吃药的对策

年轻父母常常为宝宝不肯吃药而苦恼，宝宝吃药时经常哭闹，灌进去又吐出来，连奶和饭也连带吐出来，难怪不少家长宁愿让医生打针也不愿意给宝宝喂药。

宝宝有灵敏的嗅觉和味觉，很容易把药物辨认出来，因此给宝宝吃的药要尽可能把味道调好，如水剂或片剂要碾碎用少量糖调匀用勺子喂服。每次量要少，用勺子送入口腔待下咽后才取出。宝宝在吞咽时会反流可顺势把药接住，要教导宝宝把药咽下后再给好吃的，让宝宝赶快咽下后吃点好东西，尽量不用灌药法。2～4岁的宝宝可把药碾成粉末撒在已涂果酱的饼干上，夹上另一块饼干让宝宝自己吃。不喜欢吃甜的可把饼干上涂上麻酱，把粉末放在麻酱上（麻酱可先用盐水调匀），尽量减少药物的形象引起宝宝的反感。表扬宝宝顺利地吃掉药物，有过几次成功的经历，宝宝就不害怕吃药了。

2.宝宝吃错药的对策

宝宝吃错药，父母一定非常着急。当然很多细心的父母是不会给宝宝吃错药的，但是却不能排除宝宝自己调皮，把药品当成糖来吃；或者出于一种模仿的心理，模仿大人吃药的行为，这是家长不能忽视的一点。

有的时候宝宝吃错了药，或误食了某类药，父母并不知道，这就会耽误宝宝的治疗。因此，父母一定要学会细致地观察宝宝，早期发现往往更利于治疗。如宝宝误服安眠药或含有镇静剂的药，会表现出无精打采、昏昏欲睡，家长发现此种情况，要马上检查大人用的药物是否被孩子动过，一旦发现宝宝不慎吃了不该吃的药，切莫惊慌失措或指责、打骂宝宝。正确的处理方法是迅速就医，及时排出，减少吸收，及时解毒。

3.给宝宝用药需谨慎

对于0～3岁的宝宝应注意护理，避免生病，尽量少用药。宝宝发热、有炎症时尽量采用中药制剂和糖浆制剂服用。切不可病没有好就认为是药量不足而任意加大使用剂量。父母们必须意识到用药治病是一门学问，必须在医生的指导下进行。

健康：夏季谨防细菌性痢疾

第1周第5天

1.细菌性痢疾的起因与症状

细菌性痢疾是由痢疾杆菌引起的急性肠道传染病，一年四季都可以发生，但大多发生在夏季，六七月份是一年中最为凶悍的发病季节。近年来，该病在我国发病率很高。此病通过被患者或带菌者的粪便污染了的水、食物和手而传播，苍蝇也可传播此病，容易重复感染和多次发病。本病在任何年龄均可发病，以1～7岁儿童为多见。婴幼儿及学龄前的宝宝，由于身体的免疫功能尚未发育成熟，肠道抵抗力较弱，因此对病菌敏感，家长照料及饮食上稍有疏忽就很容易发病。

痢疾杆菌进入人体后多数2～3天后发病，表现出发热、恶心、呕吐，1岁以上的患儿常常会说头痛、腹痛，继而很快出现腹泻，一开始大便呈软便或糊状或水状，但很快就会出现具有痢疾特征的脓血便，但每次的便量很少。患儿排便次数每天从数次到数十次不等，伴有腹痛，觉得有便意但又排不出来，蹲在便器上不愿意起来。及时把孩子的粪便取样送到医院去检验，这是最科学也是最快捷的判断孩子病症的办法。应该挑选大便中的脓血和黏液部分，留好标本后应立即送验，以提高准确性。查大便常规可见较多红、白细胞及巨噬细胞，大便培养可找到痢疾杆菌。

2.西医常规治疗细菌性痢疾

宝宝出现上述症状应立即送医院确诊，特别是出现中毒性菌痢症状，如高热、精神差、脸色灰白等一定要争分夺秒地送到医院诊治。普通型痢疾可在家隔离治疗，采取抗生素对症治疗，服药3天后观察疗效，如无疗效再换其他药物。一般服药最短时间为7天，因为服药时间过短易转成慢性痢疾。密切注意患儿病情变化及大便性质、次数，如患儿出现高热、面色苍白、四肢发冷或有嗜睡、谵语、烦躁不安时，应立即到医院就医。病情较重的则需要住院治疗，腹泻频繁及时补充体液，纠正电解质紊乱或酸中毒，以免危及生命。若连续3次大便送验均为阴性，可解除隔离。

第1周 第6天

早教：和宝宝玩配对游戏

1.记忆配对

游戏方法：用积木或单面图片来配对，大人和宝宝一起玩。先将盒中的积木或单面图片有图的一面扣在桌上，每人从中拿5张，自己放好并记住。第一人将桌上的图翻开1张，让大家都看见，检查自己手中是否持有相同的图，如果有马上用自己的图和桌上的图配成一对放自己身边；再翻开1张，如果手中没有相同的图，就将翻开的图扣回。第2人如果手中持有与翻开的图面相同的图，即可配对；如果与之不同可另翻1张，配不上仍放原处。如有第3人、第4人，都可按顺时针方向轮流翻开图面做配对。最后谁先将手中5张图配齐就算赢。

游戏目的：看谁能记住别人翻开的图所放的位置，记得清楚的人就能很快将手中的图配完。不但要记住翻开的图是什么，还要记清它所摆放的位置，既要有内容记忆又要有方位记忆。两岁半的宝宝刚刚开始有这两种能力，如果能专心去观察就能记住，如果分心就记不住。所以这个游戏还可以培养专注能力。

2.认字配对

游戏方法：宝宝学会认七八个汉字时，可以再用毛笔写同样的七八个汉字卡混入，让宝宝找出相同的字配成对子。有些汉字表面相似，如哭和笑、白和日等，通过配对才能考察宝宝是否分清楚了。给宝宝写的字卡不得小于10厘米×12厘米，字要写得工整易认。

词组也可以配对，如“再见”“谢谢”“鼓掌”“敬礼”“你好”“你早”“欢迎”等。这些词宝宝会说，也会做动作。除了词卡配对之外，也可以做动作找词，大人和孩子轮流，一人做动作另一个人找词卡，使认字和认词更加有趣。

游戏目的：通过认字配对的方法查看宝宝对一些字是否认识，并加深宝宝的印象。

早教：宝宝受小朋友欺负怎么办

第1周第7天

宝宝受了小朋友的欺负，父母应该如何教会宝宝应对呢？其实，宝宝之间的打斗跟自然界其他小动物，比如小老虎、小狮子之间的打斗是有相通之处的。他们的打斗带有更多的游戏成分，在打斗的过程中，他们慢慢学会了该如何与周围的小朋友交往。宝宝还没有建立起吃亏不吃亏的概念，常常刚刚打过了，眼泪一抹，又可以搂抱在一起亲密无间。因此，只要能保证宝宝的安全，没有必要把宝宝之间的打斗看得过于严重。

对于2～3岁的宝宝来说，一般是不主张教宝宝“他打你，你就打他”，因为宝宝一旦形成习惯，以后也会变成一个富于攻击性的宝宝，那么他面临的问题就会更多，对他的成长实际上是不利的。但不教宝宝“以牙还牙”并不是鼓励他成为一个软弱的人，软弱与强硬与否并不是由拳头来决定的，打来打去解决不了问题。

父母陪伴宝宝玩耍时，遇到别的小朋友打自己的宝宝，可以告诉这个小朋友的家长，或者直接跟打人的小朋友说你不希望他打人，你的态度会让他意识到，一旦他打了你的宝宝，他就会面临一种压力。在告诉他不能打人的同时还要告诉他正确地跟小朋友玩的方式。有时候，小朋友之所以打人并不是要欺负人，而是因为语言交流能力不足，为了获得别的小朋友的注意才采取这种动手动脚的方式。如果在成人的引导下，他理解了用语言来进行沟通会更加有效，就不会再用打人的方式来获取他人的注意。

随着宝宝年龄逐渐增长，独自外出玩耍游戏的时候越来越多。这时候，父母可以根据情况教授宝宝一些基本的自我保护方法。年龄较小的宝宝往往体弱力小，不具备和大宝宝对抗的能力。因此，要告诉宝宝遇到有攻击性的大宝宝应该赶快跑，避免站在原地受二次攻击。同时，让宝宝尽快将情况告知周围的成人，寻求帮助。要提前教会宝宝自我保护的方法，比如抓住打人者的胳膊，注意保护好头脸等关键部位，然后大声呼叫，寻求周围成人的帮助。

第2周第1天

营养：清热解暑美食举例

1.奶油冬瓜球

用料：冬瓜500克，炼乳20克，熟火腿10克，精盐、鲜汤、香油、水淀粉、味精各适量。

做法：冬瓜去皮，洗净用小勺挖成圆小球，入沸水略煮后倒入冷水使之冷却。将冬瓜球排放在大碗内，加盐、味精、鲜汤上笼用武火蒸30分钟取出。汤倒入锅中，加炼乳，煮沸后用水淀粉勾芡。冬瓜球入锅内，淋上香油搅拌均匀，最后撒上火腿末出锅即成。

功效：清热解毒，生津除烦，补虚损，益脾胃。

2.素炒豆皮

用料：豆皮2张，植物油、食盐、葱、味精各适量。

做法：豆皮切丝，葱洗净切丝。油锅烧至6成热，葱丝下锅，烹出香味，将豆皮丝入锅翻炒，随后加食盐，炒数分钟后加味精，淋上香油搅匀起锅。

功效：补虚，止汗。适合多汗、自汗、盗汗者食用。

3.素烩面筋

用料：水面筋500克，葱、姜、食盐、淀粉、植物油、味精各适量。

做法：水面筋切薄片，葱、姜洗净切丝备用。油锅烧热，将水面筋入锅，煸炒至焦黄，加葱、姜煸炒数分钟，兑水一碗，加食盐，待面筋熟透后放入味精，再用淀粉勾芡，汤汁明透即可。

功效：解热、除烦、止渴。

4.凉拌茄子

用料：嫩茄子500克，香菜15克，蒜、米醋、白糖、香油、酱油、味精、精盐、花椒各适量。

做法：茄子洗净削皮，切成小片，放入碗内，撒上少许盐，再投入凉水中，泡去茄褐色，捞出放蒸锅内蒸熟，取出晾凉；蒜捣末；将炒锅置于火上烧热，加入香油，下花椒，炸出香味后连油一同倒入小碗内，加入酱油、白糖、米醋、精盐、味精、蒜末，调成汁浇在茄片上；香菜择洗干净，切段，撒在茄片上。

功效：清热通窍，消肿利尿，健脾和胃。

营养：宝宝不吃菜，妈妈有办法

第2周第2天

蔬菜中含有宝宝生长发育所必需的多种维生素和矿物质，能增强宝宝对于各种疾病的抵抗力，增进食欲，促进生长，帮助糖类、脂肪和蛋白质的分解利用。因此，宝宝的健康离不开蔬菜。但是，有的宝宝就是不爱吃蔬菜，聪明的妈妈千万不要着急，更不要指责宝宝甚至强迫宝宝吃，而是要用精湛的厨艺让宝宝爱上蔬菜。

1.遇到宝宝不爱吃的蔬菜怎么办

每个宝宝的口味儿都不一样，难免会遇到宝宝不爱吃的蔬菜。如果这种蔬菜的营养非常丰富，宝宝不吃可就浪费了。妈妈可以试着用化整为零、化有形为无形的方法让宝宝吃。把宝宝原本不喜欢吃的菜剁碎，化有形为无形，如青菜，可以剁成馅包成饺子；还有萝卜，用新鲜猪后腿精肉与萝卜、葱、姜一起细细剁碎，打入两个鸡蛋，再加上盐、酱油、少许淀粉或碎馒头，充分搅拌之后用勺子一点点置入沸水中，几分钟后香气扑鼻的肉丸子就做成了。此外，还可以变着花样做蔬菜，如将胡萝卜等根菜类做成签或丝状或磨成酱泥，加入肉馅中做成小水饺、小包子、小馅饼或小馄饨，或把蔬菜添加于汉堡的碎肉中，制成汉堡包或其他食物。记住千万不要强硬地逼着宝宝吃，否则会适得其反。

2.宝宝不爱吃菜花怎么办

菜花富含宝宝成长所必需的多种营养素，可以适当让宝宝多吃些。有些宝宝不喜欢菜花是觉得菜花没有味道，家长可以将菜花煮熟，与土豆泥混在一起，添加少许胡椒粉，会受到宝宝的欢迎，同时还增加了膳食纤维和一天所需的维生素C。

营养：让宝宝开开心心喝蔬菜

有的宝宝喜欢吃水果，不喜欢吃青菜，这让家长很头痛。其实，聪明的家长可以给宝宝做一些营养又美味的蔬菜汁，让宝宝开开心心地喝蔬菜。

1.番茄汁

原料：番茄100克。

做法：（1）将番茄洗净，用开水烫一下，去皮；（2）去皮后的番茄放入榨汁机，榨出果汁，加入等量温开水后就可以食用了。

营养提示：番茄汁中的番茄红素是类胡萝卜素，具有非常强的抗氧化功能，能有效清除体内自由基，提高免疫力。番茄还是维生素A、维生素C及尼克酸的优质来源，含有丰富的钾、钙、镁、铁等矿物质，可为生长发育提供丰富的营养。

2.芹菜苹果汁

原料：芹菜50克，苹果50克。

做法：（1）将芹菜的茎和叶子洗净；（2）放入榨汁机榨汁，然后加入一些温开水冲淡；（3）将苹果放入榨汁机榨汁，之后兑到调好的芹菜汁里。

营养提示：中医认为“芹菜性凉质滑，具有散热利湿、润肺止咳的作用”，在夏季给宝宝喝再好不过了。需要注意的时，榨汁时不要扔掉芹菜叶，因为叶里面的营养成分含量比芹菜杆还高。苹果营养丰富、性质温和，酸甜的味道能够调节芹菜汁的口味。

3.香浓玉米汁

原料：甜玉米粒50克，鲜牛奶50克。

做法：（1）将甜玉米粒洗净后，加凉水煮开；（2）将煮好的玉米放凉，按照玉米与鲜牛奶3：4的比例放入榨汁机中榨汁；（3）将榨好的玉米汁倒入锅中煮熟，凉凉后就可以喝了。

营养提示：玉米中含有丰富的尼克酸、维生素C和硒、钾、铁、镁等矿物质。尼克酸在参与体内的氧化还原过程、蛋白质、脂肪、糖的代谢过程中起着重要作用，能帮助维持神经系统、消化系统和皮肤的正常功能。硒是强抗氧化剂，能帮助排除体内的金属，还是生长发育必需的营养素。

健康：不要让宝宝生活在“真空”里

第2周第4天

很多家长有一个误区，以为只要不接触细菌，身体就健康了，特别是小宝宝，保持干净就不会生病。专家告诉我们，并不是环境越干净对人越有好处。对小宝宝来讲，适当地接触一些细菌，对于增强其免疫力是有帮助的。英国科学家在研究中发现，宝宝玩泥巴时虽然身上会被弄脏，但身体接触泥土里的大量微生物可以使宝宝的免疫系统“认识”细菌，而不会对其过敏。从事这项研究的英国牛津约翰拉德克利夫医院心理和儿科部主任约翰·理查说：“人是伴随着病菌和病毒等病原体长大的，病原体会让人生病，但它同时也有助于人体自然防御系统健康发展。”

对此，儿科专家表示，人体内各细菌群落都有一个平衡状态，如果这个平衡被打破，宝宝就容易出现腹泻等症状。比如有时宝宝患呼吸道疾病，家长给他吃很多的抗生素，结果连体内一些有益菌也被杀灭了，而那些有害的菌群却因为没有了天敌而迅速繁殖，或者出现变异，使药物越来越失去效力，细菌的耐药性越来越强。

事实上，人们不可能总是生活在一个完全没有细菌的环境中，既然避免不了接触细菌，不如让自己的免疫力得到加强，不怕细菌的侵扰。

如果人一辈子不接触细菌就没有任何抗病能力。人需要接触大自然，虽然有一些细菌和病毒混在灰尘中间、土壤里或物体表面，但不能因为怕这些东西而不去接触大自然。人的抗病能力就像防卫能力一样是逐渐形成的，不是一朝一夕就能提高的。我们主动形成抗病能力的方式就是打疫苗；被动方式就是去接触这些细菌和病毒，使身体逐渐地认识它们，自然就会形成对它们的识别和抵抗能力了。

如果宝宝平时接触的细菌过少，自身的免疫系统无法识别细菌和病毒，身体抵抗疾病的能力就较弱。宝宝的健康成长的确需要良好的生活环境，但是好环境不等于真空环境。要想增强宝宝的免疫力，除了加强身体锻炼、注射疫苗等方式以外，也可以让他们在一定的“脏”环境中磨炼摔打，通过与细菌的适当接触，让身体“认识”细菌，并形成强大的战胜细菌的免疫功能。

第2周第5天

安全：为宝宝选择合适的安全座椅

1.正确选用安全座椅

购买安全座椅时要选择那种功能完整、经过安全测试且适合宝宝年龄、身材大小的产品。后向式安全座椅为6个月以内或体重12千克以下的宝宝专门设计，当宝宝可以坐直身体，并能挺直脖子的时候（1岁以上为佳），可选用前向式安全座椅。4～12岁的宝宝可使用儿童增高座椅并系好儿童安全带。

2.正确安装安全座椅

◎ 安全座椅应固定在后排中间，以躲避正面和两侧的撞击，同时，也可避免前安全气囊和侧安全气帘爆开后带来的冲击伤害宝宝。

◎ 安全座椅固定好后，试试左右摇动安全座椅，保证左右摇动幅度不超过2.5厘米。

◎ 为使安全座椅稳固，可以将安全座椅向汽车座位压紧，同时勒紧汽车安全带。

◎ 如果在一个位置无法固定安全座椅，可尝试在车内其他位置或换用其他类型的汽车安全带。

◎ 应根据宝宝的身高调节座椅束带的高度。

◎ 宝宝很快就能学会自己解开安全座椅的安全带，要随时检查宝宝的安全带是否系好。

3.让宝宝坐在车内合适的位置

抱着宝宝坐在副驾驶座是非常危险的，安全气囊对宝宝来说并不安全，万一汽车相撞，它产生的强大冲击力会对宝宝的生命构成威胁。因此，父母一定要让宝宝养成坐在后排座椅的习惯。如果车内后排座位没有空间，可以将前座尽量向后调，让宝宝使用安全座椅或让更大的宝宝佩戴安全带坐在前排。如果宝宝个子小，可加安全坐垫，抬高宝宝坐的位置。大部分进口车除前座配备有安全气囊外，还配备了侧面安全气囊甚至气帘，因此，宝宝的安全座椅应摆放在安全气囊爆开后无法碰到的位置。

专家提示

不要在汽车后窗的平台上放任何物品，急刹车时这些物品有可能碰撞到宝宝头部，造成伤害。

早教：让宝宝体验阅读的快乐

第2周 第6天

1.引导宝宝听一个完整的故事

在阅读的过程中提出问题，或者转而对别的东西感兴趣，对于这个年龄段的宝宝来说是非常正常的一种行为方式。这么小的宝宝，他们的思维是发散的、跳跃的，他关注绘本也许更多的只是其中的一些细节，而不是整个故事。并且，他的注意力也很容易被别的事物吸引过去，所以他很难将精力集中在一个绘本上，听你讲完整个故事。更何况，宝宝能在阅读的过程中提出问题，那就说明他是在联系绘本本身拓展思维。即便他想到的事情可能跟故事本身没有什么关系，但是这也是他享受阅读乐趣的一种方式。早期阅读的重心不是让宝宝读进去多少书，学进去多少知识，而是让他体验到阅读带来的快乐。

因此，亲子阅读首先是游戏，因为游戏才会充满乐趣，才会调动宝宝的积极性。当然，这样断断续续的阅读确实破坏了阅读的完整性，会让大人觉得不太舒服，但是对于宝宝来说，这就是他们最初阅读必然要经历的一个过程。跟着他的需求走，让他体验到阅读的乐趣，比看到阅读的效果更重要。慢慢地，随着他语言理解能力的提升，他就会体会到一个完整故事带给他的乐趣。

2要让宝宝在听故事时感到快乐

妈妈在与宝宝进行亲子阅读的过程中只要享受到了其中的乐趣就可以了，不必在意表面的形式或者故事的多少。如果家长有这方面的疑问，也可以尝试着给宝宝反复读一个故事，看看他的反应，也许对他来说，只要有好听的故事就可以了，重复不重复都没关系。

也可以试试，在讲故事的时候让宝宝参与进来，问他一些小问题，即便他还不会回答也没关系，家长可以自问自答，并拿着他的小手去指指答案，这样宝宝就会更认真地投入进来。

总之，宝宝在阅读的过程中享受到了乐趣才是最重要的。

第2周 第7天

早教：强化宝宝的数量概念

1.搭3级楼梯

游戏方法：让宝宝练习搭楼梯，先摆1块积木，再把已垒好的两块积木放在后面，构成两级的楼梯，第3步将已垒好的3块积木放在两块积木的后面，构成3级的楼梯。

宝宝有时会将1块积木摆在已垒好的3块积木旁边，他会看出相距太高的楼梯不容易上去，要在两者之间加两块积木过渡。

将水倒进3个透明的水杯，要使第一个杯中水最少，中间杯中水居中，第三个杯子中的水最多，把3个杯中的水也排出像楼梯那样的顺序。

游戏目的：认识楼梯，一级比一级高，要结合数来学习楼梯的顺序，第1级、第2级、第3级。第1级最矮，第2级比第1级高，第3级比第2级高。从第2级取下1块积木，使同第一级一样高；从第3级取下两块积木也同第1级一样高，使宝宝更加理解1、2、3的概念。

2.拿取最大数

游戏方法：在一堆积木或珠子当中让宝宝拿取2个、3个、4个，看宝宝最多能拿取几个。

如果宝宝拿了3个，大人从中拿掉1个，问："现在还有几个？"再拿掉1个再问，看宝宝能否答对。然后再放回去1个，问："现在是几个？"再放回1个，再问，看宝宝是否答对。多数两岁孩子会拿3个，两岁过3个月左右能拿4个。

游戏目的：看宝宝能拿3个还是4个。在此数内去掉1个、2个后，再放回1个、2个，看宝宝是否能答对。宝宝能拿取的最大数目是宝宝能理解的数目，在此范围内的加减宝宝能马上答出来。

营养：宝宝不宜多吃的食物

第3周第1天

动物肝脏含有丰富的蛋白质、维生素、矿物质和胆固醇等营养物质，对促进宝宝的生长发育有不少益处。此外，食用肝脏还具有防治某些疾病的作用，如角膜干燥症、夜盲症、角膜炎等因缺乏维生素A导致的眼病。但并不是吃得越多越好，必须适量。

研究表明，肝脏具有通透性高的特点，血液中的大部分有毒物质都会进入到肝脏，因此动物肝中的有毒物质含量要比肌肉中多出好几倍。除此之外，动物肝中还含有特殊的结合蛋白质，与毒物的亲和力较高，能够把血液中已与蛋白质结合的毒物夺过来，使它们长期储存在肝细胞里，对健康有很大影响。其实，动物肝只吃上很少的量就可获得大量的维生素A，并储存于宝宝的肝脏中。一般来讲，未满1岁的宝宝每天需要1300国际单位的维生素A，1～3岁每天需要1650国际单位的维生素A。1～3岁的宝宝每月食用猪肝75克或鸡肝50克、羊肝25克就能确保维生素A的摄入量。

专家提示

宝宝一定要多吃新鲜时令蔬菜，少吃或尽量不吃反季节蔬菜。反季节蔬菜主要是温室栽培的大棚蔬菜，虽然外观很吸引人，但营养价值与新鲜时令蔬菜是不一样的。反季节蔬菜不如新鲜时令蔬菜营养价值高，味道也差一些。

第3周第2天 营养：让宝宝爱上五谷杂粮

五谷杂粮虽然有营养，可是很多宝宝不喜欢吃，究其原因，原来是制作方法不得当。下面介绍的几款杂粮餐不但搭配合理、营养丰富，还特别增加了宝宝喜欢的口味，一定会让宝宝爱不释口的！

1.玉米发糕

原料：白面，玉米面，白糖，葡萄干，鸡蛋，泡打粉，香草精，牛奶，牛油。

做法：（1）把白面、玉米面和适量泡打粉拌匀；（2）将鸡蛋打泡至见不到蛋液的程度，加入白糖打匀，最后加入香草精、牛奶和溶化的牛油拌匀；（3）将搅拌好的液体倒入面粉中拌匀，倒入铺了油纸的蒸盘中，撒上洗净的葡萄干；（4）把蒸盘放入蒸锅中用大火蒸20分钟即可。

2.五谷杂粮粥

原料：糙米，香米，黄米，紫米，燕麦，宝宝专用肉松。

做法：（1）糙米洗净，用冷水浸泡一夜；（2）香米、黄米、紫米和燕麦洗净后与糙米混合，放入锅中一起熬约45分钟。出锅后撒上少许宝宝专用肉松即可。

3.玉米馅饼

原料：玉米面，豆面，小苏打，果酱。

做法：（1）玉米面用热水烫一下，在烫好的玉米面中加入豆面和适量的小苏打，一起打成糊状；（2）把平底锅烧热，加少许油，用勺子挖一勺面糊，在锅中摊成大小合适的玉米饼；（3）在摊好的玉米饼上抹上果酱，把另一个玉米饼盖在上面并压实，可做成2层或3层的玉米馅饼。

4.南瓜杂粮饭

原料：南瓜，糯米，大麦，薏仁米，高粱米，葡萄干，糖桂花或蜂蜜。

做法：（1）4种米要提前6小时分别泡好，泡好的米混合，加入洗干净的葡萄干，上锅蒸熟；（2）南瓜洗净，对切，取一半，挖去内瓤；（3）把蒸熟的米饭填入半只南瓜中，压实后放入蒸锅中大火蒸大约20分钟，出锅后浇上糖桂花或者蜂蜜即可。

营养：为宝宝做一次杂粮饭

第3周 第3天

1.奶香玉米汁

原料：嫩玉米，黄油（或色拉油），牛奶或椰浆，炼乳。

做法：（1）将嫩玉米洗净；（2）在锅中放入适量水（不要太多）、一点黄油或色拉油，然后放入嫩玉米煮熟；（3）用刀将煮熟的玉米粒切下，放到粉碎机里，再倒入一点刚才的煮玉米水，搅拌均匀；（4）将玉米浆倒进漂亮的容器中，根据宝宝的口味加入适量牛奶或椰浆，再加一点点炼乳调味。

营养提示：玉米中含有丰富的钙和脂肪酸，里面小小的胚芽含有52%的不饱和脂肪酸，是精米的4～5倍。玉米还含有丰富的纤维素、抗性淀粉和玉米黄素，可以帮助宝宝改善肠道功能、增强抗氧化能力。

2.什锦杂粮饭

原料：大米，紫米（黑米），糯米，小米，红豆，芸豆，花生，核桃仁，红枣，蜜饯（如葡萄干、苹果干等），椰汁，烹调油。

做法：（1）将红豆、芸豆、花生、核桃仁等不易煮烂的材料提前在凉水中泡一晚，或者先在锅中加少许水煮开，可以多焖一会儿；（2）泡好的杂粮、坚果连同大米、紫米（黑米）、糯米、小米等放入电饭煲中，加入适量的水和椰汁（可以多放一些，会让饭更加松软香甜）；（3）加入去掉枣核的红枣、蜜饯或果脯（蜜饯或果脯的种类和量可以依宝宝的个人喜好），点4滴烹调油；（4）盖上盖，让电饭煲煮去吧。煮好后稍闷一小会儿就可以吃了！

营养提示：这么多杂粮在一起营养成分之高简直就不用说了，其中含有丰富的碳水化合物，是宝宝能量的主要来源；水溶性维生素B_1含量也很高，可以增进宝宝食欲、促进消化，维护神经系统的正常功能；被称为人体的“第7营养素”的膳食纤维含量也很高，有助于降糖、降脂、减肥、通便、解毒防癌和增强抗病能力。

第3周第4天

健康：夏季热居家护理宜与忌

发现宝宝患有夏季热应首先去医院检查，排除其他原因引起的发热性疾病。一旦确定，除了按医生的处方用药以外，主要是加强护理并预防和治疗并发症。

◎ 患儿居室保持空气流通，清洁凉爽。必要时可使用空调，一般室温控制在26℃~28℃，不宜过低。不宜长时间使用空调器，夏季热患儿抵抗力差，如果长时间使用空调会导致感冒等上呼吸道感染。

◎ 患儿的日常饮食非常重要，扶正食疗、促进消化是强壮体质的关键。应给予高热量、高蛋白和富含维生素C、维生素B的易消化食物，如鸡蛋、牛奶、新鲜水果、新鲜蔬菜等，还要让患儿喝一些绿豆汤、荷叶汤等清凉饮料或西瓜汁等，以利于排尿降温。在瘦肉汤、鸡汤里加点白芍和淮山药、莲子等可以起到生津健脾的作用。

◎ 注意患儿体温变化，常用温水洗浴，以帮助其降温散热。温水浴能使患儿皮肤表面毛细血管扩张，血流加快，加速散热，从而达到降低体温的目的。水温可控制在34℃~36℃左右，每次洗20分钟，每日洗2~3次。睡前给患儿作温水浴可以刺激皮肤血管扩张，易于散热，可预防夜间体温过高。

◎ 勿滥用抗生素。用抗生素降温（有合并感染例外）对夏季热无效，且可引起菌群失调，导致宝宝的体质越来越差，引起病情的恶性循环。

专家提示

对待持续发热、口渴的患儿要及时补充液体，可以让患儿多喝一些淡盐凉开水。亦可用绿豆汤、西瓜汁、梨汁、生藕汁或生荸荠汁代茶饮。

◎ 忌服鱼肝油和钙片。宝宝服鱼肝油和钙片是为了补充钙质，使钙质更好吸收，保证骨骼的发育和成长。但夏季热患儿则忌服鱼肝油和钙片，更不能注射维丁胶性钙和维生素D，否则容易发生高钙血症，使发热、口渴、多尿症状加重，不利于康复。

安全：宝宝乘车安全须知

第3周 第5天

1.不要让宝宝自己开关车门

车门一般都具有一定的重量，虽然大多数的车门有两段式开合设计，但这是专为成人设计的，主要目的是避免下车时一下子就把车门推到全开而碰到行人。而宝宝力气小，车门开启时如果推不到定位，车门就会微微回弹，这样的力对于身单力薄的宝宝来说，很有可能夹伤他们的手指。因此，父母应该亲自下车给宝宝开车门、关车门。如果宝宝执意要自己开关车门，父母也要在旁边做好协助工作，避免意外的发生。

确保让宝宝从人行道这一侧下车，并每一次在打开车门前，父母都要确定没有危险再让宝宝下车。

2.不要让宝宝把头探出天窗

现在有很多年轻的家长购买了带天窗的车，天气晴好时总喜欢打开天窗行驶。宝宝出于好奇，总想把头伸出窗外。家长一定要制止这种行为，因为在行驶过程中任何一个紧急刹车都可能对宝宝造成很大伤害。即使停车后让宝宝把头伸出天窗玩耍，也有可能出现引擎熄火后天窗自动关闭的情况而夹伤宝宝的头部。而且，宝宝如果想把头探出天窗就需要站在座椅上，万一车子突然启动也是很危险的。不要忘记按下安装在内门的安全插栓，以防宝宝在行驶过程中将手伸出车窗外。

3.掌握让宝宝安坐车内的诀窍

◎ 给宝宝准备几个他平时最喜爱的玩具，吸引他的注意力。可以考虑把玩具拴在衣钩或是把手上，以免滚到地上或座位下面。

◎ 给宝宝准备几盘他喜欢的音乐CD或者故事，行驶途中放给他听，让他安静一会儿。

◎ 设计一些有趣的游戏，在旅行途中和宝宝玩耍，让他的旅行变得充满了趣味。

◎ 最好有专人照顾宝宝，这样既不影响父母开车，又可顾及宝宝的情绪。

◎ 选择合适的时间出行，比如每天早点出发，或是在夜间旅行。避免在一天中最热的时候走长途，以免宝宝中暑。如果车里温度过高应及时打开空调。

第3周 第6天

早教：小游戏帮助宝宝感知形状

1.画图和摸图形

游戏方法：把圆、方、三角形加上长方和半圆形的形块放入布袋内，让宝宝按大人的要求将不同形状摸出来。将形块放在纸上，用左手按稳，用铅笔沿着边缘画出轮廓。再拿开形块，自己在纸上照着刚才模块的形状再画一个。先练习摸出圆形，沿着圆形的边画一次，再自己画一次。然后摸出方形，沿方形轮廓画，然后自己照着画一次。有的宝宝会画，有的宝宝不会画，不要勉强。只要能按要求摸对就行，会说出形状名称就更好。

2.蒙眼放形块

游戏方法：宝宝以前玩过的多形板和玩具屋现在又派上新的用场。两岁前后的宝宝会很顺利地把玩具按洞穴的形状放入，现在进一步要求宝宝被蒙住眼睛后，凭触觉去放，看宝宝能放对几个。有些宝宝能记住几个洞穴的位置，但不可能全部记清。要宝宝学会用左手去摸洞穴，右手去摸相应的形块，双手配合将形块放入。多练习就能把全部形块放对。

游戏目的：触觉练习是在完全不用视觉的条件下，凭双手的触摸和记忆将形块逐个放入玩具屋和多形板上的洞穴中。也可以在晚上关灯做这种游戏，这种本体感觉能形成习惯，通过练习顺利地快速完成，为将来练习某一种技巧做准备。

3.动物回家

游戏方法：用纸剪4个图形：圆形、方形、三角形和长方形做动物的“家”。找4种动物玩具或用硬纸剪出动物的外形轮廓，每个动物放在一个当做“家”的形状片上，帮助宝宝记住它们的家。如把鸡放在圆片上，让它在这个家下蛋；鸭放在方片上，鸭的脚掌是方形的；羊放在三角形家上，羊的胡子似三角形；牛放在长方形的家上（要把长方形横放），似牛的身体。将动物特征与图形结合讲一遍后，把4种动物拿开，让它们出来散步晒太阳，然后再把4个“家”重新排放。动物该回家了，但它们找不到自己的家，请宝宝领它们回家，看宝宝能放对几个。如果宝宝记不清可以先用3个动物配3个图形，记住了再增加1个。

游戏目的：让宝宝练习将图形与动物联系，帮助记忆。大人如果不帮助宝宝，宝宝就不可能记清动物的家。先用两三个练习，记住后再多认一两个。

早教：学会自理，为入园作准备

第3周第7天

1.分清左右穿鞋

让宝宝脱下鞋子，把鞋尖对着宝宝摆放。观察宝宝穿鞋时是否把鞋转过来，按鞋的左右正确穿上。

上幼儿园后，午睡时都要脱鞋，起床时要自己穿鞋。但有时宝宝上床后，别的孩子从床前经过会将鞋的次序碰乱。如果宝宝能认清鞋的左右，正确穿鞋，就会减少老师的麻烦。有些宝宝将鞋左右穿反了，走起路来很不舒服，跑步时容易摔跤。应在入园之前学会分清左右穿鞋。

2.学用手纸

先让宝宝学习为布娃娃把大便，便后用手纸擦屁股。先把纸叠到一定厚度，擦一次将脏的一面折入，再擦一次。如果没擦干净可再撕一张纸叠好再擦。

宝宝自己上厕所时，妈妈也要让宝宝自己学擦屁股，再让大人检查是否擦净。鼓励宝宝学习，告诉他要由前面向后擦拭，尤其是女孩子，不要把肠道的粪便擦入阴道或尿道。

有的宝宝2岁半就要上幼儿园了，要在入园之前学会自己用手纸。有些幼儿园小班的宝宝不会用手纸，但幼儿园的老师忙不过来，宝宝只好在厕所等候许久，等老师来帮助擦屁股才能穿上裤子。如果被老师责备几句就会感到十分委屈，失去自信。因此要让宝宝在生活上能完全自理再入园，既减少老师的麻烦，又不会使宝宝感到能力不如别人而产生自卑。

3.培养宝宝自觉上厕所的习惯

要培养孩子少尿或者不尿裤子的能力，为上幼儿园做准备。用画正字的办法使宝宝不至于因贪玩而忘记提早如厕。经过一两个月的时间，通过画正字的办法就可以防止白天尿裤子的意外。

在宝宝玩的地方挂一张月历，旁边放一支笔。宝宝如果来不及上厕所把裤子尿湿了，就在当天日期下面画正字，看看今天尿湿几次。宝宝很在乎每一画，他会自觉地提早如厕以减少正字。冬天穿得较多，必要时可以帮助宝宝脱穿裤子。如果宝宝能事先警觉，找人帮助，而且能忍耐到脱下裤子才尿尿，就是很大的进步。

第4周第1天

营养：宝宝吃“苦”有利健康

辛、甘、苦、酸、咸，也就是人们常说的“五味”，只有五味摄入平衡，人才会健康。但是，现在的孩子摄取的咸、甜之味过多，容易造成体质不佳、抵抗力下降。为了改变五味失衡，应给孩子吃些苦味食品，尤其是夏天，给宝宝吃些苦味的食品益处很多。

1.可以促进食欲

苦味以其清新、爽口而能刺激舌头的味蕾，激活味觉神经；刺激唾液腺，增进唾液分泌；刺激胃液和胆汁的分泌，加强消化功能。这一系列作用结合起来，便会增进小儿的食欲，对增强体质、提高免疫力有益。

2.可以清心健脑

苦味食品可除心中烦热，具有清心作用，使头脑清醒。

3.可以促进造血功能

苦味食品可使肠道内的细菌保持正常的平衡状态。这种抑制有害菌、帮助有益菌的功能，有益于肠道功能的发挥，尤其对肠道和骨髓的造血功能有帮助，这样可以改善儿童的贫血状态。

4.可以泄热、排毒

祖国医学认为，苦味属阴，有疏泄作用，可疏泄内热过盛引发的烦躁不安，还可以通便，把体内毒素排出，使小儿不生疮疖，少患疾病。

苦味食品以蔬菜和野菜居多，如莴苣叶、莴笋、苦瓜、萝卜叶、苔菜、杏仁、莲子心等。

营养：宝宝爱吃夜宵好不好

第4周 第2天

有些宝宝因为受到大人饮食习惯的影响，喜欢在晚上吃些东西，这种习惯很不好。长期吃夜宵，首先会导致宝宝肥胖。因为一般宝宝的入睡时间不会超过晚上10点，吃夜宵后不久即入睡，有可能导致营养过剩和肥胖。其次，夜宵还可能导致宝宝入睡困难。一般宝宝上床后10～30分钟即可入睡，但在睡前1小时之内吃夜宵的宝宝将花去30～50分钟才能入睡，尤其是进食过多的高蛋白、高脂肪食物后，宝宝的整个肠胃系统处于高负荷运行状态，甚至睡着后这部分器官仍得不到休息，不仅影响宝宝的睡眠质量，也容易使宝宝受惊做梦。另外，夜宵还可能导致饮食生物钟紊乱。所以，最好不要让宝宝过晚进食，进食一定要有规律。

如果宝宝晚餐的时间过晚，可以给宝宝吃些白粥、鸡蛋羹、水果羹，或者配方奶配小饼干等，这些食物的热量都比较低，易于宝宝消化，不易对宝宝的睡眠造成负担。尤其是白粥，热量不高，益脾补气，安抚肠胃。注意千万不要让宝宝在晚上吃油炸食品、全脂奶或者巧克力之类的食物。

第4周 第3天

营养：不要迷信强化食品

1.强化食品并不是多多益善

有些家长认为宝宝生长发育那么快，肯定强化食品吃得越多越好，喜欢经常给宝宝吃各种强化的饼干、面包或米和面。在宝宝的食品中加入一些营养素，如赖氨酸、铁、锌、维生素D、维生素A、维生素B_2等，确实可加快生长发育速度或预防某种营养素缺乏，但这种强化食品并非多多益善，过食反而会影响孩子体内营养素的均衡，还会引起中毒，如维生素D、维生素A中毒。要知道，中毒要比营养缺乏更为可怕。所以，怀疑宝宝缺乏某种营养时，在补充之前最好先到医院做相关检查，待确定后在医生指导下选用针对性强化食品。提醒一点，在服用强化食品期间要经常进行复查，以免过多服用。

2.别给宝宝吃罐头食品

罐头食品中含有大量的铅，对于脑细胞有很大的损害。调查表明，当血铅浓度达到5微克～15微克/100毫升时，就会引起宝宝发育迟缓和智力减退，而且宝宝年龄越小，神经系统受损程度就越大。另外，还有一些罐头食品在包装时可能采用的是焊锡封口，焊条中的铅含量颇高，在储存过程中可污染食品。宝宝消化道的通透性较大，这些添加剂和重金属均可被吸收，影响宝宝的健康。

3.膨化食品少吃为妙

膨化食品一直深受许多宝宝的喜爱，但目前市场上的许多膨化零食，比如饼干、桃酥、蛋卷、米花糖、冰糕填充料等，都具有高糖、高脂肪、高热量的特点，味精含量也较多，同时这些膨化零食还可能有很高的含铅量，宝宝如果食用过多，铅积聚在人体内难以排出，血液里铅含量高时会影响神经系统、心血管系统、消化系统和造血系统，甚至可能会造成精神呆滞、厌食、贫血、呕吐等。所以对宝宝来说，膨化食物还是少吃为妙。

4.冷饮对宝宝健康不利

大街上琳琅满目的冰棍、冰激凌等食物，宝宝看了也眼馋，但宝宝的胃肠道功能还不完善，受到温度过低的食物刺激，很可能会出现腹泻等症状。如果宝宝有强烈的吃冷饮欲望，最好是用水果来代替。

健康：夏季痱子的症状与治疗

第4周第4天

1.症状表现

痱子分白痱和红痱。白痱好发于额头、颈部和胸部，多为小水疱，看起来还亮晶晶的，不太痒，主要是因为宝宝衣服穿得太多或睡觉时被子盖得过多，捂出了汗，或宝宝高热大量出汗造成的。3个月以内的宝宝汗腺发育不完善，体温调节能力差，即便在冬天也会因出汗而长白痱。

红痱主要分布在人体汗腺比较发达的地方，比如腋下、颈部、胸背部、腿弯处，额头和臀部等。开始时是一个个针尖大小的红色丘疹，突出在皮肤表面，圆圆的，也会有尖尖的，有时会是顶端有小疱的汗疱疹，周围皮肤发红，多的会融合成片状，使整片皮肤发红、发痒。

2.治疗与调养

白痱无须治疗，只要注意保持宝宝皮肤清洁即可，2~3天后水疱收干，皮屑脱落就痊愈了。要根据气候温度适时给宝宝增减衣服，小年龄宝宝可比大人多穿一件棉布内衣，大年龄宝宝活动量大，宜与成人穿得一样多。经常摸摸宝宝的颈后，可随时掌握宝宝是否出汗。宝宝的植物神经功能尚未发育完善，刚入睡时会出汗较多，可给他少盖些，待宝宝睡着后再加盖一层薄毯。体质较差或缺钙的宝宝睡下后往往会大汗淋漓，可在宝宝的胸前和背后各垫一块小毛巾，待宝宝汗退后拿掉湿湿的毛巾，宝宝的衣服就会保持干燥，给发热宝宝服用退热药后也可用此方法吸干宝宝的汗。

如果宝宝患的是红痱，可以从以下几方面进行护理：家长可到药店里购买鲜马齿苋，回家后用水煮开，放温后给宝宝洗澡，一般洗2~3次后便可治愈。如果没条件洗澡也应用温水替宝宝擦一擦。给宝宝洗澡的水宜用温水，不可用冷水、热水，应用刺激性小的婴儿浴皂或沐浴液。如果皮疹较多且瘙痒严重，用鲜蒲公英、丝瓜叶、马齿苋捣烂后外敷在皮肤红肿处，可收到立竿见影的效果，一般1~2周后即可痊愈。

第4周 第5天

健康：宝宝计划免疫小常识

1.防疫针并不是打得越多越好

计划免疫程序是通过大量科学试验而制定的，不能随意更改，既不要漏打、少打，也不可重打、多打。只要按照程序执行，完全可以保护孩子免受疾病传染。如果过多地注射疫苗，有时反而会使免疫力降低，甚至无法产生免疫力，这在医学上叫免疫麻痹，就好像我们吃200克的食物就饱了，获得的营养足以维持机体正常运转，但为了多获得营养而拼命多吃，吃500克、1000克，表面看来吃进去的食物多了，但由于胃肠不胜重负，反而会因消化不良而减少营养的吸收。

2.如何了解打防疫针的效果

宝宝打了防疫针以后到底有没有效果呢？通过以下4种方法可以了解。

（1）观察患病情况

宝宝打了防疫针，2周左右可以产生特异性免疫力，注射后1个月时免疫力最强，以后缓慢减弱。如果注射2周后宝宝没有患传染病，特别是在该病流行季节或周围有这种病流行时没有被传染上，说明打防疫针的效果很好。

（2）观察接种反应

接种活疫苗后，因疫苗中的细菌或病毒必须在体内生长、繁殖才能刺激免疫系统产生免疫力，所以，局部和全身有一定的反应。比如，皮内接种卡介苗以后，2～3天后接种的部位皮肤略有红肿，但很快消失，属于非特异性反应；两周左右，局部产生红肿的丘疹，浸润硬块，有时会发生硬块软化，变成白色小脓包，以后自行破溃形成浅表溃疡，直径一般不超过0.5厘米，有少量脓液，然后结痂，痂皮脱落留有轻微疤痕，前后时间约为2～3个月左右。如果出现这种反应过程，说明接种成功，有效果。如果接种后无任何反应，说明接种失败。

（3）皮肤试验

打了防疫针后，由于体内产生了免疫力，可以中和细菌产生的毒素，故注射少量毒素在皮肤内可不发生任何反应。如果没有产生特异性免疫力，注射少量毒素即会发生红肿现象。比如，锡克氏试验就可了解接种白喉类毒素后有没有预防白喉的能力，锡克氏试验阴性说明接种成功。

早教：继续训练宝宝的自理能力

第4周第6天

1.教宝宝自己动手

（1）拒绝饭来张口

吃饭前给宝宝穿上罩衣、戴上围嘴，武装到位；在周围的地上铺好报纸，告诉他：“从今天开始宝宝要自己吃饭了。”为了吸引宝宝，不妨准备一个形状好看的餐盘，如树叶形的、草莓形的。将五颜六色的饭菜放入餐盘，再给宝宝做个拿勺子吃饭的示范，剩下的事情就交给宝宝自己完成吧。等孩子吃饱了再清理“战场”。经过一段时间的训练宝宝就能独立吃饭了。

（2）穿、脱裤子与系扣子

在幼儿园，老师不可能挨个跟着宝宝上厕所，所以必须学会自理。每天上床前由宝宝自己脱衣服，传授要领：手放在腰部，用力往下推；学会了脱再学穿：两脚伸进相应的裤腿，两手用力提裤腰。裤子最好是松紧带的，学起来容易些。在游戏中学系扣子能引起宝宝的兴趣，比如给娃娃、小熊等穿上衣服，将扣子伸进对应的扣眼中，这比单纯学习穿衣服有意思多了，效果还好。

2.锻炼宝宝自己睡觉

由成人陪伴午睡的宝宝会觉得幼儿园的午休时间很难熬，提前培养宝宝自己睡能帮孩子闯过这一关。

（1）独处从两分钟开始

无论是白天还是晚上都尽量让宝宝自己睡。开始，宝宝很不情愿单独躺在自己的小床上，妈妈不妨采取循序渐进的方式，比如说：“你静静地躺着，过两分钟我就回来。”两分钟后准时回到宝宝身边，然后再对他说你3分钟后回来，反复几次，时间一点点延长。当你不在的时候留下音乐或故事给他听，在轻松的心态下宝宝容易入睡。

（2）我们就在你身边

借助讲故事、做游戏的方式使宝宝明白，爸爸妈妈、奶奶姥姥让他自己睡的目的是让他很快成为一个能干的棒宝宝；同时告诉宝宝：“我们或者老师就在隔壁，你睡着的时候会来看你，在你需要的时候会立刻出现在你的面前。”这样宝宝就有安全感了。

第4周第7天

早教：为宝宝入园打好“预防针”

1.学会自己收拾书包

宝宝看到大孩子们背着书包去上学都十分羡慕，幼儿园的小朋友们也背着小书包，家长不妨为宝宝买个小书包准备上幼儿园用。书包里装上几本小书、一小盒彩笔，最好有一个带盖的水杯和一条裤子。将东西放齐之后，把书包挂在宝宝容易够着的地方。

妈妈同宝宝做上幼儿园的游戏，早餐后让宝宝背着书包同妈妈在院子里走一圈。进家后在桌旁坐下，打开书包拿出书看一会儿，打开彩笔在纸上画画。过一会儿妈妈说“咱们该回家了”，要宝宝赶快把桌上的东西收入书包，再背着书包在院子里走一圈，回家后把书包挂在准备好的地方。

通过打开书包、收拾书包让宝宝了解书包的用途，学会将用过的东西收拾整齐，放回原处，使宝宝入园后不至于丢三落四、随便乱放自己的东西。

2.参观幼儿园

有些宝宝2岁半后要上幼儿园，在未正式入园之前可带宝宝到幼儿园外面看看。观察小朋友何时到室外活动，老师怎样带领他们在健身器械上玩耍。如果得到许可，可以进入教室或者在窗外观察小朋友在室内怎样活动。参观幼儿园会引起宝宝入园的愿望，羡慕园内的生活，使宝宝容易克服离开家庭的依恋情绪。家长要让宝宝向那些活泼可爱的孩子们学习，使他渴望成为其中的一员。

许多孩子在入园的头一个月都会因为与家人分离而哭闹。如果入园之前有一些思想准备并参观幼儿园，甚至同老师先认识一下，了解园中生活规律，使家中生活与园中相似，就会减少入园后的困难。如果家长比较理智，多向宝宝介绍幼儿园的优点，入园的困难会减少。应避免因为宝宝哭闹就妥协，让孩子回家待几天，这样再送去时又要重新适应，人为地延长适应期，对宝宝和大人都不好。宝宝有足够的心理准备就会克服入园困难，更快地适应新环境。

2岁第7个月养育计划

2岁半的宝宝的手脚动作基本协调，开始慢慢摆脱自我中心，转而对很多小朋友参加的活动产生明显的兴趣，身体相互靠近，可以分享玩具，但多数宝宝喜欢每次只和一个小朋友交流。

生长发育情况

1.体格发育

到这个月的月末，也就是宝宝满2岁7个月（31月龄）的时候：

母乳喂养儿童体格发育情况

身高（厘米）							
性别	-3SD 轻度生长迟缓	-2SD 正常	-1SD 正常	0SD 正常	+1SD 正常	+2SD 正常	+3SD 偏高
男孩	82.3	85.7	89.2	92.7	96.1	99.6	103.0
女孩	80.7	84.3	87.9	91.4	95.0	98.6	102.2
体重（千克）							
性别	-3SD 中度体重不足	-2SD 轻度体重不足	-1SD 正常	0SD 正常	+1SD 正常	+2SD 正常	+3SD 超重或肥胖
男孩	9.5	10.7	12.0	13.5	15.2	17.1	19.3
女孩	9.0	10.1	11.4	12.9	14.7	16.8	19.3
头围（厘米）							
性别	-3SD	-2SD	-1SD	0SD	+1SD	+2SD	+3SD
男孩	44.8	46.2	47.6	49.0	50.4	51.8	53.2
女孩	43.8	45.2	46.6	48.0	49.4	50.9	52.3

数据来源于《世界卫生组织儿童生长标准（2006年）》，SD为标准差，0SD即为平均数。

不确定喂养方式儿童体格发育情况

年龄组	男童			女童		
	体重（千克）	身高（厘米）	头围（厘米）	体重（千克）	身高（厘米）	头围（厘米）
2.5岁~	14.28±1.64	95.4±3.9	49.3±1.3	13.73±1.63	94.3±3.8	48.3±1.3

数据引自《2005年中国九市城郊7岁以下儿童体格发育测量值》

2.动作发育

（1）大动作

◎ 半分钟能跑25米～35米。

◎ 双手侧平举，能走过宽18厘米～20厘米、高18厘米、长2米的平衡木，并能双脚跳下，多数姿势正确。

◎ 手脚动作基本协调，能翻过高133厘米的攀登架。

◎ 能将100克重的沙包投出1米～2.5米远。

◎ 能顺利地通过障碍物前行，如从桌下爬过、绕椅子、钻呼啦圈等。

（2）精细动作

能把一个杯子里的水倒到另一个杯子里，不洒水。

3.社会性发育

2岁半的宝宝开始慢慢摆脱自我中心，转而对很多小朋友参加的活动产生明显的兴趣，身体相互靠近，可以分享玩具，但多数宝宝喜欢每次只和一个小朋友交流。

4.认知能力发育

◎ 在听到形容物品用途的词时能指出或捡起正确的图片。

◎ 能按吃的、穿的、玩的等原则对物品进行分类。

◎ 开始注意周围环境中的有字的物品，如商店的招牌、广告牌等。

◎ 听到物品的类别名称时能分辨不同类别的物品，并能按要求拿取或指出。

◎ 能注意并区分周围人的活动，例如爸爸买菜，妈妈做饭等。

◎ 能拼拼图，如将家庭成员的照片剪成多片进行拼贴。

第1周第1天

营养：健康宝宝吃有“吃法”

1.多吃菜

2岁多的宝宝体重约为成人的1/5，但吃的菜却要达到成人的2/3才行。

2.菜肴要多一些变化

在烹制菜肴的时候要尽量多一些变化，把菜炒得味道好些，使宝宝更爱吃。比如，可以将菠菜、胡萝卜等不容易进味的蔬菜切得细一点，混在蛋卷、肉丸、鸡蛋羹里，或按宝宝的口味来炒，多变变花样，盛放时摆得好看些等，都可以分散宝宝的注意力，宝宝就会不知不觉地吃下去。

尽量避免给宝宝吃煎烤食物，宝宝的食物要充分烹调和杀菌。蔬菜则应该快火急炒，尽量避免用煮、炖、熬的方式，以减少营养素的流失。

3.饮食要有规律

这个年龄的宝宝饮食常会有挑食、时多时少、吃饭时玩等情况，有时高兴了就使劲吃，不高兴了几乎一口也不吃。宝宝的早、中、晚三餐时间应该和大人一样，每餐吃20～30分钟，时间一过就不再给吃。如果开饭时宝宝不肯吃也不要太勉强，到了下一餐再吃。但不能因此就多给宝宝吃点心，这样做，宝宝就更加不肯好好吃正餐了。

应该在平常让宝宝多活动，肚子就会饿得快些，到吃饭时也就自然会好好吃饭了。只要饮食有规律，不好的饮食习惯会改过来的。

4.点心要适量

到了这个阶段，只有三餐饭菜吃得很好但还不能满足需要时才能给宝宝吃点心。而且吃点心也要有规律，比如每天上午10时、下午3时，此时是为了调节、补充宝宝的能量而吃的。

另外，如果给宝宝吃耐饥的点心，弄得正餐不想吃，那就不好了。所以，只给宝宝吃少量含碳水化合物的食物当点心即可，比如薯类、香蕉、饼干等。有必要增加水分时可给果汁、牛奶或乳制品、水果等。巧克力等糖果吃了易生虫牙，最好不要作为点心给孩子吃。

如果宝宝特别爱吃奶油、果酱之类的食物，也只能在面包上涂上薄薄的一层，不要给他吃得太多，高热量的食物让宝宝吃得太多是没有好处的。

营养：宝宝饮食4不宜

第1周第2天

1.不宜给宝宝吃捞饭

有些家长喜欢做捞饭，即将大米煮到半熟，然后捞出再蒸，将剩下的米汤扔掉，这样会使得溶于米汤中的B族维生素大量损失，损失率可达40%以上。因此，做米饭应该采用蒸和煮的方法。

2.不宜长期食用精米、精面

在精米、精面被除掉的外壳中含有丰富的蛋白质、脂肪、铁、钙、B族维生素及促进肠蠕动的纤维素，长期吃过于精细的食物会使B族维生素摄入减少，影响宝宝神经系统的发育；还会因铬摄入减少而影响视力发育。应该让孩子适当多吃糙米、糙面，但因为孩子的胃肠消化和吸收能力较弱，给他们吃的糙米、糙面最好是标准米或标准面。

3.不宜给宝宝吃太白的面食

面粉当中含有微量的胡萝卜素，所以，无论磨得怎样精细的面粉都不可能是洁白的。然而，消费者偏偏喜欢白色，而且越白越喜欢。于是面食制作者想方设法迎合消费者的心理，想办法把面食弄得非常洁白。常用的方法有两种：一是超量添加氧化剂过氧化苯酰，甚至超过国家许可量的两三倍；二是用硫黄来熏蒸。无论哪一种增白方法都会破坏食品中的维生素，而且会带来安全隐患。因此，不要买过于洁白的馒头、花卷、豆包之类的面食，有一点儿黄色反而是正常的。如果可能的话，建议优先购买全麦馒头，它虽然麻麻点点，发黄发褐，样子不太好看，但是营养价值却很高。

4.不宜给宝宝吃洋快餐

营养研究表明，洋快餐是一种高脂肪、高热量、低维生素的食物，烹调方式主要是油炸、煎、烤等，各种营养素比例严重失衡，易使宝宝不知不觉中摄取过多的热量，超过正常代谢所需，转化为脂肪堆积于体内，使宝宝很快肥胖起来。因此，要尽量控制宝宝吃洋快餐的次数，特别是晚餐。平时，也不宜让宝宝多吃薯条、香肠、苹果派等高热量的零食。

第1周第3天

营养：适合宝宝的菜肴烹制方法

适合宝宝膳食常用的方法主要有蒸、炒、烧、熬、氽、熘、煮等。

1.蒸菜法

蒸出的菜肴松软、易于消化、原汁流失少、营养素保存率较高，如蒸丸子，维生素B1保存率为53%，维生素B2保存率为85%，烟酸保存率为74%。

2.炒菜法

蔬菜、肉切成丝、片、丁、碎末等形状和蛋类、鱼、虾类等食物用旺火急炒，炒透入味勾芡能减少营养素的损失，如炒小白菜，维生素C保存率为69%，胡萝卜素保存率为94%；炒肉丝，维生素B1保存率为86%，维生素B2保存率为79%，烟酸保存率为66%；炒鸡蛋，维生素B1保存率为80%，维生素B2保存率为95%，烟酸保存率为100%。

3.烧菜法

将菜肴原料切成丁或块等形状，然后，热锅中放适量油，将原料煸炒并加入调料炒匀，加入适量水用旺火烧开、温火烧透入味，色泽红润，如烧鸡块、烧土豆丁等。

4.熬菜法

将炒锅放入适量油烧热，用调料炝锅，投入菜肴原料炒片刻后，添适量水烧开并加入少许盐熬熟，如白菜熬豆腐、熬豆角等。

5.氽菜法

将菜肴原料投入开水锅内，烧熟后加入调味品即可。一般用于汤菜。如牛肉氽丸子、萝卜细粉丝汤、鱼肉氽丸子、菠菜汤等。

6.熘菜法

将菜肴原料挂糊或上浆后，投入热油内氽熟捞出，放入炒锅内并加入调料及适量水烧开勾芡或倒入提前兑好的调料汁迅速炒透即可，如焦熘豆腐丸子、熘肉片等。

7.煮菜法

将食物用开水烧熟的一种方法，如煮鸡蛋、煮五香花生等。

健康：支气管哮喘的正确护理

第1周第4天

支气管哮喘多数始发于4～5岁之前，主要表现为反复发作性咳嗽、喘鸣和呼吸困难，过敏体质的宝宝易患此病。积极防治小儿支气管哮喘对防治成人支气管哮喘意义重大。

1.一般护理

有支气管哮喘的宝宝，如果经常反复发作或是呈持续发作的状态，应及时送医院进行治疗。需要在家治疗的，家长应注意室内空气的流通、新鲜、无灰尘、无煤气、无烟雾、无油漆及汽油味等。室内不要放花草，不要喷洒敌敌畏。患病宝宝对温度的变化特别敏感，大多数不耐寒，因此要注意室内保温。另外，不要给患病宝宝使用装有陈旧棉花或羽毛的枕头，避免其吸入而引发哮喘。哮喘发作时宝宝往往大汗淋漓，缓解后要用温水为其擦身，及时更换衣裤，并注意保暖。

2.合理饮食

支气管哮喘急性发作时要注意给患病宝宝吃半流食，如豆浆、米汤、米粥、藕粉等，不要吃冷食、冷饮。要注意少吃多餐，避免过饱，过饱易引起哮喘发作。急性发作，尤其是哮喘持续状态的患病宝宝，多因张口呼气和大量出汗而使体内水分蒸发过多，故应让宝宝多喝水。

一般，春季最容易引起过敏的食物是异性蛋白类食物，如螃蟹、大虾，尤其是冷冻的袋装加工虾、黄鳝及各种鱼类、动物内脏，所以第一次应少吃一些，如果没有不良反应，下次才可以让宝宝多吃一些。另外，一些蔬菜也会引起过敏，如扁豆、毛豆、黄豆等豆类，蘑菇、木耳、竹笋等菌藻类，以及香菜、韭菜、芹菜等香味菜，特别是患湿疹、荨麻疹和哮喘的宝宝一般都是过敏体质，给这些宝宝安排饮食时要更为慎重。若发现宝宝对某种食物过敏，应在相当长的时间内避免再给宝宝吃，等宝宝大一些、身体逐渐强健可能会自然脱敏。

3.观察病情

宝宝咽喉发痒、胸闷、干咳、心烦等常是哮喘发作的先兆，家长要及时耐心安慰患病宝宝，使其安静下来，并立即服用止喘、抗过敏的药物。对处于哮喘持续发作状态的宝宝，要密切观察面色、呼吸及脉搏，如有心力衰竭的征兆要立即就医。

第1周第5天

健康：哮喘急性期的中医疗法

中医认为，小儿哮喘急性发作期病机主要在肺，治疗以降气、平喘、化痰为主。儿童时期以热性哮喘占多，寒性哮喘次之。

1.热性哮喘的中医疗法

外感风热与伏痰互结，或因风寒化热，传变而致，肺宣降失利，痰随气升，故咳嗽哮鸣，声高息涌。热煎痰液，故痰稠而黄。里热炽盛，则发热面赤、烦躁口渴，严重的伴有便秘。治疗以清肺化痰、宣肺平喘为主，中草药一般用麻杏石甘汤，主要成分有炙麻黄、苦杏仁、生石膏、黄芩、连翘、前胡、甘草，每日1剂，水煎服。

下列食疗方可有助于病情的缓解：

（1）川贝杏仁饮

配方：川贝母6克，杏仁3克，冰糖少许。

制法：川贝母、杏仁加清水适量，用武火烧沸后将冰糖放入，转用文火煮30分钟即可。

功效：清热定喘。

用法：每日睡前服1次。

（2）丝瓜花蜜饮

配方：丝瓜花10克，蜂蜜15克。

制法：丝瓜花放入杯内，用沸水冲泡，加盖浸泡10分钟，倒入蜂蜜搅匀即成。

功效：清热止咳，消痰下气。

用法：每日3次，代茶饮用。

2.寒性哮喘的中医疗法

风寒束表，引动伏痰，阻滞肺络，气机升降失常，故咳嗽气喘，痰白多沫。兼有表证，故初起有形寒无汗、鼻流清涕等。肺气阻逆，胸中阳气不能宣发，则四肢欠温。治疗以温肺化痰、止咳平喘为主，主方小青龙汤加味，主要成分有炙麻黄、桂枝、细辛、法半夏、五味子、白芍、干姜、紫苏子、橘红、甘草，每日1剂，水煎服。

下列食疗方可有助于病情的缓解：

（1）苏子粥

配方：苏子10克，粳米50克，红糖适量。

制法：将苏子捣为泥，与粳米、红糖同入锅内，加水煮成粥。

功效：降气化痰，止咳定喘。

用法：每日早晚温服，5～7日为1个疗程。

（2）杏仁薄荷粥

配方：杏仁30克（去皮尖），鲜薄荷10克，粳米50克。

制法：将杏仁放入沸水中煮到七分熟，入粳米同煮，成粥时入薄荷，稍煮即可。

功效：宣肺散寒，化痰平喘。

用法：早晚服食。

哮喘发作与小儿体质过敏有关，因此在处方中可加入一些具有抗过敏作用的中药，如防风、乌梅、蝉衣、白僵蚕、红枣等，加强平喘功效。

第1周第6天

早教：为宝宝选择合适的幼儿园

1.尽量让宝宝就近入园

对于生活在大城市的家庭来说，离家近或离工作单位近是为宝宝选择幼儿园时必须考虑的重要因素。快节奏的生活让父母没有精力耗费在接送宝宝上，遇到刮风、下雨等特殊天气困难更是可想而知。特别是宝宝刚入园时，突发事件会较多，万一有事能够第一时间赶到最好。充足的睡眠对生长发育期的宝宝也非常重要，如果天天起早必然会影响他们的生理和心理健康。在家的附近上幼儿园还能够避免宝宝对新环境的恐惧感。已经有越来越多的妈妈意识到，与其为上幼儿园坐两小时的车，不如把这段时光留给自己和宝宝分享。

2.幼儿园的家园共育工作非常重要

不要认为选到满意的幼儿园，把宝宝送进去就万事大吉了，重幼儿园教育、轻家庭和社会教育的做法是极不可取的。老师与父母的交流越多，双方对宝宝的了解就越深入，也就可以更好地让他们快乐成长。建议父母在选择幼儿园的时候留意园方是否会经常与你沟通，是否提供幼教资讯、安排父母协助园方活动、举办各种亲子活动，是否设有家长开放日、欢迎父母参观日常教学活动等。

3.提前考察幼儿园

向已经在幼儿园就读的亲朋好友了解情况，听听他们对所在幼儿园的看法，从这些反馈中可以看出幼儿园在父母心目中的地位和口碑。相对而言，他们的评价比较可信。

俗话说“眼见为实”，可以利用放学时间与去接宝宝的家长聊天，更真切地了解幼儿园的许多“内幕”。另外，还可以通过户外活动的环节，观察到幼儿园里小朋友的情绪和参与状态，也能对带班老师的基本素质做初步了解。

充分利用互联网搜索功能，查找到学前教育网、育儿社区等相关站点，通过与业内人士或其他妈妈的线上交流获得更多幼儿园信息。

早教：为宝宝选择幼儿园的常见误区

第1周第7天

误区1：选择收费高的幼儿园

幼儿园的收费标准往往因其体制不同而有所差异，收费高低并不一定与教学质量的优劣成正比。建议妈妈们根据自己的家庭经济承受能力选择幼儿园，不要盲目攀比。在选择幼儿园时，环境仅仅是一个方面，不必一味追求豪华，活动空间大、设备齐全、图书玩具充足、室内布置宜人就可以了。更需要重视的是安全和卫生等细节，比如幼儿园周围是否有空气和噪声污染、教室及游戏设施有没有针对宝宝的防护装备、园舍是否窗明几净、厨房设备和餐具是否进行过必要的消毒、厕所能否及时打扫、是否有专门的营养配餐人员进行食谱的研究制定，等等。

误区2：多教东西的幼儿园好

专家认为，幼儿阶段重在全面发展，对兴趣的培养不能过早定向，过多偏重一个项目必然影响其他潜能的发现和发展。3~6岁不是宝宝抽象思维的发展期，宝宝的主要任务不是学习抽象的知识，而是玩耍，应该让他在快乐的游戏中发展语言、思维、想象、动作等方面的能力以及反应的灵敏度。事实上，幼儿园生活主要培养宝宝健康良好的个性人格和生活自理能力，开发智力并挖掘宝宝的各种潜在能力。提醒妈妈们注意，每个幼儿园在办园特色上都会有所偏重，如双语、音乐、体育、艺术等，但其主旨应该是培养有益于宝宝终身发展的品质，锻炼宝宝的学习能力与专注力，激发他对学习的兴趣，这些比多学几个英文单词、几首唐诗重要得多。

误区3：老师年轻比年长好

年轻一些的老师精力自然会比较充沛，教学理念上也较新。但别忘了，年长的老师拥有更丰富的教学经验，往往在教育的尺度上拿捏得当。专家认为，一支成熟的幼教队伍应该既有刚毕业的年轻老师，又有年富力强的中年老师，相互取长补短，共同促进孩子的成长。建议妈妈在选择幼儿园的时候对老师的人品、性格、专业技能等方面进行详尽了解。应该注意，老师除了要有一定资历外，更重要的是对宝宝有爱心、和蔼可亲、言谈有礼、尽职尽责，否则让宝宝得到最好的启蒙教育，只能是一句空话。

第2周第1天

营养：鱼是肉类食物的首选

1.吃鱼比吃肉好

一般来说，在确保肉类安全的情况下，首选的是一条腿动物的肉（鱼肉），其次是两条腿动物的肉（禽肉），最后才是四条腿动物的肉（畜肉）。鱼肉的脂肪含量只有3%～6%，远远低于猪肉等其他肉类，而且主要成分是长链不饱和脂肪酸，对健康更有利。鱼类蛋白质含量约为15%～20%，主要分布在鱼肉中，以单位重量计算，鱼肉的蛋白质含量超过牛奶及鸡蛋，可与牛肉和猪肉相比。在蛋白质的氨基酸组成上，鱼肉蛋白质的氨基酸组成比例较牛肉、猪肉、羊肉等更接近于宝宝的需要，其营养价值更高。由于鱼肉的肌纤维较短，肌球蛋白和肌浆蛋白之间的联系疏松，比畜肉蛋白更易消化。所以，虽然鱼肉多刺，但是仍然不妨碍它成为宝宝的首选肉类食品。

2.解决鱼刺烦恼的小妙招

许多人都知道鱼的营养非常丰富，对宝宝的生长发育非常有利，但对于吃饭还不熟练的宝宝来说，鱼刺是一个很大的烦恼，轻则让宝宝吃得又慢又麻烦，重则影响宝宝的食欲，甚至让鱼刺进入气管，带来危险的隐患。一般来说，父母可以挑选一些鱼刺较少、较大的鱼进行烹饪，可以给宝宝选择罗非鱼、银鱼、鳕鱼、青鱼、鲶鱼、黄花鱼、比目鱼、马面鱼等，这些鱼肉中几乎没有小刺。吃带鱼时先去掉两侧的刺，就只剩中间与脊椎骨连着的大刺了，也很好剔；吃鲈鱼、鲫鱼、鲢鱼、胖头鱼、武昌鱼时，可让宝宝吃鱼腹肉，没有小刺，可以放心给宝宝吃。此外，还可以采用多种多样的烹调方法，消除鱼刺烦恼，比如将鱼肉做成鱼丸：将鱼肉去刺，斩泥，加入蛋清、食盐、淀粉等，做成鱼肉泥再挤成丸子，宝宝吃起来就方便多了。

3.海鱼和河鱼都要吃

很多家长都认为海鱼比河鱼有营养，所以喜欢经常买海鱼给孩子吃。其实，海鱼除了口感比较好之外，主要的营养价值与河鱼大同小异，所以，没有必要只认海鱼而忽略了河鱼。此外，不管是河虾还是海虾的虾仁都是热性的，如果孩子内火比较重的话，不适合吃太多的虾仁，但虚寒的孩子就可以适当多吃一点儿。

营养：适合宝宝食用的鱼

第2周 第2天

1.鳕鱼

鳕鱼属于冷水性底层鱼类，营养比较丰富，每100克鳕鱼肉含有16.5克蛋白质、0.4克脂肪，富含维生素A、维生素D、钙、硒等营养元素，尤其含有丰富的镁元素，对心血管系统有很好的保护作用。此外，它还是提取鱼肝油的重要原料。而且鳕鱼的口感好，肉质白细鲜嫩，清口不腻，鱼骨较大，鱼刺很少，容易剔除干净，宝宝不容易被卡住。但值得注意的是，选购鳕鱼时要选择正规的渠道，防止买到假冒鳕鱼的油鱼。油鱼因其脂肪特别，人体食用后难以消化，极易引起腹泻。

2.三文鱼

三文鱼属于冷水鱼类，享有“水中珍品”的美誉，具有很高的营养价值。它的热量很低，蛋白含量高，还含有多种维生素以及钙、铁、锌、镁、磷等矿物质，并且还含有丰富的不饱和脂肪酸，不仅对宝宝的大脑发育有促进作用，还能促进宝宝的视力发育。需要特别注意的是，一定要为宝宝挑选新鲜的三文鱼，注意鱼鳞要透亮有光泽，鱼皮要黑白分明，鱼鳃要色泽鲜红，鳃部有红色黏液，鱼肉的肉质要结实、有弹性。三文鱼含有较多的水分和脂肪，所以用于烹制热菜时加热的时间不宜太长，否则成菜后肉质会干硬，吃起来口感不佳。

3.鲫鱼

鲫鱼不但营养丰富，而且有食疗的作用。久咳不愈的孩子可以用鲫鱼汤治疗，鲫鱼具有健脾、润肺、止咳的功效。妈妈可以买鲜活鲫鱼150克，去肚杂洗净，加适量猪油、盐调味儿；入水煮熟，再加葱白1根，生姜1片，鲜薄荷20克，水沸即可。把汤、肉一起给宝宝吃，每天服1次，连服3～5天。在鲫鱼汤中加葱白、生姜可以通阳散寒和胃，薄荷可疏风解表。

4.多脂鲜鱼

食用诸如大马哈鱼、金枪鱼和鲭鱼类多脂鲜鱼可减少儿童罹患哮喘的几率。据专家的观察，每周食用一次多脂鲜鱼，可使哮喘发作率减少75%，奥妙在于鲜鱼脂肪中含有一种特殊脂肪酸，具有一定的抗炎作用，可通过防止呼吸道发炎而阻止哮喘发作。

第2周第3天

营养：鱼类的选购与制作技巧

1.买鱼时要注意的问题

采购鱼虾类食物要做到一看、二摸、三嗅。观看鱼是否有本身固有的色泽、黏液少；虾不掉头、虾身完整、不变红；鱼不掉鳞，鱼鳃盖紧闭，质坚，鱼身富有弹性，闻不出异味儿。凡不新鲜、有腥臭味儿的鱼都不要购买。肉质要有弹性，鱼鳃呈淡红色或鲜红色，眼球微凸且黑白清晰，外观完整，鳞片无脱落，无腥臭味儿。

2.存放鱼类要注意的问题

对宝宝来说，新鲜的鱼肉才是最有营养的，最好买回来就吃。但如果不得不存放，根据计划存放的时间，可采用低温存放或加入食盐腌放的方法。-1℃左右一般可保存5～14天，存放在-25℃～-40℃左右一般可保存6个月或以上；采用加入食盐腌制方法时用盐量不要低于15%～30%。

3.做鱼要注意的问题

无论哪一种鱼类，没烧透绝对不能让宝宝吃。经常吃未经煮熟的鱼或生鱼有可能患寄生虫病，出现食欲不振、腹疼、肝肿大、黄胆以及浮肿等症，严重的会引起腹水。因此，家长在做鱼时一定要煮熟烧透，不能让宝宝吃生鱼和没有烧透的鱼。

另外，做鱼方法正确可以摄取更多的钙质。鱼类矿物质含量约为1%～2%，比畜肉高，其中锌的含量极为丰富，钙、钠、氯、钾、镁的含量也较多，但钙的吸收率较低。如果将鱼烹调成酥鱼，所含钙和磷的利用率可大大提高。

4.吃鱼要注意的问题

鱼含有丰富的蛋白质和钙等营养物质，如果与含有较多鞣酸的水果同吃，会降低蛋白质的营养价值，而且容易使海味中的钙质与鞣酸结合，形成一种新的不易消化的物质。含有鞣酸较多的水果有柿子、葡萄、石榴、山楂、青果等。二者间隔两小时左右进食可避免不利影响。另外，宝宝在吃鱼虾类食物时也要极力避免与任何富含维生素C的食物同食，以免原本无害的砷类在维生素C的作用下转化为有害的砷，导致食物中毒。

营养：为宝宝做几道鱼虾美食

第2周第4天

1.黄鱼豆腐羹

原料：小黄鱼150克，南豆腐50克，鸡蛋50克，花生油10克，精盐8克，料酒5克，葱、姜、蒜各5克，白砂糖3克，生粉3克。

做法：（1）葱姜蒜洗净切片，豆腐切片，黄鱼去鳞、鳃和内脏，洗净晾干；（2）黄鱼去骨片成鱼片，加料酒、盐、糖、生粉略腌；（3）油锅烧热，葱姜蒜爆香，加入鱼骨煎熟，放水，大火烧开后小火慢炖，待汤发白后将鱼骨捞出，加盐调味；（4）将鱼片倒入锅中，小火煮开后放入豆腐，勾薄芡，打入蛋花即可。

营养提示：黄鱼富含优质蛋白质、维生素和矿物质，尤其微量元素硒含量丰富。硒与重金属如汞、镉、铅等具有很强的亲和力，可在体内与之结合而解毒并促进重金属排出；硒还是一种具有较强抗氧化功能的营养素，能够增强机体的抗氧化能力，有效保护机体不受自由基损害。

营养成分：蛋白质37.2克，脂肪20.1克，碳水化合物10.5克，维生素A393国际单位，维生素$B_1$0.13毫克，维生素$B_2$0.22毫克，尼克酸4.1毫克，维生素C1毫克，维生素E8.78毫克，钙214毫克，铁3.9毫克，锌2.43毫克，硒92.62微克。

2.美味虾丸汤

原料：海虾200克，黄瓜50克，蛋清20克，香葱10克，生姜5克，盐10克，芝麻油5克，淀粉5克。

做法：（1）葱姜洗净，黄瓜洗净切小片；（2）海虾洗净去壳，去沙袋及虾肠线，把虾仁、葱、姜一起用刀背剁成虾蓉；（3）将虾蓉放入碗中，加入蛋清、盐、淀粉适量，用打蛋器向同一个方向快速用力搅拌，直至感觉到虾肉出现弹性；（4）高汤煮开，用调羹将虾蓉攒成一个个小丸子状放入锅中，加入黄瓜，煮开后用盐调味；（5）关火后锅中滴入芝麻油即可。

营养提示：虾类是蛋白质的良好来源，含量高达20%，且消化吸收率很高，同时富含钙、锌、镁、维生素E、牛磺酸等。其中牛磺酸对促进宝宝神经系统发育、保护心脏功能意义重大。

营养成分：蛋白质36.7克，脂肪6.3克，碳水化合物10.2克，维生素$B_2$0.18毫克，尼克酸4毫克，维生素C7毫克，维生素E9.3毫克，钙317毫克，铁7.1毫克，锌3.06毫克，硒114.68微克，镁107毫克。

第2周第5天

营养：鲜香软嫩鱼肉宴

1.番茄鱼

原料/调料：净鱼肉100克，番茄70克，精盐少许。

做法：（1）将收拾好的鱼肉放在开水里煮一下，除去刺和鱼皮。（2）番茄用开水烫一下，剥去皮，切成碎末。（3）将鸡汤或热水倒到锅里。加入鱼肉同煮。（4）稍煮以后加入切好的番茄、精盐，再用小火煮成糊状。

营养提示：含丰富的蛋白质、钙、鳞、铁、维生素C、维生素B_1、维生素B_2。

2.苋菜鱼肉饭仔

原料/调料：米3汤匙，蒸熟的鱼肉1汤匙或适量，苋菜1～2棵。

做法：（1）鱼蒸熟后（最好选鱼脯，因鱼脯无幼骨），拣出鱼肉弄碎。（2）苋菜洗净，放入滚水中焯软捞起，滴干水剁细。（3）米洗净，加入浸过米面的清水浸1小时。（4）水1杯或适量，放入小煲锅内煲滚，放下米及浸米的水煲滚，慢火煲成浓糊状的烂饭，放下苋菜搅匀煮粘，下鱼肉及极少的盐搅匀，煲滚即可。

营养提示：苋菜所含的铁质、钙质、蛋白质均非常丰富，同时，苋菜的梗和叶都比较柔软，很适合宝宝食用。

3.鱼肉水饺

原料/调料：鲜鱼肉50克，面粉50克，肥猪肉7克，韭菜15克，香油、酱油、精盐、味精、料酒各少许，鸡汤25克。

做法：（1）将鱼肉（去刺）、肥肉洗净，一同切碎，剁成末，加鸡汤搅成糊状，再加入精盐、酱油、味精，继续搅拌成糊状，加入韭菜（洗净切碎）、香油、料酒，拌匀成馅。（2）将面粉用温水和匀，揉成面团，揪成10个小剂子，擀成小圆皮，加入馅包成小饺子。（3）锅置火上，倒入清水，水开后下入饺子，边下边用勺在锅内慢慢推转，待水饺浮起后，见皮鼓起捞出即成。

营养提示：含有宝宝生长所必需的优质蛋白质、脂肪、维生素B_1、维生素B_2、尼克酸及钙、磷、铁、碘等营养素，宝宝经常食用有助于生长发育。

早教：帮助宝宝尽快适应幼儿园

第2周 第6天

1.营造氛围让宝宝喜欢幼儿园

决定送宝宝上幼儿园后就可以有意识地给宝宝灌输一些概念了，比如，当宝宝做了一件值得表扬的事，就告诉他："宝宝真棒，再大一点儿就可以去幼儿园了。"让宝宝体会到，长大了、表现好才能去幼儿园，在那里可以唱歌、跳舞、做游戏，还有很多小朋友和好玩的玩具。一般来说，宝宝对爸爸、妈妈上班都有概念，所以把幼儿园描述成宝宝上班的地方也是好办法，宝宝会很好奇，也很容易接受。这些看似简单的概念，其实是帮助宝宝形成主动意识——是宝宝需要去幼儿园，而不是被逼着去幼儿园的。

2.理智对待宝宝的哭闹问题

刚到幼儿园时大多数宝宝都会哭天喊地的，妈妈看在眼里、疼在心上。这样做是不可取的。送完宝宝，后妈妈最好坚定地离开。其实，妈妈走后大多数宝宝就没事了，老师会有很多方法平息宝宝的情绪。只要宝宝不生病就应该坚持送幼儿园，千万不要因为哭闹而中断。

"不听话就送你去幼儿园，把你全托"这样"灰色"的语言不可取，只会让宝宝认为幼儿园是个可怕的地方，更不愿意去了。每天接宝宝时最好抱一抱、亲一亲，肌肤之亲可以安抚宝宝的分离焦虑，向他反复强调父母的爱。有的宝宝从幼儿园回家后会变得爱发脾气、闹情绪，让父母不知所措。这是因为幼儿园规矩多，宝宝感到憋得慌，比如想玩玩具时老师不让，不想睡觉时非让睡觉。而家是最温暖舒适的港湾，宝宝回家后释放出来是好事，比憋在心里强。如果宝宝出现的烦躁、哭闹超乎寻常，父母则要主动与老师沟通，了解宝宝在幼儿园的情况。

3.保持规律的生活

节假日里，父母总想对平时无法陪伴宝宝加以补偿。于是想方设法带他出去玩，给他买很多好吃的、好玩的。这样的心情可以理解，但方式要恰当才会有益于宝宝。在家的生活，如用餐时间、活动时间、午休时间、晚上睡觉时间……最好与幼儿园生活同步。否则，宝宝回到幼儿园又得重新适应，增加适应的过程。不要放纵宝宝，按照幼儿园的教育方式帮他慢慢养成良好习惯。

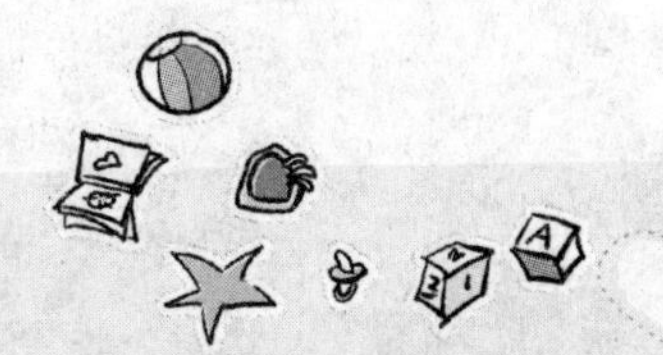

第2周第7天

早教：培养伶牙俐齿的宝宝

有的宝宝学说话比较晚，说话连不成句，稍微复杂一点的句子就说不出来了，孩子急得满头大汗，家长在旁边也是心急如焚。其实，家长不必太着急，要逐渐提高宝宝的语言能力，帮助宝宝进步，让宝宝从“磕磕绊绊”到“伶牙俐齿”。

儿童语言的发展是先接受（听）然后表达（说）。在学会说第一个词之前，儿童已经听了很长时间。将两个甚至更多的词按一定规则组织起来连成句子，然后表达出来，这远比说独立的词要难得多，需要更长的准备阶段。

说话成句不是简单地把词拼凑起来，最重要的是运用一定的规则，而规则的掌握不是通过简单模仿就可以实现的。儿童必须在已有语言素材的基础上，自行发现并学会连词成句的规则。如果宝宝的理解以及单个词汇的表达都没有问题，也能够连续说出两个词表达自己的所见所想，那么可以基本确定宝宝的语言能力正常。

在这种情况下，家长一定要有足够的耐心，给宝宝一点时间，允许他按照自己的步调加工、处理已有的素材，并发现和掌握特定的规则。同时，当宝宝表达遇到困难时，给予积极鼓励和必要的提示，不要强求一步到位。

语言是思维的工具和载体，语言能力强确实能表明宝宝的智力发展比较好，另一方面，提高宝宝的语言能力，也是发展智力的一个重要途径。要让宝宝变得伶牙俐齿，可以从以下几方面入手：

◎尽量多给宝宝说话的机会。让宝宝自己说出自己的需要、做力所能及的事情，就是给他主动进行口语交流的机会。注意多鼓励宝宝说话，多与宝宝交流，尽可能给他提供更多说话的机会。

◎多带宝宝到大自然中，或一同看动画片，或参观一些宝宝感兴趣的展览，使亲子间有丰富的谈话内容。

◎进行口语游戏，如词语接龙等，可以丰富宝宝的词汇积累。玩抢答问题、正反话对答等游戏，则可以锻炼宝宝快速的语言反应能力，让他更加伶牙俐齿。

◎每天一定给宝宝至少讲一个故事，和宝宝一起续编故事，把他讲的故事记录下来，再念给他听，更能提高他讲故事的兴趣。

营养：给宝宝冲奶粉要注意的问题

第3周 第1天

1.用矿泉水冲奶粉好吗

有些家长认为矿泉水比自来水干净、安全，用矿泉水冲奶粉，宝宝喝了更安全。其实，矿泉水矿物质含量较多且复杂，宝宝肠胃消化功能还不健全，如果磷酸盐、磷酸钙摄入过多会引发消化不良和便秘。目前家庭用自来水都经过了科学的处理，质量符合标准，自来水煮沸后放凉至50℃左右，再用来冲奶粉就可以了。

2.能用纯净水冲奶粉吗

纯净水失去了普通自来水的矿物元素，而人对普通自来水中钙的吸收率可以达到90%以上，所以不宜用纯净水冲奶粉。

3.能用高汤、米粉等冲奶粉吗

冲奶粉时应该用白开水，不要添加其他任何饮品，包括果汁、米粉、高汤，都会改变奶粉配方，降低其营养成分，等于减少了奶量，不仅无法增加营养的吸收，反而会适得其反。人体内含有各种蛋白质、脂肪、糖分和电解质，各种成分的浓度都必须维持一定的比例，尤其是电解质，稍有差错就会导致疾病。即使是营养丰富的鸡汤、骨头汤也不能用来冲泡奶粉，奶粉中加入高汤其浓度会加倍，宝宝长期喝这种高浓度的奶，对血液、肾脏都是有害的，因此父母一定要慎重。

4.奶粉中加巧克力好吗

有的父母怕宝宝营养不够，常常在牛奶中放些溶化的巧克力或吃奶后再给孩子巧克力吃，这是很不科学的。因为牛奶中的钙与巧克力中的草酸结合之后可形成草酸钙，草酸钙不溶于水，如果长期食用容易使宝宝的头发干燥而没有光泽，此外还会经常腹泻，并出现钙摄入不足和发育缓慢的现象。

5.冲奶粉时能加入果汁吗

如果要在冲牛奶时添加其他饮品，还不如选择不同的时间让宝宝单独喝，这样两者的营养不会形成冲突。尤其是果汁，决不能与牛奶兑在一起，因为果汁中含有草酸，遇到牛奶中的钙会结合成不易吸收的草酸钙，在人体内沉淀。如果不是新鲜果汁，而是在市面上购买的合成果汁，可能含有防腐剂，就更不宜在喂奶时给宝宝饮用了。

第3周第2天

健康：了解手足口病的发病原因

手足口病是一种全球性的常见传染病，全球大部分地区均有手足口病流行的报道。手足口病是由肠道病毒感染引起的临床症候群，是一种急性传染病，可通过食物、水、唾液、空气等媒介，经肠道、呼吸道或皮肤接触传播，目前还没有针对此病的预防针。在手足口病流行期间，可发生托幼机构集体感染和家庭聚集发病现象。由于肠道病毒传染性强、传播速度快、传播途径复杂、隐性感染比例大，常常可以在短时间内造成较大范围的流行或爆发。

引发手足口病的肠道病毒有20多种，包括柯萨奇病毒A组、肠道病毒EV71型等。根据国内外资料，与其他肠道病毒引起的手足口病相比，由肠道病毒EV71型感染引起的疾病发生重症感染的比例较大，病死率也较高，重症病例病死率可达10%~25%。但由于肠道病毒EV71型感染临床表现多样，临床上缺乏简便、快捷的诊断方法，所以肠道病毒EV71型感染的诊断比较困难。

引起手足口病的病毒在湿热环境下容易生存和传播，因此该病虽然一年四季均可发病，但以夏秋季多见，一般在六七月份出现发病高峰，冬季发病较为少见。5岁以下儿童是手足口病的高发人群，其中3岁以下婴幼儿发病最多。环境卫生、食品卫生差，个人卫生习惯不良易发病。

人群密切接触是重要的传播方式，儿童通过接触被病毒污染的手、毛巾、手绢、牙杯、玩具、食具、奶具以及床上用品、内衣等引起感染。患者咽喉分泌物及唾液中的病毒可通过空气（飞沫）传播，故与生病的患儿近距离接触可造成感染。饮用或食入被病毒污染的水、食物也可发生感染。家长可能是传染源。成人被病毒感染后，由于抵抗力比较强，或者小时候曾经感染过而获得了免疫力，因此不会发病，但在护理孩子的过程中，却能把病毒传播到孩子身上。尤其是在给孩子喂食的过程中，如果不注意卫生，更容易把病菌传染给孩子。

健康：学会分辨手足口病的症状

第3周 第3天

1.手足口病典型症状

手足口病具有肠道病毒感染的共同特征，从最常见的无症状或仅有轻度不适，至严重的并发症甚至死亡都可以发生。

潜伏期一般3～7天，没有明显的前驱症状，大多是急性发病。部分患儿初期有轻度感冒症状，如咳嗽、流鼻涕等。约半数患儿于发病前1～2天或发病时发热，多在38℃左右。皮疹主要侵犯手、足、口、臀4个部位，口腔黏膜疹出现比较早，主要位于舌及两颊部，唇齿侧也常发生；手、足、臀等远端部位出现或平或凸的斑丘疹或疱疹，呈圆形或椭圆形扁平凸起，内有混浊液体，一般不疼、不痒，愈合后不留疤痕。

也有患儿不发热，只表现为手、足、口、臀部的皮疹或疱疹性咽峡炎，这种情况一般病情较轻。由于口腔溃疡疼痛，患儿常常拒绝进食。大多数患儿在1周以内体温下降、皮疹消退。

病发过程中很容易感染其他病毒和细菌，诱发病毒性肺炎、心肌炎、脑炎甚至败血症等并发症，个别重症患儿病情进展迅速，如果不及时治疗可危及生命。

2.不要把手足口病误认为是水痘

夏季是手足口病的高发期，也是水痘的高发期，两者都是长痘痘、可传染的疾病，且侵袭对象也多为3岁以下婴幼儿，如何区分两者，很多家长不清楚。

水痘疱疹是全身性的，一般遍及全身，最密集的部位则是前后胸、腹背部，此外，头面部、头皮上、脚底下，手指和手掌上也可出现。在发热的同时或是第2天即可出现米粒大小的红色痘疹，个头稍大且皮薄，有痒感。在几小时后，痘疹就变成明亮如水珠的疱疹。病程一般为1～2周。

手足口病的疹子主要分布在手、脚及口腔，躯干很少，个小且颜色更红些，痒感不明显。手足口病在低热的同时还有流涕、厌食、咽痛、腹痛等全身症状。口腔黏膜上的疱疹大约1毫米～3毫米大小，是散在分布的，疱破后即变成浅浅的糜烂、溃疡，灼痛感很明显；手心、足趾背面等易摩擦部位出现的一般是红色斑丘疹或水疱，从几个至几十个不等，病程一般为7～10天。

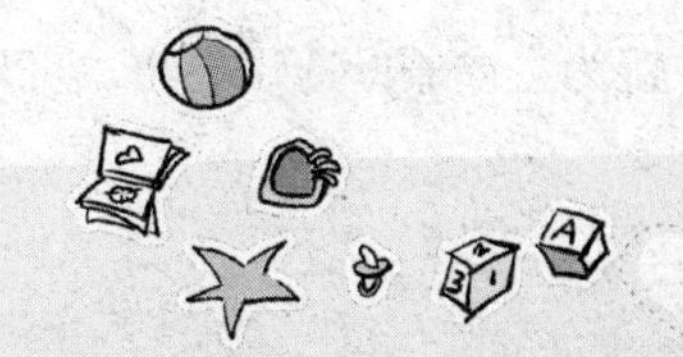

第3周 第4天

健康：中医治疗手足口病

依目前的药物疗效来看，中药方的效果比较好。中医常以内服药和外用药相结合，无并发症的患儿一般1周左右可治愈。

1.初期治疗

初期主要表现为发热、微恶风、咳嗽、鼻塞流涕，甚至食欲差、恶心、呕吐、泄泻等，舌苔薄白，治疗宜清凉解表、疏散风热，可采用银翘散方剂：连翘9克、金银花9克、桔梗9克、薄荷9克、竹叶4克、荆芥穗9克、淡豆豉6克、牛蒡子9克、生甘草6克，水煎服。在银翘散的基础上根据患者临床症状灵活地进行加减治疗：为使疱疹早透而出，可加升麻6克、葛根10克；肌肤瘙痒甚者，可加蝉蜕3克、浮萍6克，解肌透表；发热高者可加野菊花10克清热解毒。

2.中期治疗

中期常表现为发疹，主要症状为口痛拒食，手足皮肤、口咽部出现大量疱疹，局部瘙痒，伴有发热、烦躁不安、夜寐不宁，尿黄赤，大便干结或便溏，舌红、苔多黄腻。治疗以清热解毒祛湿为主或兼以透疹外出。可用金银花10克、连翘5克、栀子8克、防风8克、蝉蜕6克、紫草8克、桔梗8克、滑石10克、车前子6克，水煎服。发热咽痛者可加适量柴胡、玄参；口唇干燥加芦根、金银花、板蓝根、连翘各6克，黄连3克，煎水漱口；对付皮肤疱疹可用苦参、野菊花、紫草、地肤子各30克，加水3000毫升，煎至2000毫升，凉至35℃～38℃，泡洗手足臀部10～15分钟；对付口疼、牙龈肿可用板蓝根10克，黄芩、白藓皮各6克，双花3克，竹叶、薄荷各2克，煎水含漱；对付口咽部疱疹可用西瓜霜吹敷口腔患处，或口腔炎喷剂喷患处，每日2次；手足红肿明显可用黄芩、黄连、丹皮各10克，红花6克，煎水浸泡；如果感觉瘙痒可用生地、丹皮、板蓝根、白藓皮、地肤子各10克，忍冬藤20克，红花6克，煎水清洗患处，每日3次，连用1周。

3.后期治疗

在疾病康复期，对于口干咽痛的孩子可在沙参麦冬汤方剂里加生地黄、芦根养阴生津，清热润咽。还可在医生指导下服用一些中成药，如板蓝根冲剂、小儿咽扁冲剂、清开灵口服液等。

健康：手足口病的居家护理

第3周第5天

1.立即隔离

宝宝患病后应留在家中，暂停去幼儿园，避免传染给他人，也防止再感染其他疾病。直到热退、皮疹消退及水疱结痂，一般需隔离2周。

2.彻底消毒

除了酒精无效外，其他漂白粉、84消毒液等含氯的消毒液基本都能够有效地杀死病毒。餐具用250毫克/升含氯消毒剂溶液浸泡30分钟。生活用具、玩具、校舍、书籍用500毫克/升含氯消毒剂溶液擦拭消毒，作用时间30分钟；或用0.3%过氧乙酸作用60分钟，或用紫外线灯直接照射30分钟。50℃就能够杀死手足口病病毒。患儿衣服、被单在阳光下暴晒或煮沸20分钟，或用500毫克／升含氯消毒剂浸泡30分钟。患儿粪便可用生石灰以1：1的比例与其搅拌均匀，然后倒掉。盛放排泄物的容器用500毫克／升含氯消毒剂浸泡120分钟。生活污水用50毫克/升含氯消毒剂作用120分钟。垃圾用1000毫克/升含氯消毒剂溶液喷雾作用120分钟。

3.充分休息

应卧床休息1周，多饮温开水。

4.合理饮食

饮食宜清淡、可口、易消化，口腔有糜烂时可以吃一些流质食物。禁食冰冷、辛辣、酸咸等刺激性食物。

5.皮肤护理

应保持口腔清洁，预防细菌继发感染。每次餐后用温水漱口。口腔有糜烂时可涂金霉素软膏、鱼肝油，也可把西瓜霜涂于口腔溃疡处，每天2～3次。患儿衣服、被褥要清洁，衣着应宽大、柔软。床铺应平整干燥。剪短患儿指甲，必要时包裹患儿双手，防止抓破皮疹。臀部有皮疹的患儿，家长应随时清理其大小便，以保持其臀部清洁干燥。疱疹破裂者局部可涂擦1%龙胆紫或抗菌素软膏。

6.发热的处理

手足口病一般为低热或中等热度，无须特殊处理，可让患儿多饮水。如体温超过38.5℃，可在医生指导下服用退热剂。

第3周第6天

早教：智力游戏帮宝宝识数

数学是思维的体操，能提高思维力。只是数学比较抽象，对于多数宝宝来说，数学很难学。但是如果方法正确，宝宝一样会有兴趣，学习也会有效果。对两三岁的宝宝可以进行最粗浅的数概念的训练活动。比如，手指游戏“1、2、3、4、5……”和宝宝玩扑克（去掉10以后的几张）或者动物棋子，这样既能让宝宝动脑筋学习加减问题，还能帮助他认识数字。日常生活中，每当给他食物或者玩具时，可以数着给他，一边给他，一边说“1个、2个、3个……”让他也伸出小手指头数一数。只要宝宝数数或计算正确，一定要及时给以鼓励或物质奖励，以提高他的学习积极性。

3岁前的宝宝很多只能真正理解掌握比他的年龄多1的数字。因此，家长不要急于求成，让宝宝识认很多数，反而不利于数概念的形成。要让宝宝对数产生概念，可以通过以下方式来引导宝宝：

在日常生活中引导宝宝手口一致地点数实物。比如，吃饭前让宝宝负责分发餐具，要求他数清楚家里有几个人，需要多少餐具等。让宝宝给大家分水果，问问他：“给妈妈拿走一个，盘子里还剩几个？”“盘子里有一个苹果，妈妈又放进来一个，现在有几个？”这样的游戏可以帮助他理解一些基本的数学概念。

利用实物、图片进行游戏。如收集一些小药盒、图片、数字棍等，和宝宝一起摆，互相提出要求“像我一样多”，边摆边数，数与物对应，帮宝宝从具体到抽象地理解数的含义。把小东西放进口袋或盒子里，让宝宝一边用手摸、一边唱数拿出的东西。

让宝宝玩手指游戏。鼓励宝宝数数每个人有几只手，每个人有几个大拇指（小手指），每个人一共有几个手指等。

跟宝宝说数字儿歌。比如“12345，上山打老虎，老虎打不到，碰到小松鼠，松鼠有几只，12345”；顺数、倒数歌“123，321，12345，54321……”这些儿歌节奏明快，朗朗上口，容易记住，又能边唱边玩，边数边念，有助于激发宝宝对数字的兴趣。

早教：宝宝迷上动画片怎么办

在成人的世界里，人们处于对某个人的崇拜和喜爱，处处都是“粉丝”。可是，有时候，宝宝也会成为动画片的小“粉丝”。这会对宝宝产生什么样的影响呢？对这种情况，家长应该怎么看待和处理呢？

很多宝宝都会在童年时代成为某一偶像的忠实“粉丝”，尤其是动画片中的虚拟偶像，他无所不能、神通广大，几乎让宝宝崇拜得五体投地，成为心目中的大英雄。家长担心这样对宝宝会有不良影响。

确实如此，过分沉迷于虚拟偶像，会减少宝宝对现实世界的关注与学习，家长需要帮助他增强对现实生活的热爱与理解。现在独生子女家庭，很多父母都很忙，亲子游戏和交流的时间少，因此宝宝与电视交流的时间就多了，奥特曼之类的偶像就占据了宝宝的心灵，而且好战好勇的奥特曼会让宝宝“动”起来，这对总在家坐着看电视的宝宝也是一个刺激。所以，家长带宝宝多游戏、多运动，才能满足宝宝的正常心理需求。

特别提醒家长，不要立即割断宝宝与偶像之间的关系，这会让他产生孤独感和挫败感。家长应该暂时顺应与他玩奥特曼游戏，渐渐地家长给宝宝投入的时间和精力多了，宝宝就会走出盲目崇拜的误区，逐渐对真实世界关注和友好起来。

还有的宝宝直接进入了剧情，把自己当成了剧中的卡通形象。例如，有的宝宝看了动画片《爱丽丝梦游仙境》之后，就把名字改成爱丽丝了，并对其他的称呼一概不理。对这种情况，家长不必惊慌，也不必着急纠正，而是配合宝宝，让宝宝在家里假扮爱丽丝，满足宝宝是爱丽丝的要求。当宝宝是“爱丽丝”的愿望在家里得到满足后，他会渐渐地不计较在外面别人不和他玩“爱丽丝”的游戏，会渐渐做回原来的自己，而不把自己假扮成“爱丽丝”了。

在这个年龄阶段，宝宝们花很多时间玩想象的游戏，同时，他们很难分辨现实和想象。但是不要担心，这是正常的。随着宝宝们一天天的长大，他们的思想活动会越来越成熟起来。

第4周第1天

营养：为宝宝做几道蘑菇美食

蘑菇不仅以其独特的外形吸引宝宝的注意，其鲜美的口感更能令宝宝胃口大开，不同的蘑菇还有不同的营养价值，美味又营养的蘑菇大餐一定会让宝宝爱不释口，快来试试看吧！

1.蘑菇沙拉

原料：口蘑6个，草菇3朵，金针菇1小袋，奶油生菜3片，橄榄油，盐，黑胡椒。

做法：（1）将所有的蘑菇泡水20分钟后彻底清洗干净；（2）口蘑切片，草菇撕成条，金针菇切去老根后切段，煮熟；（3）将橄榄油、盐放入蘑菇中，并研磨微量的黑胡椒，搅拌均匀；（4）将搅拌均匀的蘑菇放入盘中铺好的奶油生菜上即可。

2.蘑菇蝴蝶面

原料：蝴蝶面，香菇3朵，鸡腿菇4支，木耳5朵，豆芽，鸡汤。

做法：（1）将香菇、鸡腿菇洗干净，切片；（2）豆芽洗净沥去水分，木耳清洗干净、切碎；（3）将蝴蝶面用鸡汤煮熟，然后将蔬菜放入煮熟；（4）最后用盐调味即可。

3.蘑菇鸡蓉粥

原料：香菇3朵，口蘑2个，鸡胸肉，胡萝卜1/2个，粳米。

做法：（1）鸡肉剁成肉末状炒熟；（2）香菇、口蘑、胡萝卜洗净，切成细细的丝；（3）锅中热油，将1和2中的原料炒熟；（4）将炒好的原料放入熬好的粳米粥中即可。

营养提示：营养均衡，宝宝经常食用可提高免疫力。

4.火腿蘑菇煎蛋卷

原料：口蘑6朵，鸡蛋2个，儿童火腿1根，盐，番茄酱。

做法：（1）口蘑洗净，和火腿一起切成小丁；（2）鸡蛋打散，放入微量的盐和口蘑丁、火腿丁；（3）平底锅内放适量油，将蛋液放入摊成蛋饼，摊好后将蛋饼卷起，挤上番茄酱装饰调味。

营养：南瓜、芝麻营养多多

第4周第2天

1.宝宝吃南瓜的好处

南瓜含有丰富的糖分，较易消化吸收。南瓜富含β-胡萝卜素，而且味道清甜，质地软烂，不仅能给宝宝补充各种丰富的营养素，而且很符合宝宝喜甜的口味。在烹调时不必加糖宝宝就很爱吃，咀嚼起来也不费劲儿，吃起来很容易。南瓜所含的β-胡萝卜素可由人体吸收后转化为维生素A，是维生素A的主要供给源。南瓜含丰富的维生素E，能帮助脑垂体荷尔蒙分泌正常，使宝宝生长发育维持正常的健康状态。

常吃南瓜还可使大便通畅、肌肤丰美，所以年轻的妈妈可以和宝宝一起食用南瓜。南瓜除做成汤、糊外，还可以煮粥、蒸食、煮饭等。另外，生南瓜子还可用于儿童绦虫病的治疗。

2.宝宝吃芝麻的好处

芝麻中含有较多的铁、钙、磷、蛋白质、脂肪等营养素，每100克芝麻含铁50毫克、钙564毫克、磷368毫克、蛋白质22毫克、脂肪62毫克，具有补血、补钙、补磷、促进神经系统发育及降低胆固醇的作用，此外，芝麻对宝宝头发的生长也特别有好处。

中医也认为芝麻味甘性平，有补肝益肾、润燥通便之功效，宝宝适量食用芝麻对生长发育大有好处。需要注意的是，家长最好不要为了贪图方便、快捷，给宝宝购买市面上成品的芝麻糊，因为市面上的芝麻糊大多是针对成年人的身体需要所设计的，而且可能含有一些添加剂，不利于宝宝的健康。其实，自己在家中给宝宝制作芝麻糊也很简单，不是什么麻烦事。可以在家里将芝麻磨成粉后用水冲调给宝宝吃。另外，还可以把芝麻做成牛奶芝麻粥，把牛奶煮沸，加入少量白糖，最后把芝麻末慢慢倒入牛奶中，一边倒一边用勺子搅动，又香又甜的牛奶芝麻粥就做好了。不过，由于芝麻有滑肠通便的作用，所以当宝宝患上感冒或者有便稀、腹泻时就不要吃芝麻了，以免加重宝宝的病情，适得其反。

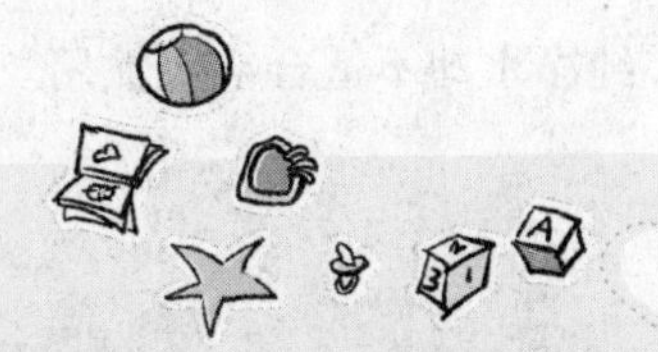

第4周第3天

健康：宝宝喝水有禁忌

父母们要注意，宝宝的各个器官都未发育成熟，大人们适合饮用的东西很多都不适合宝宝，甚至会对宝宝的身体有不利影响。

1.不给宝宝喝饮料

◎兴奋剂饮料如咖啡、可乐等。这类饮料含有咖啡碱，对宝宝的中枢神经系统有兴奋作用，影响脑的发育。

◎酒精饮料。酒精会刺激宝宝的胃黏膜、肠黏膜，对其造成损伤，影响正常的消化过程。酒精对肝细胞有损害作用，严重时可发生转氨酶增高。

◎茶水。虽然茶含有维生素、微量元素等对人体有益的物质，但宝宝对茶叶所含的茶碱较为敏感，若饮用可出现兴奋、心跳加快、尿多、睡眠不安等。茶叶中所含的鞣质与食物中的蛋白质结合，会影响消化和吸收。

◎碳酸饮料。碳酸饮料会破坏机体正常代谢，容易诱发胃肠道疾病，并把钙、铁、铜等营养物质统统给“冲走”。

2.不给宝宝喝纯净水

纯净水水质洁净，饮用方便，但是纯净水却不适合宝宝饮用。据有关专家指出，长期饮用纯净水会减少人体对所需要的微量元素的摄入，尤其对正处在生长发育阶段的宝宝来说是不利的。

饮用水中含适量氟化物能降低宝宝的龋齿率，而纯净水在提取过程中已将氟化物去除，对保护宝宝的牙齿健康显然是不利的。另外，纯净水偏酸性，表面张力较小，长期饮用不利于人体的酸碱平衡，对健康有负面影响。

3.不要给宝宝喝存放时间较长的水

久存的水会被细菌污染，产生大量世界公认的致癌物质亚硝酸盐。亚硝酸盐进入人体后能引起中毒，使血液中的红血球失去携带氧气的能力，致使人体组织缺氧，出现皮肤和嘴唇发紫、头痛、头晕、恶心、呕吐、胸闷、心慌等症状，严重者还能致死；亚硝酸盐在人体与有机胺结合形成亚硝胺，亚硝胺可促发食道癌、胃癌、肝癌、肺癌等癌症。因此家庭用水，特别是农村的家庭，水缸里存入的水时间不宜过久，要经常清洁缸底，及时换上新鲜的水。更要切记久存的水不宜给儿童喝。

健康：听咳嗽声分辨宝宝的病因

第4周 第4天

1.听声音判断咳嗽的病因

◎如果宝宝在干咳，大多数情况下是早期呼吸道感染的表现，也可能是气管中有异物，或者吸入了刺激性气体造成的。干咳也可能是过敏的一种表现。

◎如果宝宝咳嗽并且有痰，最常见的是宝宝患上了支气管炎、肺炎或支气管扩张，也可能是异物伴感染、肺水肿等。

◎如果宝宝的咳嗽声像犬吠或者咳嗽时声音嘶哑，可能是急性喉炎、急性会厌炎、咽白喉、喉白喉等。

◎如果宝宝是痉挛性阵咳，并且咳嗽结束后会有鸡鸣一样的回声，有时伴有呕吐的症状，那么妈妈要注意了，也许宝宝患上了百日咳。

◎如果伴有喘鸣音，或者咳嗽时有喘鸣音，这种情况大多是宝宝患上了哮喘。

◎如果咳嗽时有咳嗽的动作，但没有声音，这也许是声带麻痹、肌无力的症状，呼吸肌或膈肌麻痹也会出现这种现象。

2.根据时间判断咳嗽的病因

（1）晨起咳嗽

患有支气管炎、肺炎的宝宝，在恢复期最容易出现晨起咳嗽的现象。还有，慢性支气管炎、支气管扩张、哮喘的表现也是早晨起床后咳嗽。如果夜间室内过于干燥也会造成宝宝晨起咳嗽。

（2）夜间咳嗽

很多时候，如果宝宝患上了百日咳、喉炎、支气管哮喘，往往会在夜间咳嗽。当宝宝处于婴儿期或者出牙期时，夜间平躺着睡觉，由于口水过多，口水流入气管，也会引起夜间咳嗽。

（3）清晨咳出大量黏痰

如果较大宝宝清晨咳嗽时咳出大量黏痰，甚至是脓状的痰，或者还伴有咳血，那么很可能是患上了支气管扩张，最好及时就医。

（4）吃东西时咳嗽

大多数情况下是由异物引起的，比如宝宝吃奶过急引起呛咳，或者是气管、食管瘘造成的。

第4周 第5天

健康：不同类型咳嗽的饮食调养

1.宝宝风寒咳嗽的饮食宝典

风寒咳嗽一般起病较急，主要表现为痰白清稀，流清涕，鼻塞，喷嚏，头疼身痛，怕冷，身微热，无汗，口不渴，饮食减少，舌苔薄白，脉浮紧（即脉快）。患风寒咳嗽的宝宝可以吃点儿温热性的食物，比如生姜、白葱、豆豉等；同时应该忌食生冷寒凉的食物，比如各种冰制饮料，如冰棍、冰激凌等，以及凉性的瓜果，包括西瓜、梨、香蕉、猕猴桃等；有些酸味儿的食物，比如食醋、酸白菜、泡菜以及山楂、乌梅、柑橘等，也一定要少吃；此外，还要忌食涩味儿的食物，比如白果、藕节及未成熟的柿子、海棠等。

2.宝宝风热咳嗽的饮食宝典

风热咳嗽主要表现为流黄浊涕，黄色稠黏痰，伴有发热汗出，咽干痛痒，口渴喜饮，大便干，小便黄，扁桃体红肿，咽部充血，舌苔薄黄或黄厚，脉浮而快。患风热咳嗽的宝宝可以多吃点儿凉性和比较清淡的食物，这样可以疏散风邪，清热、解毒、止咳，比如菊花、茶叶、白菜、白萝卜、甜梨、甜橙等，但注意小粒的野菊花最好不要食用；忌讳的食物有很多，首先忌食酸、涩食品，如食醋、酸菜、酸梨、酸橘、酸葡萄、酸李子、柠檬、山楂及柿子、石榴、橄榄等；其次忌食辛热食物，如大葱、姜（生姜、干姜）、辣椒、大蒜、韭菜、茴香、芥菜等蔬菜及龙眼肉、大枣、栗子、核桃仁、杏等果品；第三，忌食肥甘厚味（肥甘即油腻肉食）食物。

3.宝宝秋燥咳嗽的饮食宝典

宝宝如果秋天容易咳嗽，出现干咳无痰、胸闷气紧、久治不愈的症状，一般属于秋燥咳嗽。可以根据宝宝的体质和具体病情选用以下食疗方：

◎鸡蛋银耳羹：取干银耳50克，温水浸20分钟，去杂质与蒂，熬至烂熟；取鸡蛋一个，调散，冲入银耳汤内，加糖即可服用，早晚各一次。

◎贝母粥：取大米（黑米尤佳）200克，生姜10克（切碎），共熬为粥，加入川贝母粉10克，搅匀，分两次服。此方具有化痰宣肺的作用。

◎紫苏粥：取大米200克熬粥，起锅前放入20克用纱布包好的鲜紫苏叶（干品亦可），再煮2分钟，去叶食粥。

早教：培养宝宝正确的时间观念

第4周 第6天

1.教宝宝建立时间的概念

2岁多的宝宝只能粗略地知道白天、黑夜、上午、中午和晚上，对于钟点、天、星期、月、年这些时间概念还不能准确掌握。时间概念比较抽象，必须跟具体的生活情境相结合，才能渐渐理解和掌握时间。

家长平时把宝宝要做的事情与时间连在一起说，容易帮助宝宝建立时间观念：“早晨7点了，该起床了。”“晚上6点了，可以看动画片了。”“晚上9点了，我们洗漱睡觉吧。”

上了幼儿园的宝宝会较早地建立起“星期”的概念，送宝宝上幼儿园的时候可以说：“今天星期一，宝宝要上幼儿园。”“明天星期二，宝宝要上幼儿园。”“明天星期六，宝宝不上幼儿园。”以上都是给宝宝陈述复合时间单位，把“早晨”和“7点”一起说，把“今天”和“星期一”一起说，有利于提高宝宝的思维理解水平和语言表达能力。

对于秒这样的瞬时概念，家长可以与宝宝玩小游戏：“闭上眼睛，妈妈拍宝宝的小手，一下，二下，睁开眼睛，两秒钟过去了！宝宝也来拍妈妈两秒钟。”

对于分钟，妈妈可以准备一个定时器，宝宝说“再玩两分钟”，就把时间定成两分钟，定时器一响，宝宝“收工”，这样有利于培养宝宝的时间规则意识。

至于小时等其他时间概念，宝宝现在还掌握不了，不断增多的生活阅历会帮助他。

2.做一个家庭时间安排表

2岁多的宝宝对时间还没有什么明确的概念，所以，如果家长制定的时间表非常仔细，恐怕只会给自己增加麻烦。所以，只需要有一个大概的时间表就可以了，比如上午做什么，下午做什么，周末一家人在一起做什么。最好每天的活动都基本一样，不要变化太多，这么小的宝宝会喜欢很有规律的生活，不喜欢太多的变化，对重复做的事情并不会厌烦。

如果宝宝很有主见，家长就可以和他讨论时间安排计划，这样可以培养宝宝自己做选择、自己做决定、自己做计划的能力。

第4周第7天

早教：正确处理玩与学的关系

1.宝宝的玩就是学

玩耍与学习是相辅相成的。实际上，宝宝天生就具有自我学习的能力，并且他们那种学习的内驱力非常巨大。问题不在宝宝该不该学习，而在我们怎么去理解学习这个概念。对宝宝来说，学习不仅仅是学画画、学乐器等技能，它包含了非常丰富的内涵。所以，家长可以将许许多多早教的内容融进日常生活与游戏中，在轻轻松松的玩耍中，全面培养宝宝各方面的能力。

要让宝宝觉得学习是一件好玩的事情就要从他感兴趣的事情入手，不要机械地让他去学习。如果机械地学，他很快就会体会到学习是很枯燥的、没意思的，以后就真可能不喜欢学习。

如果宝宝喜欢汽车（大多数男孩都会喜欢汽车），那就多跟他讨论汽车，多找一些跟汽车有关的材料。从这一点辐射出去，他还可能从中发现很多与汽车多少有点瓜葛的其他事情，你就可以通过汽车引导他进入别的领域，探索其他事物的奥秘。利用宝宝的好奇心来引导他，让他觉得学习其实就是一个探索的过程。一旦他找到其中的乐趣，以后就不再需要为他是不是喜欢学习的事情操心了。

2.学习不一定要去早教班

培养宝宝的各种能力，为他提供自我学习的机会，不一定要借助那些技能班、学习班。实际上，宝宝最好的老师是家长，最好的学校是环境。只要为宝宝的成长准备好环境，给他自我探索的自由，加上适当的引导，他就会在快快乐乐的生活与游戏中习得各种各样的技能。比如宝宝到某个年龄段，他会特别喜欢撕纸，那么，家长就可以顺势而为，将撕纸这个游戏拓展开，变成全方位培养宝宝各种能力的非常好的一项活动。撕出不同的形状，用不同颜色的纸张撕，撕出同样的形状，以不同的方式，不同的速度撕，撕出来的纸张略作改变……太多的变化，可以将诸如认知、比较、观察力、逻辑思维能力、体能等许许多多能力的培养融合进去。

2岁第8个月养育计划

这个月，宝宝的大动作和精细动作能力均有进步：手脚攀登时四肢协调，可以保持身体平衡；双脚可连续蹦跳一小段距离；喜欢拿剪刀将桌布或报纸剪出小洞。

生长发育情况

1.体格发育

到这个月的月末，也就是宝宝满2岁8个月（32月龄）的时候：

母乳喂养儿童体格发育情况

身高（厘米）							
性别	-3SD 轻度生长迟缓	-2SD 正常	-1SD 正常	0SD 正常	+1SD 正常	+2SD 正常	+3SD 偏高
男孩	82.8	86.4	89.9	93.4	96.9	100.4	103.9
女孩	81.3	84.9	88.6	92.2	95.8	99.4	103.1
体重（千克）							
性别	-3SD 中度体重不足	-2SD 轻度体重不足	-1SD 正常	0SD 正常	+1SD 正常	+2SD 正常	+3SD 超重或肥胖
男孩	9.6	10.8	12.1	13.7	15.4	17.4	19.6
女孩	9.1	10.3	11.6	13.1	14.9	17.1	19.6
头围（厘米）							
性别	-3SD	-2SD	-1SD	0SD	+1SD	+2SD	+3SD
男孩	44.9	46.3	47.7	49.1	50.5	51.9	53.3
女孩	43.9	45.3	46.7	48.1	49.6	51.0	52.4

数据来源于《世界卫生组织儿童生长标准（2006年）》，SD为标准差，0SD即为平均数。

2.动作发育

（1）大动作

◎ 手脚攀登时四肢协调，可以保持身体平衡。

◎ 双脚连续蹦跳一小段距离，身体弹跳能力有进步。

（2）精细动作

喜欢拿剪刀将桌布或报纸剪出小洞。

营养：饮食调理，提高免疫力

第1周第1天

提高宝宝免疫力最根本、最有效的长期方法就是饮食调理。妈妈们在安排宝宝的饮食时，既要保证营养的充足均衡，还要多多了解哪些食物对提高宝宝免疫力大有帮助。

1.水

人体最重要的成分是什么？不是硬邦邦的骨头，而是柔柔软软的水。婴幼儿身体表面积与体重的比例比成人更高，水分蒸发流失多，所以要不断及时补充水分。水分充沛，新陈代谢旺盛，免疫力自然会提高。

2.黄绿色蔬菜

天天5份蔬果不只是成人饮食的信条，也适合推广到宝宝身上。蔬菜中的纤维质可预防便秘，为肠道创造通畅良好的环境。宝宝若不喜欢蔬菜，可以将它剁碎，混合谷类或肉类做成丸子、饺子等，这样宝宝就容易接受了。水果中含有低聚果糖，帮助肠道益生菌生长，就像在小肠、大肠铺一层免疫地毯一般。坚硬一点的水果对宝宝来说有难度，可以将它们捣碎做成水果泥或者做成水果汤。

3.菌类

菌类含有丰富的B族维生素，能舒解压力，带来好心情。

4.糙米、薏仁

谷类是人类的主食，在婴儿开始添加辅食时首先要尝试的就是米粉、麦粉。断乳之后，替代食物最好也是谷类。谷类含胚芽和多醣，维生素B和维生素E都很丰富，这些抗氧化剂能增强免疫力。

5.番茄

番茄可说是活力食品，含有多种抗氧化强效因子，如番茄红素、胡萝卜素、维生素C和维生素E，多吃可保护视力和细胞不受伤害，还能修补已经受损的细胞。生吃番茄或稍微烹煮都可以，加入少量橄榄油，能溶解更多番茄红素，效果更佳。

6.乳制品

婴幼儿正值身体及脑神经快速发育期，对蛋白质和钙质的需求量相当高，乳制品是婴幼儿期最佳的营养来源。

第1周第2天

营养：提高免疫力的营养餐1

1.栗子南瓜粥

原料：栗子50克，南瓜50克，大米30克。

做法：（1）大米淘洗干净，南瓜去皮切成小块；（2）将大米、南瓜一起放入锅内，加适量清水，旺火烧开后转小火煮20分钟左右；（3）栗子煮熟去壳，用调羹压成泥，放入粥中搅拌均匀，继续煮至黏稠即可。

营养提示：栗子属坚果类，与同类坚果相比淀粉含量高、脂肪含量低，且多为不饱和脂肪酸，维生素E含量丰富，维生素C含量比番茄和苹果还要高。维生素C和维生素E都是高效抗氧化剂，因此常吃栗子能提高抵抗力。

厨房秘笈：栗子好吃壳难剥，但如果煮之前将栗子切开一个小口，煮熟后立即放入冷水中，栗子壳就非常好剥了。

2.番茄鸡蛋面

原料：番茄50克，鸡蛋30克，宝宝细面条20克，芝麻油5克。

做法：（1）将番茄洗净，切成小块；（2）锅内倒入油，七成热时放入番茄，翻炒至番茄呈酱状；（3）加清水150毫升左右，待水滚开后放入细面条，继续煮3分钟左右；（4）将鸡蛋搅匀，倒入锅中搅成蛋花，出锅时点入芝麻油即可。

营养提示：番茄亦果亦蔬，营养全面，不仅含有人体所必需的多种维生素和矿物质，β-胡萝卜素和番茄红素含量也很高。β-胡萝卜素对于宝宝的视力和皮肤发育很有好处，而番茄红素具有抗氧化功能，能有效清除自由基，减少其对机体的伤害，从而提高宝宝的免疫力。

厨房秘笈：将番茄小火慢炒后融入底汤中，不需加盐即酸酸甜甜很有滋味，非常适合肾功能发育尚不完善的宝宝食用。注意挑选颜色发红的番茄，因为这样的番茄番茄红素含量高；番茄的种子不易消化，给宝宝吃的时候最好挑出来。

营养：提高免疫力的营养餐2

第1周第3天

1.鲜虾豆腐丸子

原料：北豆腐50克，鲜虾50克，蛋清20克，玉米淀粉10克，橄榄油3克，精盐2克。

做法：（1）将鲜虾洗净，剥取新鲜虾肉，剁成虾泥；（2）豆腐焯水后放入碗中，用调羹碾成豆腐泥；（3）将蛋清、虾泥、玉米淀粉、橄榄油和精盐依次加入豆腐泥中，顺时针方向搅拌至黏稠，用手团成一个个小丸子；（4）上锅大火蒸5～8分钟。

营养提示：豆腐和虾可以提供优质的动物蛋白、植物蛋白以及多种维生素和矿物质，也是铁和锌的良好来源。铁与免疫细胞的正常功能密切相关，锌可以直接作用于免疫系统，从而有效促进机体免疫力的提高。

营养含量：热能170千卡，蛋白质17.4克，脂肪6.7克，碳水化合物10.5克，胆固醇120毫升，维生素E6.02毫克，钙237毫克，铁3.9毫克，锌1.45毫克，硒17.8微克。

厨房秘笈：豆腐含钙量高，葱中富含草酸，草酸和钙结合形成草酸钙沉淀，影响豆腐中钙质的吸收，常吃不利身体健康。因此，这道食谱不适合用葱去除虾的腥味，可以加入少量姜汁代替。

2.浓汤西蓝花

原料：西蓝花50克，牛奶20毫升，土豆20克，橄榄油5克，盐1克。

做法：（1）将西蓝花洗净，分成小朵；土豆洗净、煮熟，剥皮后切成小块；（2）锅中倒入橄榄油，放入西蓝花和土豆块翻炒均匀后，加入100毫升冷水，滚开后继续煮5～8分钟；（3）将煮好的西蓝花、土豆连汤倒入搅拌机中，搅打成糊状，之后重新倒入锅中，加入牛奶再次煮开，加盐调味。

营养提示：西蓝花中维生素A的含量高居蔬菜类的前列，每百克含量高达4007国际单位。西蓝花富含维生素C，能增强肝脏的解毒能力，提高机体免疫力。

营养含量：热能87千卡，蛋白质3克，脂肪5.9克，碳水化合物6.2克，维生素A2023国际单位，维生素$B_2$0.11毫克，维生素C31毫克，维生素E0.57毫克，钙57毫克，铁0.8毫克，锌0.54毫克。

厨房秘笈：西蓝花不易清洗干净，可以先撕成小朵，放入盐水中浸泡约5分钟，不仅能除去菜上的灰尘和虫害，还可以保持碧绿的色泽。

第1周第4天

健康：正确护理宝宝的私密处

1.男宝宝私密处的护理方法

在清洗的时候，用右手的拇指和食指轻轻捏着阴茎的中段，朝宝宝腹壁方向轻柔地向后推包皮，让龟头和冠状沟完全露出来，再轻轻地用温水清洗。由于宝宝的龟头平时都被包皮遮盖，所以龟头的黏膜很娇嫩，对外界触觉非常敏感，因此要用毛巾浸着温水轻轻地洗。水温不能太高，力量不能太大，否则宝宝会产生不适感。洗后要注意把包皮回复原位。

父母在为宝宝清洗的过程中会发现白色的东西。宝宝出生后不久，包皮下方的龟头黏膜上皮细胞脱落以及冠状沟附近腺体分泌物混杂在一起，常常会在包皮上方形成一层白色的污垢，称为包皮垢。宝宝小便后清洗不及时，阴茎头还会有尿垢。父母见到的白色东西就是包皮垢与尿垢的混合物。这些对生殖器的发育和健康是不利的，若不及时清洗常会导致龟头或冠状沟发炎。

通常，男宝宝容易出现以下问题：

（1）包皮太长或太紧

龟头被包皮紧包，无法露出时就是包皮太长或太紧。大部分男宝宝都有这种现象，所以在儿童时期包皮太长或太紧但没有其他症状时可以不急于治疗。

（2）包皮发炎

包皮炎症的多发时期出现在龟头快要露出却又没有完全露出的时候。几乎所有的男宝宝在这个时期或轻或重都会有发炎的状况。

2.女宝宝私密处的正确护理

父母在给女宝宝清洗私密处的时候发现一些白色的东西，而周围的肌肤又不红，则有可能是正常的阴道分泌物，也可能为尿垢，应及时清洗。

首先，将阴唇分开，用凉开水冲洗。然后，用蘸润肤油的棉签由上至下轻轻擦拭分泌物，再用清水将润肤油冲洗掉。注意不要反复冲洗，以免刺激宝宝的外阴部。同时，应警惕女宝宝常见的一些问题：

（1）婴幼儿外阴炎

外阴、阴蒂、尿道口及阴道口黏膜充血、水肿，并有脓性分泌物。

（2）婴幼儿阴道炎

外阴、阴道瘙痒，阴道分泌物增多，可见宝宝经常挠其私处。

如发现有以上症状应及时就医。

早教：提高宝宝的运动能力

第1周第5天

1.上攀登架

游戏方法：3岁前的宝宝可练习爬3层的攀登架。攀登时要用手先握紧上面的架子，再用脚登上最下一层；一手再抓最高的横架，两手抓紧后，脚再上一级；然后将身体趴在最高的横架上，一条腿跨过去踩到对面的架子，踏稳之后再移过来另一条腿，使身体完全移到对侧，然后一级级扶着下来。

游戏目的：练习上下肢协调和高空平衡。上攀登架除了练习技巧之外还要勇敢，要敢于上高才能锻炼。

公园中的攀登架太高不适于3岁前的孩子爬，而且经常有几个孩子在攀登架上玩，小孩子找不到自己落脚的地方会被困在上面。一般要到5岁才可以爬3层以上的大攀登架。

2.兔子跳圈

游戏方法：头带兔子的头饰或者竖起两个手指放在头上代表兔子耳朵，双脚离地跳跃，跳到终点。在院子里用粉笔画一个圈做兔子的家，让宝宝离开圈2米，用双脚跳到兔子的家。

游戏目的：练习双脚离地连续跳，两岁半以上的宝宝可以连续跳两米，不宜距离太长，以免宝宝疲劳。连续跳是练习弹跳力的方法之一。

第1周第6天

早教：读绘本，了解身体的秘密

我为什么有肚脐？亮晶晶的眼泪是从哪里来的？血液到底有些什么作用？两岁多的宝宝对自己的身体充满了好奇。“可爱的身体”系列绘本用生动活泼的语言阐释丰富的健康知识，为孩子们揭开身体的奥秘，让他们在轻松愉快的阅读中认识可爱的身体，养成良好的生活习惯，学做自己的健康小卫士。

全书包括“谁是蛀虫的朋友”“拉便便，真舒服”“肚脐，你好吗”“听听身体怎么说”“打预防针，我不怕”“挺起胸来，直起背”“眼泪小精灵，谢谢你”“血液兄弟好样的”等8个专题，内容充实有趣，科学性强，绘图生动活泼，想象力丰富，让孩子在故事的情境中和形象亲切可爱的小主人公们一道学习知识、获得快乐。每本书后的拓展阅读——“给妈妈的话”为妈妈们进一步解答孩子的疑惑提供了科学的依据和答案。

自我认识的发展是一个形成独立性和对自我及环境进行控制的过程，积极的身体认识是其中很重要的一项发展目标。积极的身体认识包括认识自己的身体特征、器官名称、身体各部分作用和相互之间的关系等。宝宝对身体的认知有赖于大人的触摸和反复的讲述。宝宝喜欢认识自己，大人对宝宝身体的称赞会让宝宝十分高兴，因为他知道自己是受欢迎的。

早教：充分尊重宝宝的兴趣

第1周第7天

1.宝宝在家里到处涂鸦，该怎么办

2岁多的宝宝特别喜欢涂鸦，整天拿支水彩笔在家里到处乱涂，墙壁、被子、衣服、柜子上，没有他不敢涂的地方。涂鸦是宝宝表达自己内心、用色彩将内在思维外化的最好的方式，也是他感知色彩、空间，表达情绪，发挥想象力与创造力的最好方式。建议不要粗暴地阻止他，尤其不要因为担心他破坏家庭环境而惩罚他。否则，他这种强烈的创造与表达自己内心的欲望就会被遏制，就会带来令人遗憾的后果。

如果担心宝宝把墙壁、柜子、衣物等弄脏，建议给他创造一个可以供他自由发挥的涂鸦空间：

在墙壁上贴上大面积的白纸，或者在地上铺上几张大白纸，鼓励他以不同的方式去创造。

用各种画笔、蔬菜、石子、树枝，甚至喷壶、滴管、纸团等工具，让宝宝自由地去发挥，感受不同的涂鸦方式带来的快乐。

可以引导宝宝在他的作品完成后描述一下自己的创意，给他提供更多表达自己的机会。

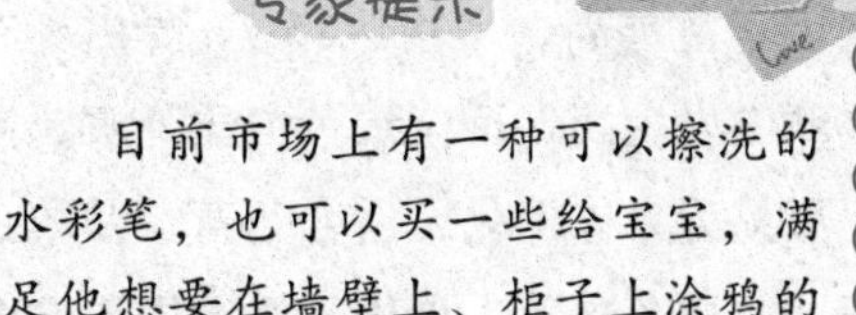

专家提示

目前市场上有一种可以擦洗的水彩笔，也可以买一些给宝宝，满足他想要在墙壁上、柜子上涂鸦的欲望，事后擦洗干净就可以了。

2.宝宝沉迷于汽车，对其他事情漠不关心，该怎么办

有的男宝宝对汽车特别感兴趣，简直痴迷得不行，拿到什么都当方向盘胡乱开上一气。由于每天沉迷于汽车，宝宝容易对别的事情就变得漠不关心了，以前喜欢看书、画画、搭积木，现在对那些活动一概都没了兴趣。

兴趣是学习的基础和动力，家长应该充分尊重利用宝宝的兴趣。宝宝喜欢汽车，就以汽车为媒介帮助宝宝学习，把很多事情和汽车联系起来，这样，其他能力的发展才不会受到阻碍。

第2周第1天

营养：让宝宝爱上奶制品

1.让宝宝爱上奶酪

奶酪又称干酪，是鲜牛奶经过高度浓缩并窖藏后的固形奶制品，大约15升牛奶可制得1千克奶酪。其中蛋白质含量比肉、禽类高，平均达25.7%。由于在窖藏中发生酶促反应致蛋白质降解，因而更易为人体消化，适合儿童、孕妇、哺乳妈妈及老年人食用。奶酪中脂肪含量为23.5%，其中饱和脂肪酸的含量为12.9%，不饱和脂肪酸为9.3%，因而人们不必为其所含饱和脂肪酸过多而担心。重要的是其含钙量很高，是鲜牛奶的7.7倍。由于钙磷比例较为适合骨骼和牙齿的形成和发育，因而将奶酪碾成粉末适量添加在宝宝辅食中既可调剂口味，又可获得较高的蛋白质及生物源天然钙，是一种较好的配餐方法。

2.酸味奶≠酸奶

酸奶是一种在鲜牛乳中加入乳酸杆菌在40℃～45℃环境发酵，待其pH值（酸度）达到3.5～5.0时停止发酵制作而成的奶制品，具有口感好、无毒害且有保健功能的特性。其营养素含量及作用不仅与牛奶相同，而且除含有活体乳酸杆菌外，对于乳糖不耐受或对乳糖短暂消化能力差、胃肠消化功能下降、肠道微生态环境紊乱的儿童及老年人有替代鲜牛奶的较好作用。对轻微肠道感染、腹泻，乃至胃肠道功能不稳定、腹胀、便秘等疾患有促进恢复的作用。作为钙质补充的来源，也是很适合选用的一种食品。但要注意，酸味奶或酸奶饮料虽含有奶，但不是含有活菌的酸奶。

3.牛奶是宝宝补钙的好帮手

许多家长认为，既然宝宝牙已出齐，前囟已闭合，就不需要再补钙。但是宝宝还要长高，恒齿还在发育，需要从食物中摄取钙。钙最好的来源是牛奶，宝宝每天应喝400毫升牛奶。钙与磷的比例应保持在2：1才易于吸收，牛奶中钙磷之比为1.2：1，膳食中含磷较高，有时会使钙磷比例超过1：1。因此宝宝应补充钙，使钙的比例提高。夏季宝宝外出活动能晒太阳，不必补充鱼肝油；冬季阳光不足时，尤其在北方居住的宝宝每日可补充400单位维生素D。

营养：宝宝健康的好朋友

第2周 第2天

1.甘薯

甘薯，又名红薯、白薯，南方称红苕、苕、山芋、红芋、地瓜，既是廉价的天然食品，又有显著的保健功效，是食疗的理想食物。甘薯含有大量的复合多糖，它对于巨噬细胞、淋巴细胞、白细胞等都有正面作用，能提高免疫功能，在抗癌、抗衰老、抗放射、抗肝炎和抗结核等方面都有广泛的使用价值。甘薯中含有大量黏液，它是黏多糖和胶原的混合物。人体从口腔到胃肠的消化系统和从鼻腔到气管、肺小泡的呼吸系统，以及泌尿生殖系统，其表面皆由充满黏液的黏膜所覆盖，一旦黏液减少就容易引起各器官的炎症和癌变。这些对于生命起重要作用的黏液多糖物质，鸡鸭鱼肉是无法供给的，而甘薯却富含这类营养物质，它是甘薯药用功能的重要物质基础。

2.黑木耳

黑木耳是一种珍贵而营养丰富的食用菌，也是价值很高的保健食品。它含有丰富的纤维素和一种特殊的植物胶质，这两种物质能促进胃肠蠕动，有助于宝宝的消化。尤其是植物胶质，具有巨大的吸附力，有着清涤胃肠和消化纤维素的作用。它还能够溶解和消除宝宝不经意误食下的异物，比如头发、谷壳、木渣、沙子等，从而对宝宝的肠胃起到保护的作用，有效防止和治疗由于各种异物造成的胃肠不适。如果宝宝缺铁也可以吃黑木耳，每100克黑木耳中就含有铁98毫克，是猪肝含铁量的5倍，比菠菜的含铁量足足高出30倍。此外，黑木耳中还含有人体所必需的蛋白质、脂类、维生素等营养成分，蛋白质中含有多种氨基酸，尤以赖氨酸和亮氨酸的含量最为丰富，对人体健康十分有益。

3.萝卜

中医认为萝卜有消食、化痰定喘、清热顺气、消肿散淤之功能。孩子感冒时大多会出现喉干咽痛、反复咳嗽、有痰难吐等上呼吸道感染症状，多吃点儿爽脆可口、鲜嫩的萝卜，不仅开胃、助消化，还能滋养咽喉、化痰顺气、有效预防感冒。

第2周 第3天

营养：精挑细选，安全饮食

1.挑选肉类食品的技巧

肉类食品味道鲜美，营养丰富，食用价值较高。但肉类食品可能传播人畜共患的传染病及寄生虫病，容易腐败变质，引起食物中毒，危害人体健康，应引起重视。为了保证肉类的安全食用，要做到正确选购。一般经卫生检疫部门检疫后的合格肉已排除了患有传染病和寄生虫病的病畜肉，并盖有圆形印章，可以放心购买。其他盖有非圆形，如椭圆形、三角形、长方形图章的肉，均不能购买。

肉的新鲜程度可用肉眼来观察，新鲜畜肉的表皮微微干燥，有光泽；肉的断面为淡红色，稍湿润，但不黏；肉质紧密，有弹性，指压后可迅速恢复原状；脂肪分布均匀，没有哈喇味儿及腐臭味儿。经冷冻后的肉保持原有颜色，表面有光泽，结构坚硬，敲击后发出清脆的声音，且没有异味儿，则可证明肉质良好，可以购买。如发现肉已有发黏、失去弹性、颜色不正或有异味儿就不要购买。

2.挑选动物肝脏的技巧

一定要在正规的营业场所给宝宝选择健康的动物肝脏。肝脏淤血，异常肿大，内包白色结节、肿块儿或干缩、坚硬，胆管明显扩张，流出污浊的胆汁或有虫体等，都可能为病态肝脏，不宜食用。另外，在给宝宝烹制动物肝脏前也要用水浸泡3～4小时，彻底去除肝内的积血，烹饪时要充分加热，使之彻底熟透。

3.挑选蔬菜、水果的技巧

蔬菜、水果是我们每天必不可少的健康食品，能提供丰富的矿物质和维生素。但蔬菜、水果往往会被有毒、有害的化学物质、细菌和寄生虫污染，如挑选或处理不当会危害人体健康。尤其是在夏天，人们常生吃新鲜的瓜果蔬菜，而且夏季蔬菜生长期短，农药残留问题更为突出，应引起家长重视。不要挑选农药味儿特别浓的蔬菜、水果，特别是不要食用腐烂的蔬菜和表皮破损的水果。带虫眼的蔬菜并不一定未受过农药污染，因为农药大量的施用已使一些害虫的抗药性大大增加。对一些洗净后能直接食用的水果，如草莓、杨梅、李子等，购买时更要谨慎。一般情况下不要购买已削皮或切开的水果。

健康：睡觉时打呼噜有损健康

第2周 第4天

处于生长发育阶段的宝宝持续打呼噜而不治疗是有害的，可能引起的问题有易感冒、营养不良、引起耳部疾病等，严重的还会造成智力下降，导致宝宝注意力不集中，最严重的后果则是在睡眠时因呼吸暂停而突然死亡。宝宝打呼噜一般有以下几种原因：

1.扁桃体肿大

扁桃体也叫扁桃腺，长在咽部两侧，有防御和抵抗外界病菌侵入的功能。有的宝宝扁桃体过于肥大，以致两侧扁桃体几乎相碰，堵满咽腔，造成呼吸不畅，一到睡眠时就会张口呼吸，发出呼噜声。此外，扁桃体是免疫系统器官，当机体反应性失调、抵抗力降低时也会使扁桃体发炎、肿大。

对策：预防扁桃体炎。关键是让孩子锻炼身体，每日摄入一定量的蛋白质、维生素、矿物质等，以增强体质、提高免疫力。可在医生指导下服用消炎药，但不宜长期用药，因为某些滴鼻药长期使用会造成药物性鼻炎，使宝宝对药物产生依赖。严重者可以手术割除。

2.腺样体肥大

腺样体是位于鼻咽腔顶部和后部的一块较大的淋巴组织，在3~6岁时增生最旺盛。正常的腺样体对宝宝没有任何影响，但如果过于肥大，堵塞后鼻孔，使空气出入鼻腔受阻，宝宝入睡后，从气管中呼出的气体被迫从口中呼出，气体不时冲击舌根部等组织，发出呼噜声。除先天性的腺样体肥大以外，当气温发生变化、抵抗力下降或患上呼吸道感染、扁桃体炎、鼻咽、鼻窦炎等均可导致腺样体肥大，过敏性鼻炎也能造成腺样体肥大。

对策：消炎。在医生指导下服用消炎药，但不宜长期使用。可到正规医院进行手术割除。

3.肥胖

肥胖儿童的呼吸道周围被脂肪填塞，使呼吸无法顺畅，当软腭与咽喉壁之间的震动频率超过30赫兹时就会出现鼾声。

对策：在不影响身体健康、不降低抵抗力的前提下科学、健康地减肥。

当然，并非宝宝一打呼噜就要如此紧张，有时候可能仅仅是睡姿不好的缘故。

第2周 第5天

早教：好孩子打开看

“噼里啪啦”系列是从韩国引进的特别为1~3岁宝宝设计的翻翻书，是宝宝早期阅读入门、认知生活常识、培养良好习惯、锻炼手指灵活度、开发宝宝智力的优质读物。

“好孩子打开看”系列是“噼里啪啦”系列最新推出的子系列，包括《我不要吃饭》《我不要睡觉》《我不要刷牙》《我不要去医院》4个有趣的故事。宝宝不爱吃饭、不要刷牙、不想睡觉、害怕去医院可能是宝宝经常遇到的问题也是让爸爸妈妈最头疼的问题，但宝宝绝对不是故意跟爸爸妈妈作对，那是因为宝宝还没有形成对吃饭、刷牙、睡觉和去医院的正确认识。当宝宝跟随书中的小主人公一起经历故事之后，他们会发现原来吃饭、刷牙、睡觉和去医院都是很有趣的事情，就再也不会抗拒了。同时每本书都配有可供爸爸妈妈与宝宝一起游戏的小配件，可以玩健康食物转转盘、给小熊宝宝打针等等，共享亲子阅读的快乐时光。

“噼里啪啦”系列还有“大自然绘本“子系列，包括《四季转呀转》《今天是什么天气》《每天都在长大》《猜猜我是谁》，用漂亮的图片、生动的语言介绍了四季、天气、动植物等知识。每本书都是一个特别的翻翻惊喜——对开翻翻书、洞洞翻翻书、伸展翻翻书、透视翻翻书，增添了孩子们寻找答案的乐趣！

早教：为宝宝选择适合的动画片

第2周第6天

动画片能够给宝宝的童年生活带来欢乐，而且宝宝可以从动画片中学语言、学生活、学知识。像动画电视剧《蓝猫淘气3000问》《成语动画廊》《天线宝宝》，都很适合宝宝看；而像《米老鼠和唐老鸭》《小精灵卡斯比》《叮当》等充满想象力的作品，对宝宝的想象力很有启发；一些写实性的动画连续剧如《樱桃小丸子》《蜡笔小新》，充满亲情，又有趣味性；动画电影如《狮子王》《天空之城》《海底总动员》等，情节也很正面、很人文，都是充满亲情、赞扬善良的作品。

不同年龄阶段的宝宝会喜欢看不同的动画片，两三岁的宝宝主要是挑选那些时间短、情节简单、人物比较少、人物对话经常重复的动画片。基本的原则是，宝宝喜欢看的就可以。

除了享受动画世界以外，还要更多地带宝宝出去享受真实世界的阳光和空气。小宝宝很容易把现实和想象的世界混淆起来，所以，要帮助他们区分，比如，“现在是超人时间”，就可以让宝宝自由扮演超人；超人时间结束就要求宝宝回到真实世界。

虽然宝宝可以看一些适宜的动画片，也不宜让宝宝一次看过长时间的电视，这对宝宝的视力具有伤害，以后矫正起来非常困难。视力不好将会影响宝宝一生的身体健康，这是一个不可商量的生活规则。

有的宝宝不让他看电视，他就哭闹个没完，这是因为他每次哭闹都迫使家长满足了他的要求，所以一旦家长拒绝他，他就拿起这个武器让家长就范。如果宝宝养成这样跟家长交往的习惯，他就会拿这一武器满足自己的所有不合理需求，那以后家长遇到的烦恼就更多了。家长要坚定地拒绝宝宝的不合理要求，让他明白哭闹也没有用。当然，在最初一段时间，家长要提前并反复交代宝宝：“今天你早点看动画片，而且只能看一遍。”让他记住家长的这个要求，并逐渐明白和接受自己哭闹对家长也没有用的事实，渐渐改掉要挟家长的不良习惯。

第2周第7天

早教：巧妙缓解宝宝的入园焦虑

1.宝宝进入幼儿园后不爱说话了，怎么办

宝宝上幼儿园都会遇到不同程度的分离焦虑。分离焦虑的表现方式有很多，其中不少宝宝都先是大哭大闹，接着不爱说话，最后逐渐适应幼儿园生活，恢复了往日的活泼。

如果宝宝平时在家里比较活泼，并已经获得了基本的语言理解与交流能力，家长就不用担心宝宝出现暂时性缄默，这种情况反而说明宝宝在发展自我保护与社会适应的能力。为加快适应速度，家长平时要多说幼儿园、幼儿园老师和小朋友的好话，让他产生好的印象。

尽管这样，宝宝还可能出现不适应的情况，如不愿意说幼儿园的事情。这时家长不要着急地强迫他说话，平静地等待宝宝的自然成长。如果出现对宝宝刺激较大的事件，家长要背着宝宝与老师交流和解决问题，不要让宝宝卷入事件的磨合过程，否则宝宝适应得更慢。

2.宝宝入园焦虑比较严重，怎么办

有的宝宝入园焦虑情绪比较严重，在幼儿园总是发烧、拉肚子，回到家中也是心事重重，一提到幼儿园、老师、小朋友什么的就感觉很害怕。对于这种情况，有几点建议供家长参考：

◎在宝宝情绪紧张的这个阶段，成人的情绪要放轻松些，早晨送宝宝或晚上接宝宝时，都要调整好自己的心态，因为你的情绪会对宝宝产生影响的。

◎与幼儿园协商，看是否先让宝宝从上半天开始，这样可以减少宝宝焦虑的时间。

◎接宝宝回家后，要多对宝宝进行心理安慰，尽量多陪陪他，和他玩好玩的游戏，多对他表达父母对他的爱。

营养：宝宝适量吃醋好处多

第3周第1天

醋含有多种营养素，具有帮助消化、增强食欲、促进食物营养成分转化吸收等功能，有利于机体的新陈代谢，调节体内酸碱平衡，而且醋还有杀菌防病的功能。因此，儿童膳食中应适当添加点儿醋。但是，食醋虽好也不能过量，食醋过量会导致胃酸过多，甚至引起消化系统疾病。如果是消化系统有毛病的宝宝就更需要谨慎了，应该在咨询过医生之后再决定醋的食用量。此外，家长要掌握几招食醋妙用的方法：

1.煮骨头汤时加点儿醋

宝宝生长发育非常快，骨骼和肌肉正处于建造时期，因此需要大量的钙质。在煮骨头汤时加入少量的米醋，可使骨头脱钙，大量的钙质溶于骨头汤内，还能促进钙质在小肠的吸收。

2.做鱼时加点儿醋

如果在做鱼时加入米醋，不仅可软化鱼骨刺，避免扎伤宝宝，而且也能使鱼骨中钙溶解在汤里，同时还可减轻鱼的腥味儿，使宝宝乐于吃鱼。

3.吃海鱼防止中毒需要加醋

海产鱼中的青皮红肉鱼类，如鲐鱼、金枪鱼、沙丁鱼、鲭鱼、鲱鱼等，其体内含有多量的组氨酸，当其在室温（15℃～37℃）下保存过久时，环境中的细菌所产生的组氨酸脱羧酶将鱼肉中游离的组氨酸脱羧后产生大量的组胺，组胺可引起人体毛细血管扩张及支气管收缩，导致一系列的临床症状，严重者将发生中毒。因此，此类海鱼应尽早食用。对不太新鲜但还可食用的应先用适量的盐和醋拌渍，再用流通蒸气蒸30分钟，去汤后再烹制食用，以免发生组胺中毒。

4.夏季可以多吃点儿醋

在高温环境中，人体消化酶分泌减少，消化功能下降。因此，夏季的食物应当清淡爽口，食物的外观和花样要能引起食欲。在调味儿方面要注意少用油、多用醋；既有助于消化，还能提高食欲，同时还能起到杀菌的良好作用。

第3周第2天

营养：换着花样吃番茄

番茄富含β-胡萝卜素、维生素B_1、维生素B_2、尼克酸、维生素K等营养素，每100克可食部分含有8毫克维生素C，还含有苹果酸、柠檬酸、番茄碱、蛋白质、脂肪、糖类、粗纤维、钙、磷、铁等。因此，应该让宝宝多吃番茄。

1.番茄丸子

原料/调料：肥瘦肉馅50克，青菜25克，番茄酱10克，葱末、姜末各少许，精盐、水淀粉各适量。

做法：（1）将肉馅放入碗内，加入葱姜末、精盐、水淀粉，搅匀后加番茄酱，再用力朝一个方向搅上劲，待用；青菜切成小丁。（2）肉馅加入调料后，要朝一个方向搅打至发黏、上劲。丸子要等温水下锅，不易散碎。（3）锅内放入清水，水刚开后将馅泥挤成1.5厘米大小的丸子氽入锅内，再加青菜小丁、精盐略煮几分钟即成。

营养提示：这道菜里含有幼儿生长所必需的优质蛋白质、脂肪、维生素和矿物质等多种营养素。

2.番茄汁

原料/调料：番茄1个，白糖10克，温开水适量。

做法：（1）将成熟的新鲜番茄洗净，用开水烫软后去皮切碎，再用清洁的双层纱布包好，把番茄汁挤入小碗内。（2）取番茄汁，将白糖放入汁中，再用适量温开水冲调后即可饮用。

营养提示：本品酸甜可口，富含维生素C及维生素A，适合宝宝在夏季饮用。

3.番茄肝末儿

原料/调料：猪肝20克，番茄20克，葱头10克，精盐0.7克。

做法：（1）将猪肝洗净切碎；番茄用开水烫一下，剥去皮切碎；葱头剥去皮洗净，切碎待用。（2）将猪肝、葱头同时放火锅内，加入水或肉汤煮，最后加入番茄、精盐，使之有淡淡的咸味即成。（3）注意猪肝、葱头下锅不要煸炒，要立即加肉汤或水煮，味不应太咸，略有咸味即成。

营养提示：可满足孩子补充铁、维生素C的需求，可防止缺铁性贫血和坏血病的发生。

营养：为宝宝做几道滋补汤

第3周第3天

1.白菜绿豆汤

原料/调料：大白菜根数个，绿豆30克，白糖适量。

做法：（1）先将绿豆洗净，放入锅中加水，用中火煮至半熟；（2）再将白菜根洗净，切成片，加入绿豆汤中，同煮至绿豆开花、菜根烂熟，即成白菜绿豆汤，饮时加入白糖调味即可。

营养提示：适合所有宝宝，营养丰富，性微寒凉，清热，利小便，解毒；解冬季燥热，久痰不化，小便短赤。

2.胡萝卜排骨汤

原料/调料：胡萝卜、猪排骨各250克～300克，生姜2片，料酒、盐、葱、味精各适量。

做法：（1）将胡萝卜、猪排骨洗净，切成块，加水适量；（2）将锅置中火上，炖约2小时，将出锅时调入料酒、盐、姜、葱，再煮20分钟，加入味精即成。可因人喜好添加其他作料，如能加入米醋，使其汤中钙质更易被吸收。

营养提示：猪骨肉香，胡萝卜烂，吃肉喝汤均鲜香适口。胡萝卜除含维生素A外，还含有一定糖、蛋白质等营养素，可促进血红蛋白的生成，故有补血作用；排骨可益精髓、强骨。此汤有润燥滋阴，养筋强骨的功效。

3.老姜鲫鱼汤

原料/调料：鲜鲫鱼2条（约700克），猪肥膘30克，姜20克，香菜5克，盐、料酒、醋、白糖、葱、味精各适量。

做法：（1）将鲫鱼刮鳞去鳃，取出内脏，洗净，在鱼身两侧斜切成十字花刀，放入沸水锅内烫一下，捞出，控干水。（2）将猪肥膘肉洗净，切成小丁；姜洗净，切成片；香菜洗净，切成末；葱去皮洗净，切成丝。（3）往锅内放入鲫鱼、肥肉丁，添汤，加盐、料酒、醋、白糖、葱丝、姜片，盖上锅盖，将锅置于火上，烧开后撇去浮沫，改用小火炖30分钟，加味精、香菜末即成。

营养提示：鲜美酥烂，味醇质嫩，有润燥滋补的功效。

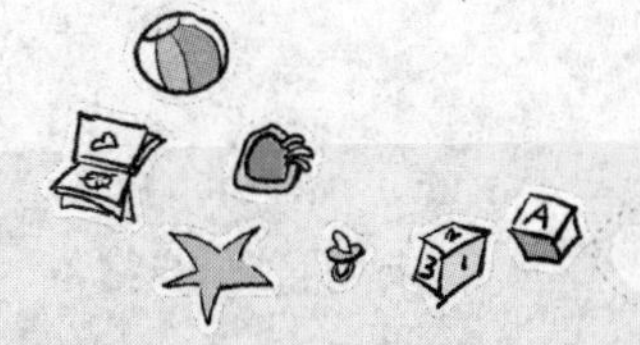

第3周第4天

健康：饮料喝得太多有损健康

一般到了盛夏或燥秋，人们对于水的需求量都会大大增加。尤其是宝宝，正处于生长发育的旺盛时期，活动量又大。宝宝喝水只关心味道，不管是不是有营养。因此，比起无滋无味的白开水，酸酸甜甜的各种饮料更能吸引他们。于是，家长索性买来各种口味的饮料给宝宝喝。这做做法非常错误，会给宝宝的生长发育带来很多害处。

害处一：身体发生营养问题

经常给宝宝喝饮料，如可乐、果茶、配制型果汁、果味汽水或过凉的酸饮料，不仅会对胃有刺激，而且还会冲淡胃中的消化液，使食物的消化和吸收直接受到影响，长此下去宝宝就会发生营养问题。

害处二：身体的抗病能力下降

饮料中大多都含有较多的糖分、合成色素、防腐剂及香精等成分，这些物质从胃肠吸收进入血液循环中，会使宝宝身体内的免疫功能减退，抵抗疾病的能力因此而下降，经常发生呼吸道、消化道及其他系统的感染。

害处三：影响正常进食量

饮料中的汽水会产生的过多气体，使胃部膨胀，从而使食欲下降；大量的饮料在饭前饮用会冲淡胃消化液，使食欲减退；含糖分高的饮料不仅影响进食量，而且又代替不了营养丰富的正餐。这样，势必影响正常进餐，破坏了进食规律。因此，最好不喝或少喝，特别是在饭前。

害处四：加重肝脏和肾脏的负担

饮料中的糖分、合成色素、防腐剂、香精等，虽然对身体几乎没有任何用处，但却需要经由肝脏进行解毒，然后再从肾脏排出体外。如果经常或大量喝饮料，首先会加大功能还未发育完善的肝脏和肾脏的代谢负担，尤其是给宝宝喝了品质较低的饮料；其次，由于其中的色素是合成的，是从石油及煤焦油中提取出来的，若是经常饮用，这些合成色素就会妨碍神经系统信号的传导，容易使宝宝出现情绪不稳定、易焦躁等多动症的症状。

营养：B族维生素作用大

第3周 第5天

1.缺乏维生素B1会出现的问题

宝宝脚气病不是我们日常生活中由霉菌感染的脚气病，而是由于缺乏维生素B_1引起的营养缺乏病。维生素B_1又叫硫胺素，是维生素中最早被发现的一种，它能构成辅酶，参与人体的正常代谢，能抑制乙酰胆碱的活性，促进胃肠蠕动，它更作用于神经组织，所以又被称为“抗脚气病因子”或“抗神经炎因子”。如果妈妈在怀孕期间所摄入的食物缺乏维生素B_1就可能导致宝宝得脚气病，出现吃奶无力、浑身发软、呕吐腹胀、心率快、心脏轻微肿大等症状。

2保证宝宝摄入充足的维生素B1

维生素B_1在人体内储存有限，且为水溶性维生素，容易从肾脏、汗液排出，所以需要不断补充才能满足机体的需要。维生素B_1广泛分布于自然界植物和动物体内，但含量随食物种类而异，且受收获、储存、烹调、加工等条件影响。最为丰富的来源是葵花子仁、花生、大豆粉、瘦猪肉，其次是粗粮、小麦粉、玉米、小米、大米等谷类食物，鱼类、蔬菜和水果中含量较少。

中国营养学会建议，1～3岁幼儿每日维生素B_1的适宜摄入量为0.6毫克。

3.缺乏维生素B2会出现的问题

宝宝生长发育迅速，对维生素B_2的需求量是比较大的。中国营养学会建议1～13岁的儿童每日维生素B_2的摄入量应为0.6毫克～1.2毫克。宝宝缺乏维生素B_2可能会引起口角炎、舌炎、舌中部出现红斑、舌出现裂纹、阴囊皮炎、皮肤溢出性皮炎等多种病症，还会影响铁的吸收，引起继发性铁营养不良、继发性贫血。

4保证宝宝摄入充足的维生素B2

要补充维生素B_2最重要的是给宝宝提供平衡的膳食，动物性食物、新鲜蔬菜和豆类都不能缺少，要占有合理的比例，同时选择一些富含维生素B_2的食物，比如动物内脏，如肝、肾、心等，以及蛋、奶类、豆类，另外，绿叶蔬菜中也含有不少维生素B_2。有些家长一发现宝宝缺乏维生素B_2就要给宝宝服用维生素B_2制剂，其实食补是最安全的。宝宝是否需要服用维生素B_2制剂一定要听从医生的建议，不要擅自给宝宝服药。

第3周第6天

早教：宝宝不愿意去幼儿园怎么办

首先妈妈要了解和寻找宝宝不爱去幼儿园的原因，多与老师交流。同时，注意加强对宝宝自理能力的培养。一般来讲，自理能力差的宝宝往往挫折感强，在幼儿园会产生更大的压力，从而适应性较差。

家长也要多与宝宝进行心理沟通，多从正面的方式去引导宝宝的思考。比如问宝宝“今天谁是你的好朋友”就比问宝宝“今天谁欺负你了”更好。

鼓励和表扬也是必不可少的。宝宝稍有进步的表现就要大加表扬，也可以促进宝宝对去幼儿园的认同感。

另外，家长要协助宝宝建立与小朋友间的友谊，比如，带一些幼儿园允许的书籍或食物让宝宝去与小朋友分享。如果宝宝有了自己的好朋友，就可以借助榜样的力量了。

有的宝宝不愿意去幼儿园有具体的原因，家长可以针对具体原因采取正确的教育策略，及时帮助宝宝解决问题。例如，有的宝宝从来不喜欢在外边大便，即使憋得很难受也不肯在外边大便，因此不爱上幼儿园。这个问题虽然紧急，但是解决起来绝不能着急，可以考虑多管齐下帮助宝宝解决问题：

首先保证宝宝喝足够的水，吃足够的水果和蔬菜，同时有足够的运动，使得排便本身非常容易，不需要宝宝久蹲或使劲，也使宝宝有强烈的便意，这是最基本的一步。

同时，妈妈可以和幼儿园老师商量，从家里带一个宝宝比较习惯使用的便盆，让宝宝暂时使用。有的宝宝往往因为不熟悉幼儿园的卫生设备，或者不喜欢甚至觉得脏而打退堂鼓。

宝宝在家里时，要帮助他建立一个相对固定的排便时间，比如早晨起床后，下午回家后，晚上睡觉前。到了时间，无论宝宝有没有主动要求排便，都要求他试一下，减少大便“堆积”的可能。

平时跟老师多做沟通，请老师帮你一起引导宝宝适应幼儿园的环境，多提醒和鼓励宝宝，但是不强迫或训斥宝宝。

另外，家长还可以和宝宝谈谈“条件”。如果宝宝不憋便，能够在家外上厕所，就会得到表扬或者一朵小红花；红花积累到一定数量，如3次、5次后，就满足宝宝一个合理的愿望。

早教：纠正宝宝在幼儿园的问题行为

第3周第7天

1.宝宝在幼儿园总爱打小朋友怎么办

宝宝的行为与其说是打人，不如说是打招呼，但是他不明白这样“打招呼”是不被别人接受的，家长需要向宝宝传授正确的交往技能。

当宝宝出现打人的情况时，家长要把宝宝拉到一边交流：“你想做什么呢？”有时宝宝可能心里想到了却说不出，妈妈就根据当时的情景为宝宝设置几个选项让他选择，然后告诉宝宝应该怎么向小朋友表达这种愿望和需求，并鼓励宝宝当时演示一遍。

2.宝宝在幼儿园总是没兴趣玩怎么办

宝宝刚上幼儿园，不会交朋友，不会参与大家的活动和游戏，这是很常见的。妈妈可以给宝宝一些具体的建议，让他在幼儿园过得开心而充实。比如：

◎给宝宝准备一些小花什么的，告诉他遇到喜欢的小朋友可以送他一朵花，和他交朋友。

◎告诉宝宝可以玩些什么，比如用积木做房子、玩过家家、画画，而且暗示他幼儿园真好玩，有那么多小朋友，还有那么多玩具，比家里好玩多了。

3.宝宝不爱参加幼儿园的集体活动怎么办

宝宝不愿参加集体活动，主要是因为他的社会交往活动刚刚开始，交往能力和技能上都有待发展，幼儿园不同于家庭环境，所以参加集体活动需要一个逐渐适应的过程。家长可采用这样的方法引导宝宝多与小朋友交往、参与集体活动：

◎平时多与宝宝聊一聊幼儿园的老师和小朋友，使他逐渐关注在园的活动，并且乐于参加进去。

◎和宝宝商量，请住在附近的同班小朋友周末一起玩。当他有了比较熟悉的小朋友时，就比较容易参加更多人的游戏。

◎和老师谈谈，请老师在幼儿园日常活动中给宝宝适当地关注和鼓励，增强他的自信心，以此鼓励他与小朋友一同游戏。

第4周第1天

营养：为宝宝做几道明目美食

1.鸡肝菠菜粥

原料：鸡肝50克，菠菜100克，香米50克，姜10克，葱白10克，酱油5克，精盐2克，橄榄油5克。

做法：（1）将新鲜的鸡肝在流水下反复冲洗至发白，再放入清水中浸泡2～3小时，中间换水两次，水中可加一勺醋以去除腥味；（2）将泡好的鸡肝用沸水焯至6分熟，去除浮沫，捞出切小丁，加入葱丝、姜片及酱油拌匀并腌15分钟备用；（3）菠菜沸水焯熟，切成小段备用；（4）香米洗净，放入沙锅中，加适量清水，大火烧开后，小火慢炖至香米开花熟烂；（5）香米粥中加入鸡肝丁、菠菜段煮熟，最后加盐调味，淋上橄榄油调匀即可出锅。

营养提示：维生素A是维持正常视觉所必需的营养素，鸡肝中的维生素A含量仅次于羊肝和牛肝，高于猪肝，且富含铁、锌、硒等多种微量元素，是养肝明目的良品。

营养成分：热能312千卡，蛋白质17.8克，脂肪8.3克，碳水化合物44.3克，胆固醇178毫克，维生素A 18993国际单位，尼克酸8.2毫克，铁12毫克，锌2.52毫克，硒22.76微克。

2.胡萝卜蛋饼

原料：胡萝卜200克，南瓜100克，鸡蛋100克，虾仁30克，核桃油30克，香葱10克，食盐2克。

做法：（1）胡萝卜洗净，刨成细丝，香葱切成末，虾仁洗净去虾线，切成小丁；（2）南瓜蒸熟后捣成南瓜泥；（3）面粉用清水调成糊状，打入鸡蛋、放入南瓜泥后搅匀；（4）将胡萝卜丝、香葱末、虾仁丁同时放进面蛋糊内搅匀，加入适量食盐；（5）向平底锅中加入核桃油，烧至7成热后，将蛋糊倒入锅内，摊成蛋饼，煎至两面金黄色即可起锅。

营养提示：胡萝卜、南瓜等黄、红色蔬菜含有丰富的类胡萝卜素，可在体内转化成维生素A，有助于保护视力。注意胡萝卜素是脂溶性物质，必须先溶解在油脂中才能被有效吸收，因此最好不要生吃，而是与食用油或肉制品一起烹饪后再食用。

营养含量：热能559千卡，蛋白质26.8克，脂肪39.8克，碳水化合物26.3克，维生素A5980国际单位，维生素C36毫克，尼克酸1.8毫克，铁6.9毫克，锌3.06毫克，硒16.19微克。

营养：让宝宝的饭桌溢满粥香

第4周 第2天

1.鱼肉松粥

原料/调料：大米一两，鱼肉松半两，菠菜半两，精盐少许，清水适量。

做法：（1）将大米淘洗干净，放入锅内，倒入清水用旺火煮开，改微火熬至黏稠待用（注意粥要熬烂、熬黏）。（2）将菠菜洗净，用开水烫一下，切成碎末放入粥内，加入鱼肉松、精盐，调好口味，用微火熬几分钟即成。

营养提示：此粥富含优质蛋白质、碳水化合物及钙、磷、铁等营养素。

2.豆浆大米粥

原料/调料：豆浆2袋或3袋，大米适量。

做法：将大米洗净，用豆浆煮米做粥，每天早上空腹吃。如果宝宝口味偏甜，可以加少许白糖。

营养提示：具有调和脾胃、清热润燥的作用。口味甜甜的，豆浆香香的，既有营养口感又好，宝宝很喜欢吃。

3.花生枣泥粥

原料/调料：花生米20枚，红枣5枚，粳米30克，白糖适量。

做法：（1）将花生米洗净去皮，加水上锅煮，煮至六成熟时加入红枣煮烂，红枣去皮、核后和花生米一起碾成泥备用。（2）将粳米淘洗干净，放入煮锅，加入清水适量，旺火煮开后用小火煮成稀粥。（3）将花生、红枣泥加入粳米粥中，再加入白糖略煮即可食用。

营养提示：此粥富含矿物质。

4.牛肉金笋粥

原料/调料：胡萝卜20克，牛肉30克，粳米30克，黄酒2克，精盐2克，味精1克，香油适量。

做法：（1）将粳米洗干净，下锅放入适量的清水，旺火煮开后用小火煮成烂粥。（2）牛肉洗净，切成肉末，加黄酒及盐腌5分钟。胡萝卜上屉蒸熟，去皮碾成泥，同时拌入稀米粥内，加入适量的盐、味精调味后再煮15分钟，淋入香油几滴即可食用。

营养提示：此粥富含维生素及矿物质。

第4周第3天

健康：需要纠正的睡眠误区

1.睡前吓唬宝宝

有时为了让宝宝尽快入睡，妈妈常常采用吓唬的办法，“如果不睡觉，大灰狼就会来”，等等。其实，这样做反而会让宝宝的神经系统受到强烈刺激，使他根本不能入睡或者入睡不安稳，睡眠质量大打折扣。

2.宝宝睡得太晚

一些家长有晚睡的习惯，受其影响宝宝也养成了晚睡的习惯。但是，由于生长激素的分泌高峰是在夜间22～24点，如果晚睡，宝宝体内生长激素的分泌势必减少，身高便会受到影响；晚睡还会造成睡眠不足，影响正常的生活。因此，父母应该以身作则，培养宝宝早睡早起的好习惯。

3.陪宝宝睡觉

一些妈妈喜欢陪宝宝一起睡，长此以往不但容易使宝宝产生恋母心理，形成依赖思想，缺乏独立自主的能力，甚至于上学了仍要妈妈陪睡。

4.搂着宝宝睡

有些妈妈喜欢搂着宝宝睡觉，可是，被搂着，宝宝呼吸不到新鲜空气，反而吸入了妈妈呼出的废气，对宝宝的身体健康很不利。此外，搂着宝宝睡还会限制宝宝自由活动，难以伸展四肢，影响血液循环和生长发育。

5.宝宝蒙头睡

尤其是冬季，妈妈怕宝宝受凉，总是用被子把宝宝蒙得严严实实的。然而，宝宝新陈代谢远比成人旺盛，被子里的湿度又高，以致宝宝大汗淋漓，容易发生虚脱和呼吸不畅，引发“焐热综合征”。

6.让宝宝睡电热毯

电热毯加热的速度很快，温度过高会使宝宝体内水分丧失，发生脱水，引起宝宝烦躁不安、哭闹不停，使其健康受到损害。让宝宝睡在通宵加热的电热毯上则更不可取。如果确实需要，可先将电热毯预热，待宝宝上床后就应及时切断电源，切忌通宵不断电。

健康：增强宝宝体质的生活细节

第4周 第4天

1.做个“野”孩子

有些宝宝娇生惯养，天气一冷妈妈就不让宝宝出门了。这么一来，宝宝的呼吸道长期得不到外界空气的刺激，反而更容易感染疾病。适当的室外活动是增强宝宝体质最有效的方式。

家长可以在阳光柔和的时候带宝宝到室外呼吸新鲜空气，晒晒太阳，时间以30分钟到1个小时为宜。一般的小区都有中心花园或固定活动场所，宝宝可以在大人的监护下进行一些简单的器械锻炼或身体活动操。新鲜的空气和自由的活动空间对宝宝的成长至关重要。要注意的是，锻炼要遵循适度、持续和循序渐进的原则，不要进行长时间和超体力的运动，否则可能会因为身体劳累过度导致宝宝免疫力下降。

2.天凉慢添衣

从秋天开始进行耐寒锻炼是提高宝宝对寒冷反应灵敏度的最有效方法。有些家长，特别是爷爷奶奶们，总怕宝宝受冻，天气稍冷就给宝宝加上厚厚的衣服，殊不知这样会给宝宝造成一种恒温环境，没有经过寒冷锻炼反而更容易感冒。秋季添衣要掌握“春捂秋冻”的原则，根据天气预报和自身的感觉有计划地增减衣服，一般来说孩子比大人多穿一件单衣就可以了。给宝宝多准备几套薄厚不等的衣服，内衣一定要用纯棉面料，毛衣以不会直接刺激到宝宝皮肤为好。

3.多吃粗粮

老人们总觉得给宝宝吃的东西当然是越精细越好，其实粗粮可提供细粮所缺乏的营养成分，达到膳食平衡、营养合理。如果光吃一些高蛋白、高热量的食物，很容易就把宝宝养成小胖墩了。还有，缺锌的宝宝免疫力低下，容易感冒，食欲下降，还会造成大脑发育不良。海产品、红肉和山核桃是锌的良好来源，与其吃补锌的药物还不如多吃些含锌量丰富的食物。

第4周第5天

早教：不同国家的早教实践

1.美国

美国人十分重视人的独立性和自力更生精神，因此，从婴儿1岁半起就开始培养其自我服务技能。他们认为，自我服务技能的掌握可以增强婴幼儿的独立性和成功感，可以使婴幼儿和家长双方受益。婴幼儿的自我服务技能包括：系鞋带、穿衣服、扣纽扣、拉开或拉上拉链、洗脸、刷牙、梳头、吃饭、上厕所等等。

在美国，老师认为交给孩子学习能力比教会他做几道算术题更重要。他们不会将不属于这个年龄段的知识技能硬灌输给孩子，而是崇尚让他们多动手、多体验，在各种益智、团队游戏中学会体验和探索的本领，更主动更交互地认识周围的事物。

2.法国

法国家长认为艺术教育对孩子的未来非常重要，而这些教育早在孩子襁褓之中时家长就会潜移默化地去影响孩子。法国的早教课更像是艺术细胞的培养和激发课程，他们首先是尊重孩子，在这个基础上培养孩子的感性认识。

3.加拿大

在加拿大，宝宝稍大一点时可以送其到“play school”，不是去上课学习，而是参加那里的美术、劳作、音乐以及唱游等活动，而且与众不同的是，这样的早教学校不会设置写字和计数等课程。加拿大的早教专家普遍认为，幼儿期是动作能力均衡发展的关键期，也是培养创造力的重要时期，因此培养动手能力更为重要，若让孩子过早认字、写字和计数会耗费幼儿的体力和脑力，延缓他们的动作发展。

4.日本

在日本，父母在孩子很小的时候就给他们灌输一种思想：不要给别人添麻烦。在日常生活中从家长到早教学校都会注意培养孩子的自理能力和自强精神。你会发现在日本，孩子上课甚至全家人外出旅行的时候，孩子都要无一例外地背一个小背包，里面装着他自己的物品，很多事情年幼的孩子都要自己去做，家长和老师只是在一旁略加指导。

早教：耐心解决宝宝的心理问题

第4周 第6天

1.宝宝在幼儿园很乖，回家却经常发脾气，怎么办

宝宝的学习能力是很强的，适应环境的能力也很强，他会自己去摸索总结，在不同的环境做出不同的表现。他发现在幼儿园乖些，容易得到老师的喜欢，于是他就学会了乖；他发现回到家不需要那么乖，甚至脾气坏些家长还会可怜他，对他更好，于是他在家的表现就和在幼儿园时完全不同。所以，不要因为宝宝上了幼儿园，而且表现还不错，就迁就他在家的不良行为，要用一贯的态度和规则来要求他。如果宝宝发现无论在哪里，自己的事情自己做，不乱发脾气，多帮助别人，这样的表现都会得到赞扬，他的表现也就会一致。

2.宝宝在家很强硬，在幼儿园却逆来顺受，怎么办

有时家长担心“欺软怕硬”会影响宝宝形成积极的性格，这就要求家长改变相应的教养方式。家长在家里不要一切都顺应宝宝，要培养宝宝遵守规则的意识和习惯。长久下去，宝宝就明白人与人之间的正常交往主要是按照规则行事的，而不是随便迁就，这对塑造宝宝内外一致的性格具有积极作用。

3.宝宝在幼儿园表现很好，回家却不愿意说话，怎么办

有的宝宝在幼儿园表现挺乖的，但回到家中却不愿意说话，更不愿意提及幼儿园的生活。这是怎么回事呢？

宝宝刚上幼儿园，肯定会有很多不适应的地方，尤其是表现很好的小朋友，肯定是委屈自己，压抑自己去适应集体生活，适应老师的要求。所以，宝宝可能因为不开心而变得不爱说话。

家长可以通过赞扬和鼓励，来让她开心起来。比如，你可以说“你很棒，去了幼儿园就学会了自己穿鞋”，“老师说你不跟别人抢玩具，你真是个懂事的宝宝”。这样，宝宝就会觉得上幼儿园似乎也有很多好处，他的努力有价值。同时妈妈还可以给他一些建议，“如果有别的小朋友抢宝宝的玩具，要告诉妈妈”，“不开心的时候可以和老师说”，帮助宝宝在幼儿园过得开心、开朗些。

第4周 第7天

早教：宝宝总是唱反调怎么办

2~3岁的宝宝进入人生的第一次心理反抗期，第二次心理反抗期将在宝宝的青春期出现。很多宝宝以前很听话，好像突然变得爱唱反调，家长让他安静，他偏要吵闹；家长让他把书放在桌子上，他偏要放在桌子下；家长让拿个大碗，他偏要拿个小碗……好像诚心要和家长作对。

对于这种现象，家长不必惊慌，也不必厉声指责宝宝，更不要强迫宝宝服从自己的要求。

想要宝宝听从家长，最好的办法就是能让他自己做主的事情就给他足够的自主权，让他充分体验到自己主宰自己的快乐。

需要给予他指导，希望他听话的时候最好是给他一个选择的权利。比如，你要他去把弄乱的书摆放整齐，不能仅仅给他这么一个指令，而要给他一个选择的权利；比如对他说，“你是愿意去把书摆放整齐，还是愿意……”第二个愿意是他肯定不愿意做的一件事情，那么他就有可能选择去把书摆放整齐。

还有一个办法，就是以游戏的方式来引导他，如果想要他把书摆放整齐，那就跟他一起来干这件事情，并且，给他的感觉应该是你们的目的不是把书摆放整齐，而是把书摆成一列长长的特别整齐的“火车”。没有宝宝不喜欢游戏的，只要他觉得是个有趣的游戏，他就会乐此不疲。

需要特别提醒的是，不管怎样，还是要尽量给他多一些自由，不是原则性的问题，一般都不要给他过多的约束。他的自我发展了才会更加自信、更加独立，同时也会更加“乖巧”。否则，给他的约束太多了，他就会逆反，他的自我发展就会受到束缚，对心理的成长并没有好处。

心理学上有个强化理论，说如果宝宝的行为得到了他期待中的结果，他的行为就会被强化，他就会不断重复这个行为。所以，当宝宝故意跟家长作对，家长好笑又好气，他就觉得很满意。然后他不断地尝试跟家长对着干，每次家长的反应都是生气、大骂、无奈，他就得到了期待中的结果，以后他就会总是用这种手段引起家长生气。这成为一个“好玩”的游戏。

所以，家长需要做的是不要理会宝宝作对的行为，但是如果他表现出听话和合作，就大声地赞扬他。逐渐地，宝宝就会明白，作对已经不能达到引起家长强烈反应的目的，反倒是合作和听话能够得到家长的关注和赞赏，他就会减少作对的行为。

2岁第9个月 养育计划

这个月是单脚跳跃能力发展的关键期。已经开始尝试学习在运动中发挥自己的力量和保持平衡，进入平衡能力发展的又一个重要时期，同时也是身体协调性和双腿力量获得发展的重要时期。

生长发育情况

1.体格发育

到这个月的月末，也就是宝宝满2岁9个月（33月龄）的时候：

母乳喂养儿童体格发育情况

身高（厘米）							
性别	-3SD 轻度生长迟缓	-2SD 正常	-1SD 正常	0SD 正常	+1SD 正常	+2SD 正常	+3SD 偏高
男孩	83.4	86.9	90.5	94.1	97.6	101.2	104.8
女孩	81.9	85.6	89.3	92.9	96.6	100.3	103.9
体重（千克）							
性别	-3SD 中度体重不足	-2SD 轻度体重不足	-1SD 正常	0SD 正常	+1SD 正常	+2SD 正常	+3SD 超重或肥胖
男孩	9.7	10.9	12.3	13.8	15.6	17.6	19.9
女孩	9.3	10.4	11.7	13.3	15.1	17.3	20.0
头围（厘米）							
性别	-3SD	-2SD	-1SD	0SD	+1SD	+2SD	+3SD
男孩	45.0	46.4	47.8	49.2	50.6	52.0	53.4
女孩	44.0	45.4	46.8	48.2	49.7	51.1	52.5

数据来源于《世界卫生组织儿童生长标准（2006年）》，SD为标准差，0SD即为平均数。

2.动作发育

◎ 单脚站立稳当，不必扶人和扶物。

◎ 这个月是单脚跳跃能力发展的关键期。已经开始尝试学习在运动中发挥自己的力量和保持平衡，进入平衡能力发展的又一个重要时期，同时也是身体协调性和双腿力量获得发展的重要时期。

3.语言发育

语言理解和表达有进步，能快速配上反义词。

4.社会性发育

已经有了性别的概念，能正确回答“我是男孩”或“我是女孩”。

5.认知能力发育

◎ 视力分辨较精确，能找出错图及缺图，即视觉印象明确，能与看到的图作比较，找出错误及漏画的部分。

◎ 能分清左右，不会穿错鞋。

◎ 手脑并用反应较快，能玩循环制胜的包剪锤游戏，能拼上6～8块较困难的拼图和玩赢数字的游戏。

宝宝的体质是因人而异，妈妈在给宝宝考虑秋补时也要留意，并不是所有的宝宝都适合“贴秋膘”。

第1周第1天

营养：“贴秋膘”要因人而异

1.适合“贴秋膘”的宝宝

宝宝的体质因而异，并不是所有的宝宝都适合“贴秋膘”。

◎先天不足，身体发育缓慢的宝宝。这类宝宝由于胎儿期的营养不良，身体产生节约机制，导致出生后对营养吸收存在着一定的障碍，影响生长发育。有必要在秋季对这类宝宝进行营养调理。

◎免疫力低下的宝宝。这类宝宝由于自身的抵抗力较差，容易感染传染性疾病，也较容易感冒，秋季是肠道传染病的高发季节，要及时给这类宝宝补充营养。

◎挑食、偏食的宝宝。宝宝挑食、偏食的结果必然是营养素摄取得不充足、不全面。刚过去的夏季已经造成了营养的流失，即将到来的寒冷冬季又要求有营养储备，因此这类宝宝需要在秋季做好营养补给。

2.不宜“贴秋膘”的宝宝

◎正在患病的宝宝。正在患病的宝宝应以疾病的治疗为主，饮食方案应配合疾病康复为主，盲目地给宝宝“贴秋膘”容易发生“虚不受补”的情形，对宝宝的康复不利。

◎肠胃功能不好的宝宝。这类宝宝本身就存在食物消化吸收不良的问题，如果秋季大量进补，加重了胃肠道的负担，反而引起肠胃不适，影响营养的吸收。这类宝宝如要“贴秋膘”，必须先积极调养胃肠功能，在胃肠功能恢复以后再进行秋补。

◎肥胖型宝宝。肥胖型宝宝普遍存在能量过剩，秋季不易再增加饮食的摄入。

3.科学合理“贴秋膘”

饮食补益的重点不光是多吃高蛋白的鸡鸭鱼肉，还要注意各类维生素和矿物质的补充，维生素A、维生素C、维生素E具有很强的抗氧化作用，能提高宝宝免疫力，维生素B_1能促进胃肠道消化，增强食欲；秋季宝宝的血色素普遍偏低，秋补的重要矿物质之一是铁。此外，秋季还要给宝宝补充锌、钙和硒，以增强宝宝的免疫功能。矿物质在肉类及动物肝脏中含量较高。同时也要兼顾到秋季的季节特点，进补一些滋阴润燥的食物。如莲藕、雪梨、甘蔗、银耳等均有滋润功效。

营养：为宝宝选择营养丰富的食物

第1周第2天

1.吃鹌鹑蛋的好处

鹌鹑蛋与鸡蛋的营养价值大体相似，蛋白质的质量也相似，都是最容易消化吸收的蛋白质。只是鹌鹑蛋所含脂肪略高于鸡蛋，其中磷脂特别丰富，维生素A、维生素E和硒的含量也略高。其中磷脂对幼儿的神经系统发育很有帮助，维生素A则可以帮助孩子提高抗感染能力。同时，由于鹌鹑蛋个体小，口感细腻，比鸡蛋更容易咀嚼，所以更适合幼儿食用。

2.吃豆腐的好处

豆腐是以黄豆、青豆、黑豆为原料，经浸泡、磨浆、过滤、煮浆、加细、凝固和成形等工序加工而成的最大众化的烹饪原料之一。豆腐作为食药兼备的食品，具有益气、补虚等多方面的功能。据测定，一般100克豆腐含钙量就有140毫克～160毫克。此外，豆腐又是植物食品中含蛋白质比较高的，含有8种人体必需的氨基酸，还含有动物性食物缺乏的不饱和脂肪酸、卵磷脂等。因此，宝宝常吃豆腐不仅可以保护肝脏、促进机体代谢，还可以增加免疫力并且有解毒作用。

3.吃燕麦的好处

燕麦又名“莜麦”，营养价值极高，蛋白质和脂肪含量都高于一般的谷类食物，是一种高能食物，其所含的蛋白质含有人体需要的全部必需氨基酸，特别是赖氨酸含量高；脂肪中含有大量的亚油酸，消化吸收率也高。燕麦还有良好的降血脂和预防动脉硬化的作用。燕麦常见的产品有燕麦片和燕麦粉，燕麦粥已成为欧美各国主要的早餐食品，应该让孩子从小养成吃燕麦的好习惯。

4.吃面包的好处

面包是以小麦粉为原料的发酵食品，含糖类40%左右，蛋白质在10%以上（含有多种氨基酸），脂肪约20%，矿物质3%，而且面包容易消化，还能促进其他营养素的吸收，常给宝宝吃些面包对他的健康非常有好处。面包松软可口，宝宝一般都比较喜欢，但是必须注意，给宝宝挑选面包不要挑选那些热量过高的，以免宝宝摄入过多的热量，导致肥胖。

第1周第3天

营养：科学饮食，宝宝更健康

1.饭前不要给宝宝喝水

饭前喝水是一种非常有害的习惯。消化器官到吃饭时会分泌出各种消化液，如唾液、胃液等，与食物的碎末儿混合在一起，使食物容易被消化吸收。如果喝了水就会冲淡和稀释消化液，并减弱胃液的活性，从而影响食物的消化吸收。如果宝宝在饭前感到口渴，先给喝一点温开水或热汤，但不要很快就吃饭，最好过一会儿。

2.不要空腹吃甜食

不要在进餐前给宝宝吃巧克力等甜食，经常空腹并在饭前吃巧克力，不仅降低宝宝吃正餐的食欲，甚至不愿吃正餐，导致B族维生素缺乏症和营养不均衡，还会造成肾上腺素浪涌现象，即宝宝出现头痛、头晕、乏力等症状。这些甜食仅在饥饿时吃一点是有益的，但这只限于偶尔的情况下，并在进餐前2小时。

3.高蛋白摄入要适量

宝宝总是发热很可能是高蛋白摄取过多所致。过多食用这种食物，不仅逐渐损害动脉血管壁和肾功能，影响主食摄取而使脑细胞新陈代谢发生能源危机，还会经常引起便秘，使宝宝易上火，引起发热。每日三餐要让宝宝均衡摄取碳水化合物、蛋白质、脂肪等生长发育的必需营养素，不可只注重高蛋白食物。

4.不可过多进食

只要生长发育速度正常，如身高（长）、体重的增长在正常范围内，就没必要非让他过多进食，特别是那些不容易消化的油脂类食物。宝宝经常过多进食会影响智商。因为大量血液存积在胃肠道消化食物，会造成大脑相对缺血缺氧，影响脑发育。同时，过于饱食还可诱发体内产生纤维芽细胞生长因子，它也可致大脑细胞缺血缺氧，导致脑功能下降。另外，经常过食还会造成营养过剩，引起身体肥胖，使宝宝易患上高血压、糖尿病、高血脂等疾患。

健康：了解一些饮食安全知识

第1周第4天

1.不宜给宝宝选用色彩鲜艳的餐具

给宝宝选用餐具的时候，那些色彩鲜艳、颜色杂乱的餐具固然会让宝宝情绪高涨，但也要注意餐具的质量。因为餐具的颜色中铅的含量比较高，容易引起宝宝铅中毒。幼儿餐具一般都是用无色透明的塑料制成，为了吸引宝宝的注意力，有的产品加了一些可爱的卡通形象，颜色大多单一且很浅。一般来说，知名品牌都是经过国家检测部门检测，所用的颜色对宝宝没有影响。而筷子最好选择不含漆的，因为漆中含有有害物质，而且使用次数多了以后筷子上的漆会脱落，容易让宝宝吃进肚子里。

2.保证食品卫生

◎厨房要保持清洁,并要添置防蝇、防鼠、防尘、防蟑螂的卫生设备。

◎厨具（刀、勺、案板、抹布等）和餐具（碗、筷、盆等）要清洗干净，经消毒后使用（消毒方法：开水煮沸或大火蒸30分钟，如有条件可使用远红外线消毒柜等）。

◎食物要充分加热、烧透、煮熟，特别是动物性食物，熟食要加热消毒后再食用。

◎食品存放要做到：生与熟隔离，成品与半成品隔离，食品与杂物、药物隔离，食品与天然冰隔离。

◎制作食物时要做到生熟刀案分开使用。

◎照看婴幼儿的人员要做到饭前和便后用肥皂洗手、流水冲净。婴幼儿在进食前要洗手。

◎水果要洗净削皮后再吃。

◎食物垃圾（果皮、蛋壳、废弃的青菜等）要及时清理。

3.正确清洁宝宝的餐具

在清洁餐具的时候可以使用一些温和的洗涤剂，洗净以后用清水冲洗掉洗涤剂。一定要保证餐具上没有残余的洗涤剂，否则反而会损害宝宝健康。清洁完毕以后再用热水冲一下，不需要用抹布擦干，自然晾干就可以了，因为抹布不一定干净，也许会有细菌存在。使用完餐具以后不要搁置太久，每用完一次就应该清洁加消毒，以免细菌滋生。

第1周第5天

早教：和宝宝一起背儿歌

儿歌的韵律和易懂的内容使宝宝乐意朗读，就算不能完全弄懂也喜欢跟随上口。学第二种语言的宝宝常常通过读儿歌学会发音和语句，使第二种语言易于出口成文。会背本国语的儿歌就可以开始学外语的单词了。

可以背诵小朋友们普遍背诵的儿歌：

小白兔，白又白，
两只耳朵竖起来，
爱吃萝卜爱吃菜，
蹦蹦跳跳真可爱。

大马路，宽又宽，
警察叔叔站中间，
红灯亮了停一停，
绿灯亮了向前行。

也可以背传统的儿歌：

小耗子，上灯台，
偷油吃，下不来，
叫妈妈，妈不在，
叽里咕噜滚下来。

拉大锯，扯大锯，
姥姥家，唱大戏，
爸爸去，妈妈去，宝宝也要去!

宝宝在背诵时只是喜欢它的声音和韵律，大家一起背诵做动作都会很快乐。当这些句子渐渐背熟了后，在恰当时间说出来就成了3 ~ 4 个字的一句话。所以背诵能促进语言发展。当宝宝会背其他孩子也会背的儿歌时，宝宝就更容易进入孩子们的队伍，也就有了共同语言。

早教：纠正宝宝的“小毛病”

第1周第6天

1.宝宝做事总喜欢磨磨蹭蹭，怎么纠正

有的宝宝做事情总是磨磨蹭蹭的，叫他吃饭，他却在玩；让他穿衣服，他就躲来躲去的。应该怎么纠正呢？

这个阶段的宝宝还没有时间观念，他并不知道什么时候要干什么有多么重要，所以，家长需要耐心一点，让他学会什么时候该干什么。比如吃饭，到了吃饭时间，可以制造点气氛，大家一起帮忙分餐具，帮忙布置餐桌（选台布、铺台布、放瓶花等），宝宝参与一起帮忙，他就有了准备吃饭的概念。吃饭时大家都是坐在餐桌旁的，大家吃好了就要收拾碗筷，形成了习惯，宝宝就有了“吃饭时间就要吃饭”这样的时间概念。

2.宝宝不喜欢听批评的话，怎么纠正

有的宝宝听不进去批评的话，谁批评他，他就哇哇大哭，应该怎么办呢？

不喜欢听批评的话这是人之常情，无论对谁，少批评多鼓励，少挑剔多宽容，都是待人的基本原则。小宝宝也有自我学习自我纠正的能力，他在错误中能够学到的东西更多，所以，要容许宝宝犯错误，而且相信他自己就有总结经验教训的能力。不要事事都过多地干涉包办，什么道理都想讲给他听，而且希望他很快接受和学会。宝宝成长需要很长时间，他很需要自己去尝试。

3.宝宝太好强，怎么引导

有的宝宝性格好强，凡事总喜欢争第一，和小朋友们在一起走路时也要他走得快才行，有时要是其他小朋友比他做得快或做得好，他就会大哭。怎么样才能让宝宝不这么好强呢？

这样的宝宝挺有竞争意识，这是好事，他想赢，说明他很有上进心，自尊心很强。只是，宝宝也需要学习接受失败和挫折。所以，他输了大哭的时候，家长不要数落他丢人，而要安慰他：“输了不要紧，你已经尽力了。”还可以鼓励他向别人表示祝贺，告诉他：“下次你赢了，别人也会祝贺你。”这样，宝宝才能慢慢明白和接受竞争的规则，知道一个人不可能总是赢，也不可能总是输，下次还要再来。

第1周第7天

早教：玩认字接龙游戏

1.认字接龙

游戏方法：每张卡片写上两个宝宝已学过的字，卡片按宝宝认字多少来准备，认得多的可多写。由于是两个字的组合，所以不同组合的卡片可以重复，不限于1个字只出现一次，可以多次出现。如果宝宝认汉字不多可以换成数字接龙，每张卡片任写两个数字，可按12、13、14、15……或21、22、23、24、25直到30。数字卡片既可作读数用，也可作接龙用。

将卡片倒扣在桌上，每人任取两张。翻开任意1张作起头牌，卡片两头都有字，两人轮流出牌，要与第一张牌相同的任一个字接在一起。如果自己手中的牌没有这两个字，就可以在桌上的纸卡中拿一张，直到拿到有与卡前后相同的字就可接上。谁先把自己手中的字卡全接上去就算赢了。开始玩时宝宝需要大人帮助，教宝宝学会轮流出牌，找到合适的字时马上接上。

游戏目的：复习认识的汉字和数字，在游戏中巩固学习的成绩。在游戏时逐渐学会游戏规则，学会几个人轮流出牌和有目的的摸牌方法。

2.关系字词接龙

游戏方法：父母和宝宝3个人可以一起玩。随便找一个字或词组的卡片放在桌上，例如“桌子”。爸爸可以摆上“椅子”，妈妈摆个“板凳”，宝宝摆个“坐”。爸爸摆“写字”，妈妈摆“吃饭”，宝宝可在“写字”旁边摆“纸”，爸爸在“吃饭”旁边摆“碗”，妈妈在“碗”旁摆“筷子”，宝宝再在旁边摆“盘子”，或者摆上学过的食物名称。又可在“纸”旁边摆“笔”“书”等文具名称。

这种关系字或词组接龙游戏可以一直玩到上小学。这是一种发散或者称联想的思维方法，使孩子看到“吃饭”联想到食具、食物的许多词汇；看到“写字”联想到文具、各种图书、书架及与书有关的词汇。孩子认识的字和词较少，允许他先说出来，大人帮助他写下字的词汇，在游戏结束时让他温习这个字或词，然后将字卡收入孩子的认字盒内以备复习。

营养：宝宝不宜多吃的鱼类制品

第2周 第1天

1.鱼松

鱼松营养价值高，食用方便，而且不用担心鱼刺问题。因此，有些爸爸妈妈让宝宝大量食用鱼松：拌稀饭，拌面条，给宝宝当零食。然而，研究表明，鱼松中的氟化物含量非常高，宝宝如果每天吃10克～20克鱼松就会从鱼松中吸收氟化物8毫克～16毫克。加之从饮水和其他食物中摄入的氟化物，每天摄入量可能达到20毫克左右。然而，人体每天摄入氟的安全值只有3毫克～4.5毫克，如果超过了这个安全范围，氟化物就会在体内蓄积，时间一久可能会导致氟中毒，严重影响牙齿和骨骼的生长发育。很多儿童发生氟斑牙或氟骨症都与过多食用含氟化物过多的食物相关。因此，平时可把鱼松作为一种调味品给宝宝吃一些，但不要作为一种营养品长期、大量地给宝宝食用。

2.咸鱼

咸鱼属于腌制品，含盐量非常高，高盐饮食容易引发高血压病。而且，咸鱼中含有大量的二甲基亚硝酸盐，是公认的致癌物质。研究表明，10岁以前开始吃腌制品的孩子，成年后患癌症的可能性比一般人高3倍。所以，一定不要让宝宝吃咸鱼。

3.鱼片

鱼片香脆可口，是孩子喜欢的零食。很多家长认为鱼很有营养价值，相信鱼片也差不了多少。鱼片大多是由海鱼加工制成的，当中的确含有丰富的蛋白质、钙、磷等营养元素，但氟元素的含量同样也比较多。据测量，鱼片中的氟元素含量是牛、羊、猪肉的2400多倍，是水果、蔬菜的4800多倍，大大超过了人体的生理需要量。所以，千万不要长期、大量地给孩子吃鱼片，最好只在两餐间偶尔吃上一点儿。

4.烤鱼

烤鱼在烤炉上烧烤时散发出诱人的芳香气味儿，可是随着香味儿的散发，维生素遭到破坏，蛋白质发生变性，甚至产生致癌物质，严重影响维生素、蛋白质、氨基酸的摄入。另外，在烧烤的环境中也有一些物质可通过皮肤、呼吸道、消化道等途径进入人体内而诱发癌症。

第2周第2天

营养：宝宝吃肉有讲究

1.吃红肉好还是吃白肉好

有些家长认为红肉比白肉有营养，其实这都是相对而言的。只是红肉的含铁量高于白肉，如果宝宝患缺铁性贫血的话可以多吃点儿红肉，但平时这两类肉都要吃。在选择畜肉的时候，要注意不同部位的畜肉脂肪含量是不同的，例如肥猪肉的脂肪含量为90%，五花肉为35%，里脊肉为7.9%。不同畜肉的脂肪饱和程度也不相同，其中以牛肉、羊肉的饱和脂肪酸最多，因为摄入过多的饱和脂肪酸容易引起肥胖、心血管等疾病，所以孩子在食用时要适量。牛肉、羊肉等都属于热性食物，所以虚寒的孩子可以适当多吃一点儿。

2.只吃鱼、不吃肉行吗

宝宝的膳食应该讲究平衡，而不要因为某种食物营养丰富就只吃某一种食物。虽然吃鱼肉比吃禽肉、畜肉更有利于健康，但这并不意味着只吃鱼肉、不吃畜禽肉。只是相对来说，可以多吃几顿鱼，但畜禽肉也是要吃的。

3.为什么肉和汤要一起吃

无论什么汤营养都不可能比肉多，特别是锌不能直接溶解于汤内。因此，汤中没有多少蛋白质和锌，长时间只喝汤易使宝宝发生贫血及其他营养素缺乏。比如鸡汤虽然味道十分鲜美，但鸡汤中所含的蛋白质仅是鸡肉的10%，脂肪和矿物质的含量也不多。但是，鸡汤中的营养虽然比不上鸡肉，可汤能刺激胃液分泌，增加食欲，帮助消化。因此，最适宜的吃法是汤和肉一起吃。汤只能用来做宝宝的佐餐，一定要给宝宝吃汤里的肉。

4.为何不宜给宝宝多吃肥肉

有些家长认为肥肉很香，而且肉质软嫩、易于咀嚼和吞咽，常常给宝宝喂些肥肉。其实，宝宝不宜多吃肥肉。肥肉以脂肪组织为主，主要给人体提供热量。如果宝宝肥肉吃得过多，必然会导致体内脂肪过剩，致使血液中的胆固醇与甘油三酯的含量增多，使心血管疾病的发生率增加。许多研究表明，胆固醇在血管壁的沉积从幼儿时期就开始了。过多的热量以甘油三酯的形式储存在体内，还会成为肥胖症的祸根。另外，肥肉吃后易产生饱食感，还会影响宝宝的进食量。

健康：不要给宝宝喝可乐姜茶

第2周 第3天

1.不要让宝宝喝可乐姜茶预防感冒

冬天，人们容易受寒感冒，常常会在可乐中加入生姜，煮成可乐姜茶，不仅口感好，还能让人觉得暖和起来，并对感冒有一定的预防作用。对成年人来说，可乐姜茶预防感冒是有一定道理的，但是对于宝宝来说，这种饮料并不合适。因为可乐毕竟属于碳酸饮料，碳酸饮料的营养价值并不高，除了糖类能给人体补充能量外，充气的碳酸饮料中几乎不含营养素。过多饮用碳酸饮料不仅会扰乱宝宝的消化系统，让宝宝嗜甜、吃不下饭，碳酸饮料中的碳酸还会阻碍宝宝的骨骼、牙齿发育，对宝宝的免疫力也有不利影响。所以，冬天要给宝宝预防感冒，最好还是以平衡膳食、摄入丰富的营养为主，不要随意采取成年人预防感冒的方法。

2.可以用红糖蛋花汤给宝宝治感冒

有的宝宝感冒的早期症状是呕吐、腹泻、腹痛，家长可以让宝宝空腹喝红糖蛋花汤。具体的做法是：先把鸡蛋打散，在碗中搅匀，然后在小锅里放大半碗水，再放入小半勺红糖，将鸡蛋打入红糖水中煮熟。这种红糖蛋花汤既能祛寒暖胃，又能营养胃黏膜和肠黏膜，同时也利于消化吸收。宝宝在吐完或拉完后喝一碗温热的蛋花汤一般就可见效；如果宝宝吃完后又吐或又拉了，说明宝宝受寒较重，那就再给宝宝喂一次，多数能很快缓解。1岁以上的宝宝在汤里再加一薄片生姜，将生姜红糖水煮沸后改用小火烧5分钟，再把鸡蛋打入姜糖水中。接下来的一顿饭给宝宝吃点儿清淡的东西，如稀饭、烂面条等。

3.内热较重的宝宝不能喝红糖水

宝宝发热的原因有很多，并不一定都能用喝红糖水来解决。所以，如果宝宝发热，首先不要急着给宝宝吃这喝那，而应该先观察宝宝的症状。如果宝宝手脚不冷、面色发红、咽喉肿痛、舌苔黄或红、小便黄且气味儿重、眼睛发红，说明宝宝内热较重，不能喝生姜红糖水，应该喝大量温开水，也可在水中加少量盐。只有大量喝水，多解小便，身体里的热才会随着小便排出，体温才会下降。

第2周第4天

健康：夏秋季要小心疱疹性咽炎

疱疹性咽炎是小儿感冒的一种特殊表现，夏秋季节多见，常在托儿所、幼儿园有小流行，婴幼儿多一些。此病是由一种称为“柯萨基病毒A组”引起的，因此多数患儿血液中白血球不升高或不下降（细菌感染时白血球常常升高，病毒感染白血球正常或降低）。

1.疱疹性咽炎临床症状

疱疹性咽炎临床症状有发热、咽痛，在口腔里、软腭上和扁桃腺、悬雍垂上出现小疱疹。疱疹的初期是灰白色的小丘疹，周围红晕，以后变成发亮的疱疹，破溃以后变成小溃疡。多数可见丘疹、疱疹和溃疡同时存在。患儿往往因为咽痛而流涎、拒食。婴幼儿因为不能诉说咽痛，所以日夜哭闹，不能睡眠。一般病程在7天左右。

2.疱疹性咽炎的治疗

对疱疹性咽炎的治疗应该用一些抗病毒的药物。如果病情比较重，患儿高烧，不能进食，可以静脉点滴病毒唑之类的药；病情较轻者可口服新博林或利巴韦林等抗病毒药物，并且对症治疗，如用一些退热药。中药可以口服抗病毒口服药、板蓝根冲剂、静脉点滴双黄连注射液。高热可以用紫雪散、羚羊角粉等。汤药常用银花、连翘、板蓝根、薄荷、生石膏、竹叶、生地等清热解毒的药。

专家提示

宝宝患疱疹性咽炎时应多饮水，有利于降温。吃有营养而且容易消化的流质或半流质，如牛奶、米粥、果汁。饮食应少量多次，不要给宝宝吃辛辣、甜腻或油炸的食品。

健康：用药不当会影响宝宝视力

第2周第5天

眼睛在人体器官中具有特殊的地位，其结构与功能十分精细而灵巧。据研究发现，视网膜的新陈代谢特别旺盛，血流量竟比脑组织要多20倍左右。由于视网膜和葡萄膜中的黑色素含量很高，且与某些药物具有高度的结合力，尤其在长期大量用药的情况下，极易受到损害，严重影响身体健康。家长要懂得呵护宝宝的眼睛。那么，药物能引起宝宝的哪些视力问题呢？

1.上眼睑下垂

有的药物对交感神经有阻断作用，如巴比妥类、氯喹、胍乙啶、溴苄铵、苯妥英钠等；还有的药物可致眼外肌麻痹，如长春新碱；有的药物会造成重症肌无力，如青霉胺。这些药物都能造成上眼睑下垂。

2.近视与远视

毛果芸香碱、毒扁豆碱、新斯的明能使睫状肌收缩、悬韧带放松、晶状体变凸，形成调节痉挛和近视；而阿托品、后马托品与苯海拉明、非那根、扑尔敏、敏可静及丙咪嗪、阿密替林等能使睫状肌松弛、悬韧带紧张、晶状体变扁，形成调节麻痹和远视；另外，链霉素、氯霉素能引起过敏性视神经炎，使眼睛的近视力和远视力都减退，若不及时控制炎症，对视力的损害很大。

3.复视

长期大量地使用安定、苯巴比妥、苯妥英钠、扑痫酮、卡马西平与阿托品、丙咪嗪、消炎痛、呋喃妥因、长春新碱等都可发生复视现象，但是这种影响并不严重，一般来说，停药后复视现象即可消失。

4.结膜炎

一些对眼结膜有刺激性作用的药品会造成结膜炎，如眼科用的磺胺醋酰钠、可卡因、硼酸等，以及全身用的利血平、洋地黄等都可导致刺激性结膜炎。

有的药物对结膜有致敏现象，如含有氯霉素、金霉素、新霉素、庆大霉素、肾上腺素等的眼科用药；全身用的抗生素、磺胺类、巴比妥类及水合氯醛、保泰松等，可诱发过敏性结膜炎。

第2周第6天

早教：小卡片，大用途

家长可以给宝宝制作字卡，能够方便宝宝更好地学习知识。下面介绍几种字卡的游戏方法，让小卡片发挥出大用途。

1.认字配对

家长可用毛笔在纸卡上写上两个不同的汉字或数字，与图卡混在一起让宝宝练习认字配对。宝宝在卡片中任选一个汉字或数字，先念字再将卡片放在桌上，再从卡片堆中寻找与它相同的字配成一对。每天练习做配对游戏，看今天能配出几对，过几天是否有进步。字卡正面及背面最好不附图，以免混淆。

配对可以使宝宝减少错误，如6和9摆在一起，一个小圈在上另一个小圈在下，很容易区别它的不同。汉字“手”和“毛”一个弯向左侧，另一个弯向右侧，摆在一起就知道不一样了。使一些容易混淆的字分清楚。汉字不要带图是因为宝宝在1岁3个月时就学会用图配对了，如果附上图，宝宝可以认图而不认汉字会蒙混过关。所以两岁以上宝宝用的字卡不要附图。

2.八宝袋变成认字盒

用有许多开口的袋子或有许多格子的盒子装上不同品种的东西或图卡，这些东西和图都是宝宝学过的。大人帮助宝宝将同一类东西放在一个口袋内或一个格子里供宝宝复习时用。当宝宝看到口袋越来越鼓、格子越来越满时，就会十分高兴。要求宝宝每个星期都要把里面的东西拿出来从头复习。如果会说物名，就可以将物换成字卡，图也换成字卡，八宝袋渐渐变成认字盒。

先让宝宝认识物名，用实物和图片表示。物名熟悉之后换成汉字，初时可以看字指物，会讲话之后可读出汉字，八宝袋变成认字盒。

早教：锻炼宝宝处理事情的能力

第2周 第7天

1.让宝宝自己解决问题

宝宝十分想要邻居小朋友的新玩具，但是附近商店里没有，可以同宝宝商量该怎么办。或者用自己的玩具同小朋友换着玩一会儿，或者站在旁边看小朋友玩。有的宝宝会自己出主意，宝宝出主意的本领是练出来的，有过一次经验，下次就会更快地想出办法来。让宝宝自己去解决问题、出主意。如果家长插手，去同邻居家长谈，当然能把玩具借来让宝宝玩，但是以后宝宝遇到问题就会来找大人解决，自己不去想办法。鼓励宝宝自己想办法，并不是鼓励用野蛮的抢夺或打架的办法，要用文明有礼貌的办法，使宝宝学会自己解决问题。

2.给邻居送东西

如果从外面回家，看见邻居有信件、报刊等，可以让宝宝给邻居送去。让他先敲门，邻居叔叔出来时交给叔叔；如果邻居家没有人，就要先把信件、报刊带回家，等邻居回来后再让宝宝送去，以免放在门口丢失。宝宝如有用过的玩具，长大了用不着时可让宝宝把玩具送给邻居家较小的孩子，让小弟弟、小妹妹玩。

自从住进楼房以后，邻里的关系日渐疏远，不利于人际关系的建立。让宝宝从小事做起，学会关心别人，使邻居关系好转，也利于宝宝在附近找到好朋友。

3.打电话游戏

打电话游戏是一种语言复述游戏，妈妈假装打电话给宝宝，说一段话，再让他把这段话传给爸爸，复述的句子根据宝宝的发展水平从短到长，不一定要求复述完整，主要是激发他说话的兴趣，锻炼他重复句子的能力和处理事情的能力。

第3周第1天

营养：宝宝不宜吃皮蛋等食物

1.皮蛋

皮蛋属于含铅食品，铅是损害脑细胞的一大“杀手”。据调查，当血铅浓度达到5微克～15微克/100毫升时就会引起宝宝发育迟缓和智力减退，年龄越小神经系统受损程度越大。因此，应注意减少儿童食品中铅的摄入量，含铅高的食品有：爆米花、皮蛋、罐装食品、软饮料等。另外，应尽量少用铝铅器皿。

2.方便面

虽然方便面非常便捷又口味独特，但不可作为宝宝的主食。因为方便面缺少宝宝生长发育必不可少的营养素，如蛋白质、脂肪、维生素及微量元素等，容易导致身体缺乏必需营养素，长期食用容易诱发营养不良，影响宝宝的生长发育。

3.油炸食品

油饼、油煎鸡蛋、油炸鸡腿和肉串等食品口感好，对宝宝有很大的诱惑力，十分受宝宝的欢迎。对于正处于生长发育的幼儿来说，偶尔吃一些尚无妨碍，若是经常吃就会对身体造成伤害。因为这类食品在制作时加入了含铝的膨松剂，而铝可沉积在脑组织中，对脑细胞有损害作用；另外，高温油炸时不仅可产生大量有致癌作用的毒性物质，还使食物中含较多的过氧脂质，它们都可使脑细胞早衰。

4.粉丝

有些家长认为既然宝宝可以吃面，那么也可以吃粉丝，其实宝宝不宜吃粉丝。传统粉丝在制作时，为了起到凝固作用，使粉丝、米粉不粘连、不浑汤，一般都加入0.5%左右的明矾，而明矾中含有铝，摄入过多容易在体内形成慢性积累，发生铝中毒，还能引发胆汁郁积性的肝病，造成骨质软化，引起贫血等。铝会干扰人体对铜、锌、锰、硒等元素的吸收，而铜、锌、锰、硒水平下降人体就会产生大量危害健康的自由基。所以，最好不要给宝宝吃粉丝，或者挑选市面上一些不含明矾的粉丝。

营养：宝宝对牛奶过敏怎么办

第3周第2天

1.为什么有些宝宝对牛奶过敏

（1）乳糖耐受不良

宝宝的肠道中缺乏乳糖酶，对牛奶中的乳糖无法降解吸收，所以消化不良。通常此类患儿只有胃肠方面的不适，大便稀糊如腹泻般，如果停止喂奶症状很快会改善。

（2）牛奶蛋白过敏

宝宝对牛奶中的蛋白质产生过敏反应，每当接触到牛奶后（尤其是胃肠道）身体就会发生不适症状。这种情况不论大人、小孩都会有，因为婴幼儿多以牛奶为主食，所以是最容易发生牛奶过敏的时期。因为胃肠最先接触到牛奶，所以牛奶过敏的症状以胃肠方面的不适为最多，如腹泻、呕吐、粪便中带血、腹痛、腹胀等。当牛奶中的蛋白质被胃肠吸收后，随着血流运送到全身的各个器官，其他器官也可能产生过敏反应，出现一些症状，但只要停止接触牛奶，这些身体上的不适马上就会消失。

2宝宝牛奶过敏有哪些主要症状

宝宝牛奶过敏一般会出现以下几方面的症状：

◎皮肤方面：约50%～70%的牛奶过敏宝宝有异位性皮炎，起红疹、过敏疹等。

◎呼吸方面：约20%～70%的牛奶过敏宝宝出现气喘、气管炎、痰多、鼻炎、中耳炎等症状。

◎其他症状：过敏性休克、肾脏症候群、夜尿、睡不安宁、烦躁、眼结膜炎、眼皮红肿等。

3.宝宝牛奶过敏怎么办

如果确定宝宝为牛奶过敏，最好的治疗方法就是避免接触牛奶的任何制品。目前市场上有一些特别配方的奶粉，又名“医泻奶粉”，可供对牛奶过敏或长期腹泻的宝宝食用。医泻奶粉与一般婴儿配方奶粉的主要区别是：以植物性蛋白质或经过分解处理后的蛋白质取代牛奶中的蛋白质，以葡萄糖替代乳糖，以短链及中链的脂肪酸替代一般奶粉中的长链脂肪酸。其成分虽与牛奶不同，但仍具有宝宝成长所需的营养及相同的能量，也可避免宝宝出现过敏等不适症状。

第3周第3天

营养：学会识别食品标签

1.怎样正确识别食品标签

给宝宝购买食物时首先要查看标签内容是否齐全，标签上必须标注的内容包括食品名称、配料表、净含量及固形物含量；制造者及经销者的名称、地址；日期标志和贮藏指南；质量等级和产品标准号。

2.食品标签上内容齐全就一定安全吗

即使食品标签上内容齐全，还要查看标签是否完整。食品标签不得与包装容器分开，标签内容应清晰、醒目、持久。因此，如果在购买时发现标签经过运输等环节已经变得模糊甚至脱落请谨慎购买。对于那些没有生产企业名称、没有生产地址、没有生产日期的“三无”产品，坚决不要购买。此外，如果是进口食品，还要查看进口食品的标签是否有中文标识。根据我国《进出口食品标签管理办法》的规定，进口食品标签必须事先经过审核，必须为正式中文标签，那些没有正式中文标签的进口食品要谨慎购买。

3.什么是绿色食品

绿色食品是指按照特定生产方式生产、经专门机构认定的无污染食品。我国的绿色食品分为A级和AA级两种，A级绿色食品生产中允许限量使用化学合成生产资料，AA级绿色食品在生产过程中不使用化学合成的农药、兽药、饲料添加剂、食品添加剂和其他有害于环境和健康的物质，AA级绿色食品相当于有机食品。绿色食品的价格高于普通食品10%～20%。要辨别绿色食品，除了看看食品外包装上有没有绿色食品标志之外，还要看看标志是否过期，以及是否存在一标多用的现象。

4.买防腐剂保鲜的食品好吗

我们都知道防腐剂对宝宝的成长发育不利，但是从市场上买回来的食品，如果没有保鲜的保证，又会担心食物无法保鲜。其实，食物变得不新鲜有两方面因素：一是微生物不断繁殖并污染食物，使食物变质；再就是食物本身所含的酶活动增强，分解食物组成成分，加速食物腐败。只要杜绝这两个主要原因，就可长时间使食物保持新鲜。目前，市售的，特别是外地或进口的水果、蔬菜，有些使用防腐剂来保鲜，要特别谨慎挑选，千万不可购买不新鲜或用防腐剂保鲜的食品。

健康：防范宝宝性早熟

第3周 第4天

儿童性早熟发生率正逐年增多，一些奶粉造成婴幼儿性早熟的案例也层出不穷。对于性早熟的危害，家长要有足够的认识，并给予重视。

1.什么是性早熟

医学专家认为，女宝宝在8岁以前出现阴毛、腋毛，乳房增大，10岁以前开始月经初潮，身高、体重均超过同龄宝宝，即为性早熟。性早熟对宝宝的危害在于，开始时宝宝的身高好像要比同龄宝宝高出许多，但由于性早熟患儿多伴有骨骼提前发育、骨骺提前闭合，长大后往往达不到预期的成人期身高，成年后要比其应达到的身高矮3厘米~5厘米。同时也给宝宝的心理造成不良影响。

2.如何预防性早熟

◎营养过剩是容易引起孩子性早熟的主要原因之一。要预防性早熟的发生，家长应注意高蛋白食物的摄入量不要过多，每餐中肉菜搭配，千万不要以肉当菜。

◎少吃洋快餐。有研究表明，每周光顾洋快餐2次以上，并经常食用油炸类膨化食品的儿童，其性早熟的可能性是普通儿童的2.5倍。因此每周限制宝宝吃洋快餐，用新鲜水果代替油炸类小食品。

◎补品会促使宝宝性早熟。因此不要盲目给宝宝食用蜂王浆、蜂花粉等补品或是增进智力的保健品。必要时应在医生指导下进行。

◎妈妈要妥善存放避孕药物、丰乳美容品等，以免宝宝误服或接触，也不要给宝宝搽用成人化妆品或护肤品。

◎处于哺乳期的妈妈不可使用涂抹在乳房上的丰乳产品，以防被宝宝吃进体内。

◎宝宝要少吃反季节蔬菜和水果以及含有添加剂的食品。

◎父母亲密时要避开宝宝，此外禁止宝宝看与性有关的影视和书籍。

第3周第5天

早教：了解宝宝思维发展的特点

1.思维

思维是客观事物在大脑中概括的、间接的反映，是借助语言来实现的理性认识过程，它可以揭示事物的本质和规律。思维是智能活动的核心，属于心理活动的高级形式。

思维的发展经过直觉行动思维、具体形象思维和抽象概括的逻辑思维3个阶段。宝宝的思维是在语言发展的基础上、在活动过程中通过逐渐掌握事物之间一些简单联系而产生的。宝宝的思维是直觉行动思维，即思维过程离不开直接的感知和动作，依靠直接接触外界的表面现象和自身动作而产生，感知和动作中断，思维就终止。如宝宝玩布娃娃游戏，布娃娃被拿走，游戏活动就停止。直觉行动思维不能主动地进行计划和思考，也不具有概念性。

培养宝宝的思维能力对其智力发展是一种开拓，应尽量调动宝宝的感觉器官，使其对周围的一切感兴趣，从而不断丰富他们对自然环境和社会环境的感性知识和经验，引导他们自己去发现和探索问题，并运用已有的感知经验去独立思考和解决问题。

2.想象

想象是人感知过的客观事物在头脑中的再现，并对这些客观事物重新组合、加工创造出新客观事物的思维活动。其中既有过去深刻体验过的内容，又有以过去的体验为基础新创造出来的内容。因此，想象具有间接性、概括性、形象性和新颖性等特征。想象有不随意想象和随意想象。在刺激的影响下，人不由自主地想起某事物形象的过程为不随意想象，其特点是主题多变，有一定的夸大性，并以想象为满足。其中，无目的的、无现实内容的叫做空想。随意想象是根据自己的意向，有目的、有意识的想象。这两种想象常常互相交融、互相促进、互相转化，他们在人的创造活动中都起着重要作用。

新生儿无想象。1～2岁的宝宝仅有想象的萌芽，如模仿妈妈喂娃娃吃饭，画个圆圈称其为“太阳”等，原始游戏是宝宝在回忆基础上的想象。3岁左右，宝宝的想象内容依然比较贫乏、简单，缺乏明确的目的，仅局限于模拟成人生活中的某些动作，没有什么创造性成分。

早教：提高宝宝认字的积极性

第3周第6天

1.读新书，认新字

给宝宝买来新书后可让宝宝先翻看。由于图画清晰，就算有几个字不认识宝宝也能猜出图画的意思。宝宝如果读不下去也会提问，这时家长先请宝宝说出这个字是什么偏旁，像哪一个字，猜猜讲的是什么事。经过猜，宝宝就会注意观察这个新字的特点，一旦大人念出读音和讲出意义时，就会给宝宝留下较深的印象。

要让宝宝养成收集新字的习惯，凡是新学的字都要马上写在纸卡上，放入新字的盒子内，晚饭后一定再复习一遍。新字盒中的字要连续复习三天后再移入熟字的盒内。家长会发现，凡是宝宝自己猜过的字，不但到两三天后复习时记得，再过三天拿出来复习时也还记得。

鼓励宝宝看新书，除了学认新字之外，还要理解故事的内容。知道故事内容说明什么问题，什么是好的，怎样做就不太好。每个故事都有一个中心思想，要让宝宝用自己的话讲出来，如果讲得不完整可由大人补充。

2.上街认字

带宝宝上街时先让宝宝认读广告上的大字，不对之处由家长纠正。认读时要猜广告宣传的是什么商品，宣传商品有哪些好处，使宝宝懂得字的较多或更广泛的意义。宝宝进入商店之前，让他先认一下商店的名称，了解这家商店出售什么商品；大人选购商品时可让宝宝看一下包装上印有什么字，知道里面是什么商品。如果宝宝已经会认数字，让宝宝告诉妈妈包装上贴的价钱是多少。宝宝也许会读出525，到底是5元2角5分，还是52元5角或是525元，宝宝就弄不清楚了，这个问题可以回家后慢慢讲解。

通过这种练习，宝宝上街时会经常留意各种汉字，注意它的意义。如“行人止步”是不能进入的意思；看见公厕门口贴的“男厕”“女厕”的标志，懂得自己应进入哪一侧；看到公共汽车的线路图，知道可以查自己家所在的站名。

让宝宝充分利用周围环境中的汉字去认字，认识这些字宝宝会觉得很有用，这能提高他的认字热情和兴趣。

第3周第7天

早教：培养宝宝绘画的兴趣

1.画线

教宝宝画“十”字，先画一条横线，中间再画一条竖线，如果画得较好可以再画一个栏杆，即一条横线拉长，画上许多竖线。大人可以同宝宝一起画，将栏杆拉得很长，增加画写的兴趣，同时学会正确握笔的方法。

2.家长和宝宝共同作画

当宝宝在两岁半前后能模仿大人画一个真正的封口曲线时，大人可以同宝宝共同作画，以促进宝宝画画的兴趣。宝宝画的圈不很圆，有时画成椭圆形，大人告诉宝宝“像根香肠”，使宝宝会高兴地再画一个；如果真是四不像，可以告诉它“像个土豆”；有时宝宝无意中画了一个两头尖的弯弯，大人可以高兴地说“像月亮”或者“像香蕉”；如果画得圆一些，大人可在旁边加上光线说“像太阳”；如果画得有点儿凹陷，大人添上两笔成个苹果；有个尖凸起就加上柄变成梨或桃子。有时宝宝喜欢画一堆小圆圈，大人在上面加几笔变成葡萄串；如果小圆圈成行就画一条线变成糖葫芦串。

有了大人的提示和帮助，宝宝就会很喜欢画画，经常把他随意画出的东西拿给大人去补充，使之像某种东西。

如果宝宝偶然一次画了有点像样的东西，千万不要忘记写上日期，把宝宝的画贴在墙上以作鼓励。宝宝看到自己的“作品”受到重视，就有了自信，更喜欢画画。

3.手印作画

用红色水彩加水调色，把一小片棉花放入色碟，使调好的颜色吸进棉花内。大人用棕色画茎，用绿色画叶，让宝宝用右手食指蘸棉花上的红色，用左手转动纸，在画花的地方用右手食指按出5～7瓣花瓣；也可在茎旁按一块大的红色做花蕾，或在花的旁边再按3～4瓣花瓣表示挡着的另一朵花。宝宝会很喜欢这种容易的画花方法，他会在纸上到处按，使纸上到处是花瓣儿。

手印也可画出其他的画，如用绿色和黄色可按出孔雀的尾巴；用橙色按出金鱼的鳞。大人先将轮廓画好，告诉宝宝用手压按时不要出界。

营养：厨房妙招让宝宝食欲大开

第4周第1天

1.自制冰激凌三明治

在巧克力全麦饼干上撒些低脂奶酪，经冷冻之后即可用来代替孩子想要的冰激凌三明治。这样做的好处是既能降低70%的脂肪，又可增添谷物的摄入量。

2.冰冻水果

冰爽食物是宝宝的最爱，妈妈可以将一些小块的菠萝、甜瓜和香蕉穿成一串，冻在一起，制成冰爽水果，让宝宝摄入更多的高纤维水果。

3.生菜包肉

蔬菜或者水果沙拉能够给宝宝补充足够的营养。用生菜来包瘦肉块、草莓及乳酪等美味食品，可让宝宝吃得更开心。同重量的生菜和黄瓜相比，前者维生素A的含量几乎是后者的7倍。

4.花菜巧烹饪

孩子不喜欢吃花菜的原因是觉得没有味道。将花菜煮熟，和土豆泥混在一起，添加少许胡椒粉，会受到孩子的欢迎，同时还增加了3.5克纤维素和一天所需的维生素C。

5.土豆变比萨

充分利用宝宝喜爱比萨饼的口味和形式这一特点，创新其他营养食品。比如，在烙好的土豆饼上撒上番茄酱和乳酪。土豆含丰富的钾元素、维生素C及粗纤维。

6.吃一些红薯当主食

不要以为主食只有米和面，红薯也是不错的选择。它含丰富的纤维素、维生素A和维生素C。将红薯切成楔形条状，装在塑料袋中，再加入2茶匙菜子油和少许盐，反复摇晃使红薯条外层均匀附着油和盐，放置在400℃烤箱中烘烤25分钟便大功告成。

7.肉丸加蔬菜、麦片

如果宝宝酷爱吃肉丸，那么家长可以在其中加进一些麦片、蔬菜，这等于给孩子增加摄入纤维素，还可以将肉丸串在棒冰的小棍上吸引他。

第4周 第2天

营养：给宝宝喝奶需要注意的问题

1.吃柑橘前后不宜喝奶

吃柑橘后的1小时不宜喝奶，在喝奶前后1小时也不宜吃柑橘。因为牛奶中的蛋白质一旦与橘子中的果酸相遇就会发生凝固，从而影响牛奶的消化与吸收。在这个时间段里也不宜进食其他酸性水果。

2.给宝宝喝全脂牛奶

全脂牛奶对宝宝很重要，因为他需要牛奶脂肪提供的能量。脂肪内也包含必要的维生素A和维生素D，所以如果除去了奶中的脂肪，维生素也就减少了。至少在3岁之前，家长都应该给宝宝喝全脂奶。

3.给宝宝喝酸奶有讲究

因为酸奶有较好的保健作用，所以有的妈妈经常一大早就给空腹的宝宝喝酸奶，这种做法并不科学。宝宝空腹时胃酸过高，会将牛奶中的乳酸菌杀死而失去保健作用，所以酸牛奶不宜在早上空腹饮用。一般买来的酸奶是冷藏后的，在冬季不宜直接饮用，有的妈妈就将酸奶加热后给宝宝吃，结果活的乳酸杆菌被杀死。可以把酸奶放入45℃左右的温水中缓慢加温，等用手摸上去感觉温和就可以饮用了。

4.不宜空腹喝牛奶

很多妈妈都习惯于在早餐只让宝宝喝牛奶，认为饥饿的肠胃会更快地吸收所有营养，但事实刚好相反，空腹时肠蠕动很快，牛奶中的营养往往还来不及吸收就已经进入了大肠。所以早餐喝牛奶前最好先给宝宝吃一点儿固体食物，然后再喝牛奶，使牛奶在肠胃中多停留一段时间。

5.牛奶不可以代替配方奶粉

配方奶粉是根据婴幼儿的营养需要进行配制的最接近母乳的奶粉，其中添加了人体必需的矿物质和维生素，可以满足婴幼儿身体发育的需要。而鲜牛奶作为代乳品是存在弊病的，由于钙磷比例不合适，婴幼儿长期饮用鲜牛奶会引起缺钙、缺铁性贫血等疾病；同时鲜牛奶在胃中容易形成皂化块，易引起大便干燥。

营养：聪明妈妈购物有技巧

第4周 第3天

1.如何辨别真假全麦面包

颜色发褐未必就是全麦面包，有些企业为了让消费者更爱吃，会用白面粉来做面包，然后加少量焦糖色素染成褐色，看起来显得有点儿暗，但本质上仍然是白面包。一定要看到足够多的麦麸碎片才能认定是全麦面包——不过口感真的有点粗哦。另外，由于全麦面包的营养价值比白面包高，B族维生素丰富，微生物特别喜欢它，所以比普通面包更容易生霉变质，一定要注意挑选和保存。

2.怎样挑选银鱼

选购时要注意鱼身是否干爽，色泽是否自然明亮。鱼的颜色不要太白，以避免商人掺有荧光剂或漂白剂，可在烹调前多冲几道水或用热水烫过。此外，海洋鱼类常为了保鲜，于捕捉后覆以盐保存，这时就要注意烹煮时不要添加大量盐调味儿，否则可能会造成做好的鱼粥过咸，太咸对宝宝会造成肾脏的负担，且养成宝宝口味重的饮食习惯。

3.购买调味品要注意些什么

购买调味品，如酱油、醋、酱类等，应检查是否有蚊、蝇等杂物或白膜，尤其是在炎热的夏季和秋季极易发生“生白”的现象，这是由一种产膜性酵母菌引起的，要及时澄清，如有异味儿则要停止食用。

4.怎么为宝宝选购无污染的蔬菜

给宝宝做菜当然要选吃无污染的蔬菜：野外生长或人工培育的食用菌没有施用农药，是非常安全的蔬菜；果实在泥土中的茎块状蔬菜，如鲜藕、土豆、芋头、胡萝卜、冬笋等也很少施用农药，蔬菜上几乎没有；有些蔬菜因抗虫害能力强而无须施用农药，如圆白菜、生菜、苋菜、芹菜、菜花、番茄、菠菜、辣椒等；野菜营养非常丰富，没有农药污染。

对于绿豆芽、黄豆芽一类的蔬菜要特别注意，由于豆芽在生产加工过程中为控制其根部生长，加入了抑制根部生长的物质和化肥一类的添加剂，豆芽类蔬菜已经变成了不安全的蔬菜品种，因此在浸泡豆芽类蔬菜时一定要多次浸泡、多次清洗，确保食用安全。

第4周第4天

健康：让宝宝告别秋季腹泻

秋季腹泻的元凶是几种比细菌还小的微生物，其中外形似车轮的轮状病毒就是宝宝秋季腹泻的主要杀手。

秋季腹泻是流行较广的肠道传染病，几乎每年都有不同程度的流行趋势。

1、秋季腹泻的症状

秋季腹泻病程1周左右，起病急，开始表现为发烧（体温一般为38℃～39.5℃）、咳嗽、流清水样鼻涕等感冒症状，同时伴有频繁呕吐，随后24小时内开始出现腹泻，平均一天五六次，多的要数十次，大便稀薄，表现为清水样或蛋花汤样，有时呈白色米汤样。由于患儿频繁腹泻与呕吐，进食又少，所以很容易引起脱水代谢性酸中毒及电解质紊乱，如果不及时治疗可发生低血容量性休克，进而危及生命。

2.秋季腹泻的正确护理

（1）避免脱水

最重要的是保证液体的摄入。如果宝宝没有呕吐，爸爸妈妈要耐心地频频喂口服补液，就像静脉点滴那样一点一点地喂。请爸爸妈妈记住，只要把住脱水这一关，宝宝病情就不会恶化，不但减少了医疗开支，最主要的是减轻了由于住院输液带给宝宝的痛苦。呕吐严重不能经口补液时必须通过静脉补液，不要犹豫，不要等待，因为一旦出现脱水就会危及宝宝生命。

（2）避免菌群失调

治疗秋季腹泻抗菌素是无效的，相反还可能造成宝宝肠道正常菌群失调，加重腹泻症状。

（3）合理饮食

可暂停部分辅食，如肉、蛋、菜、水果等，待腹泻减轻再开始食用。但停辅食的时间不要超过3天，保证宝宝所需热量和营养同样重要。6个月以上的宝宝可用粥、面条或软饭，加些蔬菜、鱼或肉末以及新鲜水果、果汁以补充钾。总之要鼓励进食，喂营养丰富、容易消化的食物，直至腹泻停止后2周。

（4）适当用药

体温超过38℃，使用退热药。

（5）消毒

处理完宝宝粪便后要彻底清洗手部和被粪便污染过的物品，以免造成粪口传播。保持室内空气新鲜、流通。

健康：宝宝秋季腹泻食疗方

第4周第5天

宝宝患上腹泻后一天要拉多次水样大便，明显地消瘦憔悴，不少家长会千方百计为宝宝止泻。此时如果立即止泻，大量复制的病毒不能随大便排出体外，无异于"闭门留寇"，使邪无出路，病程延长，反而不利于患儿康复。因此，泻开始的1～2天内，只要患儿没有发生脱水，不妨让机体的自然反应发生作用，不要匆忙止泻。

1.山楂炮姜饮

配方：山楂炭10克，炮姜炭3克。

制法：山楂炭、炮姜炭加水煎沸，服用时加入少量糖或盐。

功效：止泻。

用法：适用于便泻清稀，夹有不消化乳食、呕吐乳食等症者服食。

2.山药糊

配方：山药1根。

制法：将山药研成粉末状，每次用6克～12克，加适量糖温水调好，置文火上熬成糊。

功效：适用于腹泻病程较长者服食。

用法：每日3次。

3.乌梅汤

配方：乌梅3克，食盐适量。

制法：乌梅用水煎好，服时加少许盐。

功效：对久泻不止，并伴有口渴、低热多汗的患儿最为适宜。

用法：每日3～4次。

4.山楂苍术饮

配方：生山楂、炒苍术各10克。

制法：生山楂、炒苍术加水煎煮。

功效：对脾虚温重并伴有恶心、腹泻、微有浮肿症状的腹泻患儿最为适宜。

用法：每日3次，每次10毫升。

5.苹果泥或苹果汤

配方：苹果1个，盐、糖适量。

制法：苹果洗净切碎，加盐0.8克～0.9克，糖5克，水250毫升，一起煎汤。

功效：苹果含有鞣酸，有止泻作用。

用法：适用于6月龄以上的小儿，每天2～3次，每次30～60克。

第4周第6天

早教：培养心灵手巧的宝宝

专家都说，要让宝宝智力发展好就要让他多动手。在日常生活中，家长应该怎么做才能锻炼宝宝的动手能力呢？

动手确实能促进动脑。当宝宝很小的时候，他就有自己动手的欲望，比如，1岁前吃饭就要自己拿勺子；1岁后你给他穿衣服，他就要自己揪袜子；2岁后就要拿着牙刷牙膏刷牙，3岁时会配合家长给自己洗澡……生活中时时处处都有让宝宝的小手动起来的机会。

父母不要因为宝宝的动作稚拙而笑他，更不可因为宝宝帮倒忙、添麻烦而包办代替，要在日常生活中注意宝宝生活自理的练习，让宝宝自己穿衣、系扣子、吃饭、洗手等。

培养宝宝的动手能力首先要从日常生活做起。让宝宝学着自己穿脱衣服，用水杯端水和喝水，用勺吃东西，自己捡拾玩具，和家长一起收叠衣物，这些都是训练小肌肉动作的好办法。

在注重自理能力发展的基础上，父母还应有意识地创造条件让他动手锻炼。比如，买来长短和轻重适中的筷子，早早引导鼓励宝宝用筷子吃饭；教女宝宝自己梳头；教宝宝使用剪刀（儿童手工剪刀），尝试穿针引线；给他一些旧图书，让他剪下各种形象，再和他一起用图画形象自己作画书等。

家长可以准备一些针眼粗细不一，颜色、形状和大小各异的串珠，让宝宝试着按不同的方式串联，培养宝宝的手眼协调能力；准备一些小棍、各种豆粒，让宝宝用不同的手势捡拾；给宝宝一些粗一些的蜡笔，学着填色；准备方手绢或纸张，让宝宝学叠手绢或叠纸等。

此外，家长还可以和宝宝一起玩手指游戏，提高宝宝控制肌肉活动的能力。

宝宝爱动手，有时不免有一些“破坏行为”，比如用剪刀剪破了沙发套、拆坏了玩具、把洗发水倒掉用空瓶子玩水等。父母对宝宝的破坏行为一定要耐心，用简单、具体、明确的语言给他讲道理，因势利导，告诉他应该怎样做，避免苛责宝宝。

家长也要充分理解宝宝的发展需要时间，千万不要着急，更不要说宝宝笨。

早教：小游戏，让宝宝动起来

第4周第7天

陀螺的种类很多，最简单的一种是锥子形状，用手指转中轴的凸起处，陀螺会转起来。另一种用一个简单的鞭子缠在陀螺上，突然将鞭子抽出，陀螺就会转起来。男宝宝最喜欢玩陀螺，抽鞭子的力量越大，陀螺转的速度越快、时间越长。陀螺在高速度转动时，轴在中央立得很直，快要停转时轴就会倾斜，最后就歪倒在地上。

陀螺是很古老的玩具，古今中外的孩子们都爱玩。意大利“原子能之父”恩里科·费米从小就喜欢玩陀螺，他费了很大劲去研究为什么陀螺开始时轴不竖直，速度加快轴才直立，速度减慢时轴顶划的圈越来越大，最后停下来。他翻了许多书仍找不出答案，但这种探索和自我教育的精神，使他在上大学时就能给教授们讲解很少有人能弄懂的爱因斯坦的相对论。由于他有不断探索的精神，很快就做出中子轰击试验，建成了原子能反应堆，开辟了人类原子工业时代。

3岁前的宝宝还小，不懂得许多大道理，但是奇怪的现象会使宝宝好奇，引起探索。让宝宝接触一些奇怪现象，如在陀螺的顶部画上彩虹的七种颜色，当陀螺快转时顶上出现一片白色，这种印象留在宝宝脑海中，以后学物理时就懂了。

2岁第10个月
养育计划

这个月是想象力和创造性思维开始萌芽的时期。开始学习构思自己的行动内容，然后通过自己的双手实现它，比如想象搭一个高楼，然后用不同的积木完成它。理解5或拿出5个东西，会做5以内的加减法。

生长发育情况

1.体格发育

到这个月的月末，也就是宝宝满2岁10个月（34月龄）的时候：

母乳喂养儿童体格发育情况

身高（厘米）							
性别	-3SD 轻度生长迟缓	-2SD 正常	-1SD 正常	0SD 正常	+1SD 正常	+2SD 正常	+3SD 偏高
男孩	83.9	87.5	91.1	94.8	98.4	102.0	105.6
女孩	82.5	86.2	89.9	93.6	97.4	101.1	104.8
体重（千克）							
性别	-3SD 中度体重不足	-2SD 轻度体重不足	-1SD 正常	0SD 正常	+1SD 正常	+2SD 正常	+3SD 超重或肥胖
男孩	9.8	11.0	12.4	14.0	15.8	17.8	20.2
女孩	9.4	10.5	11.9	13.5	15.4	17.6	20.3
头围（厘米）							
性别	-3SD	-2SD	-1SD	0SD	+1SD	+2SD	+3SD
男孩	45.1	46.5	47.9	49.3	50.7	52.1	53.5
女孩	44.1	45.5	46.9	48.3	49.7	51.2	52.6

数据来源于《世界卫生组织儿童生长标准（2006年）》，SD为标准差，0SD即为平均数。

2.认知能力发育

◎ 这个月是想象力和创造性思维开始萌芽的时期。开始学习构思自己的行动内容，然后通过自己的双手实现它，比如想象搭一个高楼，然后用不同的积木完成它。

◎ 理解5或拿出5个东西，会做5以内的加减法。可以开始练习倒数数。

营养：宝宝秋冬滋补润肺汤

第1周第1天

秋冬季节天气干燥，几款具有润燥作用的汤水可有效缓解干燥天气带给宝宝的不适感，不妨经常让宝宝食用。

1.冰糖雪梨汤

原料：雪梨1个，冰糖适量。

做法：（1）雪梨去心切片与冰糖同放一沙锅内；（2）放入清水600毫升；（3）开火，煮开后改用小火煮20分钟。

特色：甜甜的汤水加上软糯的糖梨，让美味从嘴一直甜到心。

营养提示：此汤水清心润肺、清热生津，适合咽干口渴、面赤唇红或燥咳痰稠的宝宝饮用，也可做宝宝日常饮品饮用。

2.百合银耳枸杞汤

原料：百合干40克，银耳2朵，枸杞10颗，冰糖适量。

做法：（1）将百合、银耳、枸杞用清水泡发；（2）将泡好的原料放入沙锅内，加入1000毫升清水；（3）煮开后加入冰糖，改用小火炖20分钟。

特色：清爽的汤水配合多重营养，带给宝宝清爽好心情。

营养提示：软软糯糯的口感，最适合宝宝秋季保养。冰糖的多少可随口味而定。

3.桂圆红枣汤

原料：桂圆干5粒，枣10粒，冰糖适量。

做法：（1）桂圆干与红枣洗净，放入沙锅内；（2）加入清水1000毫升；（3）煮开后加入冰糖，用小火煮20分钟。

特色：枣香扑鼻、滋阴润燥的美味汤水，是宝宝秋季进补的佳品。

营养提示：此款汤水是益肺补气的清补食品，最适合宝宝秋季进补。

4.雪梨贝母汤

原料：贝母3克，雪梨2个，冰糖100克。

做法：（1）梨去皮，切成粒，贝母洗净；（2）锅内加水，放入梨、贝母、冰糖小火煮半小时；（3）放凉后去渣饮用。

特色：晶莹的雪梨散发着丝丝甜意，简简单单的汤水却有着不简单的功效 。

营养提示：此款汤水具有益气、滋阴、止咳功效，适用于肺虚咳嗽、短气干咳等症。

第1周 第2天

营养：小面条里的大学问

面条营养丰富又有益于健康，不仅大人很爱吃，它也是宝宝们最爱的辅食之一。面条不仅可以给宝宝提供丰富的营养，还能养护好宝宝幼小的肠胃。现在很多家长都会为宝宝选购专业的儿童面条。宝宝的肠胃还非常娇嫩，专门为宝宝制作的面条会根据宝宝的生长发育需要和膳食结构精心研制而成，特别添加宝宝需要的维生素和矿物质等元素。科学的营养组合才能奠定宝宝健康成长的优越基础，科学配比，使宝宝获得均衡的营养，从而帮助宝宝体格发育和拥有良好的身体素质。

推荐两款适合宝宝的营养面条：

胡萝卜香焖羊肉面

原料：宝宝营养面条1扎，羊肉末儿适量，胡萝卜一小段。

做法：（1）将面条煮熟后捞出，沥干，放入小碗中；（2）将胡萝卜放入热水中煮软，拿出并捣成泥状；（3）将羊肉末儿炒熟，放入面条中，加入胡萝卜泥搅拌均匀即可。

番茄鸡蛋菠菜面

原料：宝宝营养面条1扎，菠菜若干，鸡蛋1个，番茄酱适量。

做法：（1）将鸡蛋及菠菜放入热水中煮熟，鸡蛋拿出剥壳并捣烂成小颗粒，菠菜切碎成小段；（2）将面煮熟，捞出并沥干；（3）将鸡蛋和菠菜混合1/3番茄酱搅拌成肉酱；（4）把肉酱浇在晾凉的面条上即可食用。

健康：从睡相看健康

第1周第3天

宝宝睡觉的正常状态应该是安静的，呼吸均匀，神情舒适。除此以外的任何表现都应该是事出有因。宝宝睡前睡后的种种反常表现究竟预示着什么？有哪些健康隐患，又如何处理和预防呢？

睡相1：睡觉前烦躁，入睡后易惊醒，面红，呼吸急促，脉搏增快。这种情况多发生在夜间，白天睡觉时则很少发生这样的情况。

健康隐患：这很可能预示着宝宝即将要发烧。

应对措施：细心观察宝宝是否有感冒流鼻涕、打喷嚏、腹泻等症状。多给宝宝喝温开水。如果发现宝宝已经发烧了，可以先给宝宝进行物理降温；如果体温超过38.5℃需要服用退烧药。

睡相2：睡觉时哭闹不停，还不时蹬被子、摇头抓耳，小脸发红，体温稍高。

健康隐患：宝宝可能是患了湿疹或中耳炎。

应对措施：及时检查宝宝的耳道有无红肿现象，皮肤是否出现红点，如果有，及时送宝宝去医院诊治。

睡相3：睡着时四肢偶尔抖动，好像抽筋了一样。

健康隐患：可能宝宝过度疲劳，或受了过强的刺激、惊吓。

应对措施：避免让宝宝在白天长时间玩耍，或是室外活动过多。不要吓唬宝宝，讲恐怖故事，或是突然做一些动作故意吓唬宝宝玩。

睡相4：睡得不沉稳，翻来覆去，经常翻动身体。

健康隐患：消化不良，宝宝身体太热，也很可能是在发烧。

应对措施：晚上睡前不要让宝宝吃太多东西，不要让宝宝穿着厚衣服睡觉：家长应避免给孩子盖过厚被子、睡觉前吃得过饱。

睡相5：睡不踏实，老是醒来，哭一阵才睡。

健康隐患：很可能是宝宝肠胃循环紊乱。

应对措施：特别留意宝宝有没有腹泻、呕吐，或进食不规律的现象。如果有，应该尽快带宝宝去医院诊治。

第1周第4天

健康：宝宝的扁桃体为什么容易发炎

扁桃体位于消化道和呼吸道的交会处，此处的黏膜内含有大量淋巴组织，是经常接触抗原引起局部免疫应答的部位。正常情况下，扁桃体中的淋巴细胞和抗体能将病菌消灭或控制住，维持机体的健康。但是宝宝的扁桃体很容易发炎，这是为什么呢？

1.扁桃体为何容易出现炎症

任何防御力量都是有限的，当身体抵抗力下降，如在寒冷或潮湿环境、身体过度疲劳、营养不良、缺乏锻炼等情况下，扁桃体的防御能力便会减弱；或者当病菌多次侵袭，特别是病菌数量大、毒力强时，扁桃体会因寡不敌众而被病菌攻破占领，发生炎症，出现红肿、疼痛、化脓。轻者低热、咳嗽，喉部不适；重者高烧不退、呼吸急促，甚至高热惊厥。

2.扁桃体炎要及时治疗

扁桃体炎不仅由于炎症蔓延可引起邻近器官的感染，如中耳炎，鼻窦炎，喉炎、气管炎、支气管炎等，更重要的是人体常见的感染病灶之一，与急性肾炎、风湿性关节炎、风湿热、心脏病、长期低热等疾患关系密切。因此，扁桃体炎要及时治疗。

3.不要轻易摘除扁桃体

扁桃体摘除术应严格掌握适应症，特别是儿童，更应注意。因为儿童期咽部淋巴组织具有重要的保护作用，这些作用在2～5岁阶段最为活跃。从免疫观点来看，绝不应在免疫能力未充分形成之前将扁桃体切除。任意切除这些组织将消除局部的免疫反应，甚至降低呼吸道抵抗感染的免疫力，出现免疫监视障碍。只有对于那些炎症已呈不可逆性病变且对整体器官组织造成病灶性感染的扁桃体才应考虑切除扁桃体，如慢性扁桃体炎反复急性发作或多次并发扁桃体周围脓肿；扁桃体重度肥大，妨碍吞咽、呼吸等。

小儿扁桃体肥大一般是生理现象，是免疫活动正在增长的表现，也可能是过敏反应的表现。小儿扁桃体肥大未影响呼吸或吞咽者不应行扁桃体摘除术。

安全：宝宝噎食的紧急处理

第1周第5天

宝宝被食物噎住时，抢救的黄金时间是在1～4分钟，4分钟内还无法将堵塞物取出，窒息死亡的可能性就很大。如果出现窒息，但仍有心跳，只要尽快进行抢救，还有可能抢救过来。

儿科专家提醒：无论何种自救，首先要先拨打120，在等待救援的同时要依据患儿的清醒程度进行家庭急救。

1.神志清楚的噎食患儿

要使其主动用力咳嗽，通过咳嗽产生的气流，将堵塞呼吸通道的食物清除出来，或造成可以保持呼吸的空隙；同时要让患儿坐着，上身前倾，施救者在患儿的背后两肩胛之间，以手掌根部快速有力地拍击四下；或者施救者以双臂，从患儿背后合抱其腰部，手在前合成手掌，对准患儿上腹部，以拇指侧快速向内上方冲击四次；以便把气道内或声门处的食物排出，或造成空隙而恢复呼吸。

2.神志不清的噎食患儿

让患儿侧卧，也可倒提患儿双脚，然后斜抱住身体，救护者一面用一指压下患儿的舌头，一面在患儿的背后两肩胛之间，以手掌根部快速有力地拍击四下；或者让患儿仰卧，头后仰，救护者以一手掌根顶住患儿上腹，快速向内上方冲击四次。

3.进食黏稠食物的噎食患儿

如进食汤圆、年糕等黏性比较大的食物所出现的噎食，除用上述介绍的办法之外，可采取用手指掏出，或夹出堵塞食物的办法。取侧卧位，以食指或食指及中指，沿喉咙的内壁伸入喉咙深处，掏出或夹出食物。

用上述各种方法都未能解决问题的患儿，要积极进行“压胸人工呼吸”，即让患儿仰卧地上，救护者跪姿握住患儿双手，在患儿胸部推压之后，立即举其双手至肩膀以上，反复施行。

第1周第6天 早教：在家任性、在外胆小怎么办

有很多宝宝都有这样的现象：在家的时候很任性，要什么如果不能马上得到就大哭大闹，直到需要被满足；但在外面玩时却很胆小，看到别的小朋友玩，虽然也想参加，但只敢站在一边看，即便父母鼓励他去和小朋友玩，他也不敢说话。别的小朋友抢了他的玩具，他甚至不敢出声，只是愣愣地看着人家，然后跟父母哭闹。怎样才能改变宝宝的这样行为习惯呢？

在家里任性、霸道，稍不如意就大哭大闹，在外面却胆小、过分依赖，是很多独生子女的通病。形成的主要原因是家人宠爱过度、呵护过分细致、限制过多。当面对新环境和不熟悉的人和小朋友时，宝宝虽然有和小朋友交往的愿望，但是因为平时过分依赖家长而怯于交往，遇到争抢也不会适度反抗，缺乏交往的技巧和能力。

基于这样的原因，家长对宝宝应适当放手，不要凡事包办代替，而要多鼓励他做自己能做的事情，告诉他正确的做法，并对他的尝试给予鼓励。宝宝的能力提高了，自信心也会跟着增强，胆子也会逐渐变大。

平时，应多让宝宝在户外活动，多与其他小朋友接触，在实际生活中练习交往技巧。父母可以教他一些交往的具体技巧，如用玩具与别人合作玩，向别人提出参加游戏的要求等。当宝宝与家人或与小朋友一起玩，表现出好的行为时，家长要告诉他这样做很好，给予鼓励。当他表现出消极行为时，要告诉他这样做不对，为什么不对，让宝宝明白究竟应该怎样与小朋友交往。

宝宝在家用哭闹来得到家长的注意，如果他每次哭闹都能成功地引起大人的关注，而且只要哭闹就能要啥有啥，宝宝就会一直用这个方法来得到自己想要的东西。对宝宝的任性和哭闹，家长可以采取适当冷处理的方法，用他平时喜欢的事物转移他的注意力等方法来改变他。

专家提示

平时，家长要满足宝宝合理的和基本的需要，但不要事事满足他的要求，应引导他学会以合理的方式提出自己的要求再给予满足。

早教：开心快乐的运动游戏

第1周第7天

1.骑三轮车

脚踏的三轮车可以自己购买，也可以借用，因为这种车只用几个月，宝宝大一些就要更换。不要买电动的小车，电动车不能练习技巧。先练习用手拿住脚踏三轮车手把，把脚放在踏板上向前踏。初学时大人可用手扶着手把中央，免得宝宝的手不自主地活动会改变方向。当宝宝四肢协调后大人可以离开，让宝宝自己练习。在熟练的基础上学习转弯和快骑。要选择适当地点练习，不宜在大马路上练习以防发生车祸。

脚踏三轮车要求四肢动作协调，在前进和转弯时身体要做适当的转动来维持身体平衡。宝宝在两岁半到3岁期间先学蹬三轮车，4～5岁练习后轮旁有两个小轮的两轮脚踏车，熟练后可将后面两个小轮升上去，就会骑两轮的自行车了。

2.钻洞

在家中可把大纸箱侧放在地上，将箱子两边的硬纸板打开，成为一个练习钻洞的好教具。宝宝可以从一边爬进去穿过洞，再从另一边爬出来。儿童游乐园中也有一些洞，比孩子身高略矮，孩子低头、弯腰或者略弯膝盖就可以钻过去。

有一种橄榄形桶是专门让宝宝练习钻洞的教具，当宝宝从洞口钻进去时，进入的一头接近地面；待宝宝钻到中央时，桶因重力而侧倾，桶会倾向出口，宝宝会感到震动。有些宝宝看到前面有亮会很快爬出来，个别胆小的宝宝听到倾倒的声音会害怕而哭叫，这时妈妈要在出口处召唤宝宝，使宝宝克服害怕心理而很快爬出来。玩过一次的宝宝就很喜欢钻进去，感受到一种声音和振动的刺激，很愿意再进去体会一下。

钻洞是一种越过困难和障碍的锻炼。尤其是钻进橄榄形桶中感受到一种声音和振动的刺激，使宝宝得到锻炼，培养勇敢和不怕困难的精神。

第2周第1天

营养：瓜瓜有营养，宝宝吃得香

丝瓜、南瓜、木瓜个个营养丰富，与其他食料搭配味道更加鲜美，妈妈不妨尝试着做给宝宝吃。

1.南瓜薯饼

原料：南瓜，红薯，面粉，色拉油。

做法：（1）将南瓜和红薯蒸熟，去皮、去子后捣成泥；（2）按照宝宝的喜好，将南瓜泥和红薯泥混合，加入面粉（不加水），揉到面不沾手时，做成形状各异的小饼；（3）向平底锅中刷上薄油，用小火将饼的两面煎到焦黄；（4）摆盘，小饼上可以放一片切好的水果装饰一下。

营养提示：植物油可以帮助南瓜和地瓜中的脂溶性维生素——胡萝卜素更好地吸收，有助于增强宝宝的免疫力，还能帮助便秘宝宝调理肠道，一举两得。

2.木瓜泥

原料：熟透的木瓜。

做法：（1）剖开木瓜，清除掉瓜瓤和瓜子；（2）用勺子刮成泥；或者隔水蒸6~7分钟再捣成泥。

营养提示：木瓜富含碳水化合物和各种维生素，具有强大的抗氧化能力，可以保护宝宝的眼睛、呼吸道、消化道，增强免疫力。木瓜中特有的木瓜酵素和木瓜蛋白酶还能促进脂肪和蛋白质的消化吸收，整肠、健胃、助消化，对于消化不良的宝宝是美味的辅食。

3.丝瓜鸡肉粥

原料：丝瓜，鸡胸肉20克左右，20克大米，10克糯米，2片柠檬，香油、葱姜少许。

做法：（1）丝瓜去皮、去瓤，切成小粒或薄片（建议煮粥前再准备，以免变黑）；（2）将鸡肉切成泥、葱切细丝、姜切薄片（为方便从粥中挑出来）、糯米事先淘净泡好、大米淘净备用；（3）用沙锅或汤煲烧水，水开后放入糯米和大米，开锅后用文火慢慢熬；（4）向炒锅中倒入少量植物油，放入鸡肉泥煸炒，炒熟后盛出备用；（5）粥快好时放入丝瓜和炒好的鸡肉、葱姜，直至粥煮开；（6）出锅前点一点儿香油和柠檬汁。

营养提示：清热和胃、易于消化。丝瓜味道鲜美、爽滑，易于咀嚼，非常适合宝宝食用。

营养：冬季应该给宝宝多喝粥

第2周第2天

冬季可以多给宝宝喝些粥，粥是特别适合宝宝的食物。宝宝的胃肠道还没有发育完全，肠胃的消化和吸收功能还比较弱，如果吃了不易消化的食物常常会引起便秘、腹泻或其他消化不良的症状。而粥因为熬煮的时间长，粥里的营养物质析出很充分，所以粥不仅营养丰富，而且容易被宝宝消化吸收。粥品种花样很多，做起来又比较简单。对食材的选择可以根据宝宝的具体需求来决定，除了腊月里常吃的腊八粥以外，对于宝宝来说，绿豆粥、山药粥、肉末儿粥、糯米红枣百合粥、小米牛奶冰糖粥等也很适宜。此外，还有养心除烦的小麦粥、消食化痰的萝卜粥、健脾养胃的茯苓粥、益气养血的大枣粥，等等。

1.腊八粥

原料：糯米200 克，栗子200 克，粟米200 克，青丝10 克，赤豆200 克，桂花卤10 克，花生仁100 克，红枣100 克，核桃仁25 克，玫瑰卤10 克，红糖50 克，瓜子仁25 克，清水1500 克，葡萄干100 克，粳米200 克，红丝10 克，秫米200 克，白糖20 克，菱角200 克。

做法：（1）将红枣洗干净，去核，切成小丁。（2）菱角、栗子用刀斩一口子，煮熟去壳，取肉切成碎丁块。（3）将糯米、粳米、粟米、秫米、赤豆分别用清水淘洗干净，放入大锅里，加上清水、红枣、栗子、菱角上火烧开，慢慢熬煮，要不时搅动锅底，防止糊底。待粥煮成时，加入红糖、桂花卤、玫瑰卤调拌均匀即可。（4）将粥分别盛入碗内，放上青丝、红丝、花生仁、葡萄干、瓜子仁、核桃仁，作各种图案拼摆，洒上白糖即可。

2.山药粥

原料：山药30克，胡萝卜20克，大米30克，菠菜泥少许，水2杯。

做法：（1）山药、胡萝卜削皮，切小块（约1厘米见方）。（2）米加2杯水煮滚，加入山药及胡萝卜一起煮开，转小火再煮约15分钟，再加入菠菜泥即成。

3.萝卜粥

原料：粳米100克，萝卜100克。

做法：（1） 鲜萝卜洗净，切碎。（2）粳米洗净，同放入锅中。（3）加水适量煮至熟烂即可。

第2周第3天

营养：巧妙应对偏食宝宝

1.宝宝不爱吃米怎么办

米含有丰富的营养素，而且随着宝宝年龄越来越大，米也会慢慢成为宝宝的主食。如果宝宝不爱吃米，家长不要急着强迫宝宝吃，而应该积极地加以改善，试着改变他的饮食习惯。比如可以在主食的供应上求变化，宝宝形成一日三餐的进食规律之后，三餐的主食不一定总是一成不变的白米饭，而可以做成饭团、米粉、米浆和各式粥类等，还可以做一些以米为原料的小点心，比如米糕等，花样一多就能引起宝宝的好奇心和新鲜感，进而激起宝宝对米的兴趣。

2.宝宝不爱吃瘦肉怎么办

肉类是宝宝重要的营养来源之一，鸡肉、火鸡肉中所含的蛋白质是孩子肌肉增长的最佳来源。对于不喜欢吃瘦肉的孩子，如果将瘦肉切成小块儿，与芝麻、花生酱混合在一起制成美味的肉酱，他们也会狼吞虎咽的。另外，甜酸酱、烤肉酱也可尝试。一般来说，做肉时都是先将肉切碎之后再炖成菜肴给宝宝吃，但是对于那些不爱吃瘦肉的宝宝来说，将肉先炖烂再切碎也不失为一种好方法。有的宝宝不爱吃瘦肉是因为他们不喜欢瘦肉里不易咀嚼的纤维，所以妈妈可以将肉炖烂之后切碎了再烹制，不但肉的营养不流失，也更容易被宝宝所接受。

3.宝宝不爱吃菜怎么办

◎可以试试少用大块儿肉，尽量与蔬菜混合，如：绞肉加洋葱、胡萝卜做成肉饼来代替里脊肉排。

◎利用肉类的香味儿来改善蔬菜味道，可提高宝宝对蔬菜的接受度。如罗宋汤中的蔬菜（洋葱、胡萝卜、高丽菜等），经过与牛肉一起长时间的熬煮，混合了肉香味儿，宝宝会比较喜欢。

◎尽量选购低脂肉类。在短时间内尚无法有效减少宝宝对肉类的食量时，妈妈在购买肉类时应该多选择饱和脂肪酸较少的鸡及鱼类，少买五花肉、香肠等脂肪多的肉类。在烹调时则建议采用水煮、烤、卤、蒸等用油少的方式，可减少热量、预防肥胖。

健康：自费疫苗，打还是不打

第2周 第4天

预防接种是医学界公认预防和控制传染病最为安全、经济、有效的手段之一，建议有条件的家长在计划免疫的基础上自费选择更多种类的疫苗，如水痘疫苗、甲肝疫苗、流感疫苗等，为宝宝下一份全面的免疫保单；或者选择更新升级的疫苗替代计划内免疫疫苗，因为新一代技术使疫苗更安全有效。

1.腮腺炎疫苗

用于预防由腮腺炎病毒引起的流行性腮腺炎，即“痄腮”。一般来说，流行性腮腺炎是良性传染病，其特点是发热和腮腺肿大。我国生产的腮腺炎疫苗是减毒活疫苗，若1岁以内接种难以得到足够的保护性抗体，1岁以上的宝宝即使已患过没有明显症状的流行性腮腺炎或是否接种过本疫苗不能肯定时均可接种。另外还有麻风腮三联疫苗，称为MMR，除可预防腮腺炎外还可预防麻疹和风疹。

2.流感疫苗

用于预防流行性感冒，接种对象主要是2岁以上所有人群，慢性心、肺、支气管疾病患者，慢性肾功能不全者，糖尿病患者，免疫功能低下者等。

3.水痘疫苗

水痘散布于全世界，各地区人群均受到普遍感染，病毒具有高度传染性，在儿童中的传播占90%以上。主要传播途径为空气飞沫、直接接触和母婴垂直传播。近年来，无论儿童还是成人，水痘发病率均有上升趋势，但绝大多数病例是儿童。目前，美国等发达国家已经规定在儿童及成人中常规接种水痘疫苗。水痘疫苗是一种减毒活疫苗，接种对象为12个月～12周岁的健康儿童。有严重疾病史、过敏史、免疫缺陷病的儿童禁用。

4.狂犬疫苗

用于狂犬病的预防。狂犬病是致死率达100%的烈性传染病，及时、全程接种疫苗是预防此病的重要措施之一。与任何可疑动物或狂犬病人有过密切接触史的人，如被动物包括外表健康的动物咬伤、抓伤，破损皮肤或黏膜被动物舔过等，都应该尽可能早地接种狂犬疫苗。另外，被动物咬伤机会较多或其他有可能接触到狂犬病毒的人则应提前进行预防接种。

第2周第5天

健康：给宝宝驱虫的正确方法

1、宝宝能吃驱虫药吗

许多父母看见宝宝得了蛔虫、蛲虫等寄生虫病，急于给宝宝吃驱虫药，寄希望于药物将虫子彻底杀死。其实，宝宝2岁之前是不适宜服用驱虫药的，因为大多数的驱虫药服用之后都需要肝脏进行分解和代谢，并且经由肾脏排出体外，而2岁以下宝宝的肝脏、肾脏都还在成长和发育的过程中，功能还不完善，尤其肝脏内的种类消化酶分泌量很少，不足以消化所有的食物。驱虫药中含有一种叫做甲苯咪唑的物质，会对宝宝的肝功能造成损害。即使是2岁以上的宝宝也要在正规的检查之后，由医生来决定是否可以吃驱虫药。

2.怎样喂宝宝吃驱虫药

2岁以上的宝宝肝脏基本上已经发育完全，在医生的科学指导下服食适量的驱虫药不会产生不良反应，可以进行适当的驱虫药治疗，但是在治疗之前必须诊断明确，按照寄生虫的特点，在医生的指导下选择用药，而不应该自行买药。给宝宝喂食驱虫药时应该尽量让宝宝空腹，并且不能与消炎药同吃，因为驱虫药中的物质与消炎药相结合，很可能会发生化学反应，对宝宝的健康不利。还必须注意的是，应该用白开水服药，不要因为宝宝爱甜、怕吃药就让他用牛奶、果汁的饮品来服药，这样很可能会降低药效。

3.哪些食物可以驱虫

如果宝宝不能吃驱虫药，可以运用其他方法来驱虫。首先要从宝宝的饮食着手，民间传统的南瓜子驱虫法就是不错的选择。南瓜子的药用价值很高，它含有南瓜子氨酸、亚麻仁油酸、硬脂酸等成分，能对寄生虫有一定的防治作用，家长可以准备新鲜南瓜子仁50克，用干净的工具研烂之后，加入适量清水，制成乳剂，再加入少许冰糖或者蜂蜜，给宝宝空腹服用；或者将南瓜子炒黄，碾成细末状，给宝宝用开水冲服，每次给宝宝服用30克，每天两次。如果宝宝拒绝食用，也可以加入少许白糖。但因为宝宝的肠胃消化功能还不健全，所以不能经常食用。

专家提示

对于寄生虫最好还是防患于未然，除了平时讲卫生之外，最重要的就是要让宝宝多喝水，因为水能加强肠道的蠕动，促进宝宝排便，宝宝体内的寄生虫能更加快速地排出体外。

早教：提高宝宝动手能力的小游戏

第2周 第6天

1.学用剪刀

购买儿童用的钝头剪刀，教宝宝将拇指插入一个手柄内，再将中指插入另一个手柄内。食指放在中指前面中轴附近，托住中轴的上页，使剪刀两页锋能相交。

大人先在纸上剪开个小口，再让宝宝试着剪开，尽量向前活动剪刀将纸剪成纸条。如果宝宝将纸夹在剪刀中间，就帮助他把纸取出来。关键是食指是否能托住剪刀上页，用力得当拇指就能自如活动剪刀下页，把纸剪开。多练几回宝宝就会使用剪刀了。

专家提示

千万不要让宝宝用家中尖头剪刀练习，因为宝宝扶纸的左手接近剪刀口，手指很容易被刺伤出血。受了损伤，一来会挫伤宝宝练习的积极性，二来宝宝的手到处乱摸，容易感染。一定要买到适合儿童用的剪刀才可以开始练习。

2.粘贴苹果

妈妈在一张大纸上画一棵大树，用彩笔涂上绿色。再用红纸剪几个小圆圈，让宝宝在圆圈后涂上胶水随意贴在树上。宝宝喜欢树上结满苹果，总想粘上许许多多。让宝宝练习粘贴的本领，告诫宝宝不要将胶水涂得太多，不然树会变得黏糊糊的，贴得差不多就够了。为表示丰收，大家唱个歌庆祝一下。

粘贴是一门技巧，如贴薄纸而不起泡是十分不容易的事。宝宝初学时要用较厚而不透水的纸，使粘贴部分光滑，技巧熟练之后慢慢提高粘贴的技巧，练习手眼协调。

3.学绣花

在学会穿珠子之后就可以练习绣花。市售多种穿线玩具，目的都是锻炼手的精细技巧，使宝宝手的动作与视力更加协调。用硬纸画一个圆，在外周画上大小相等的6个圆形。用锥子在每个圆心刺孔，用彩色的尼龙丝线从中央圆心穿出，穿入外周任一个圆的圆心内，再从中央穿出，穿入外周另一个圆的圆心，直到外周6个圆心都穿上彩色尼龙丝线后，就会成为一朵美丽的花。如果找到颜色鲜艳的硬纸盒，将圆画好后用剪刀剪出来再开始绣，绣出的花更美丽。

第2周第7天

早教：和宝宝一起玩角色扮演游戏

1.司售游戏

用一个长条凳当公共汽车，宝宝喜欢当司机。让他做一个无人售票的司机，一个人干两个人的活儿，叫嚷着：“上车请把一块钱投入钱箱。”让布娃娃、狗熊等玩具坐到凳子的后方，“大家坐好，开车了”“北海到了，到北海的乘客请从后门下车”……宝宝一个人既当司机，又当售票员，还要报站，虽然活儿很多，但干得十分起劲。

鼓励孩子通过游戏做各种模仿，不但对语言发展有利，对观察和记忆力都有帮助。

2.同大孩子一起玩过家家

如果有大孩子来家做客，宝宝会搬出一些玩过家家的玩具同大孩子一起玩。大孩子比宝宝玩的次数多些，更会安排游戏。游戏中由大的出主意，小的照着吩咐去做。大孩子如同家庭中的妈妈，小的像孩子。孩子一会儿听妈妈的吩咐去买菜、洗菜、摆桌子，请布娃娃们坐下；一会儿去喂娃娃吃饭，哄它不要哭，或者用个小瓶子喂娃娃吃奶。如果大孩子是个男孩，他会当爸爸，学着举杯“干杯”，小的要替人倒酒。

3.体检游戏

宝宝准备入幼儿园前要到医院做身体检查，回来之后宝宝就会自己当医生，给布娃娃做体检。宝宝拿一根绳子，中间捆一个盒盖，两头结个小环挂在耳朵上当听诊器，听娃娃的心肺，说：“吸气、呼气”，“好，背过来听后面”；听完之后用手按按娃娃肚子，动动它的胳膊腿，说“去透视和化验”，写两张单子让娃娃拿走。宝宝的模仿虽然让大人感到好笑，但大人一定要夸他：“真棒，这个大夫不错。”如果漏掉某一项可以建议他补充上。

这是回忆模仿游戏，宝宝觉得体检的每一件事都很新鲜。他会记住医生怎样为自己查体，回家来给娃娃重演一次。这种回忆和模仿能帮助宝宝按次序记住每一项操作，记住何时该讲哪一句话，这是一种很好的演示。通过游戏大人可以了解宝宝懂了多少，看懂了才能记住，记住了才能模仿而重演出来。

营养：吃对了宝宝就能少生病

第3周 第1天

秋冬季节空气干燥，早晚温差大，宝宝呼吸道黏膜的抵抗力下降，容易诱发呼吸系统疾病，比如流涕、咳嗽、发热……还可能导致支气管炎和肺炎，严重的还能诱发心肌炎、关节炎、肾炎呢！食物中含有多种对抗呼吸系统疾病的有利营养素，维生素A具有保护和增强呼吸道黏膜的功能；维生素C、维生素E能提高免疫功能……在适度添衣、适量运动的基础上，给宝宝吃营养丰富、易于消化的清淡食物，少量多餐，鼓励他多喝水也是好方法。合理饮食有助于增强免疫力，为呼吸道构建一道天然屏障。

1.奶香南瓜泥

原料：南瓜100克，鲜牛奶50克，冰糖15克。

做法：（1）将南瓜洗净、去皮、切成小片，均匀地排放在碗中；（2）将冰糖均匀地撒在南瓜表面，用浅盘将南瓜盖好；（3）在锅中倒入适量的水，烧开后放入装南瓜的碗，加盖，大火隔水蒸10分钟左右；（4）取出蒸好的南瓜，倒上鲜牛奶，搅匀后就可以吃了。

营养提示：南瓜中β-胡萝卜素含量丰富，在体内可转化为维生素A，促进呼吸道黏膜的修复和再生，防治呼吸道感染。南瓜还是维生素C和维生素E的良好来源。其中丰富的膳食纤维能够促进肠道蠕动，减少便秘发生。

2.小米山药粥

原料：小米100克，山药50克。

做法：（1）小米淘洗干净，山药洗净去皮，切小片；（2）锅中放入适量清水，烧开，放入小米。（3）再次烧开后，文火慢煮10分钟左右；（4）放入山药，继续煮10分钟左右即可。

营养提示：小米中多种维生素和矿物质含量丰富，维生素B_1的含量居粮食类的前列，维生素E、钙、铁、钾、硒、锌、膳食纤维等含量也较高，而且容易被消化吸收；山药富含膳食纤维、黏蛋白、消化酶，能促进蛋白质和淀粉的分解，可以促进消化。

第3周第2天

健康：接种疫苗，预防冬季流感

1.接种疫苗是预防流感的有效方法

全球每年都有流感流行，每年有10%～20%的人群感染，死亡25万～50万人。流感具有相当高的发病率和由严重并发症造成的高死亡率，而这些并发症如心肌炎、病毒性脑炎、病毒性肺炎等主要出现在婴幼儿、老年人及有基础病的人群中。接种流感疫苗是预防流感的有效方法。流感疫苗的保护率一般都在70%，据北京一次调查显示，流感疫苗在学龄前儿童的保护率最高，可以达到90%。

我国北方地区流感主要发生在每年的11月至次年的3月；南方四季都有发生，但冬季则是流感的高发期。由于流感病毒抗原极易漂移和突变，产生新的亚型毒株，因此疫苗所含有的病毒株必须顺其变化而年年改变，疫苗接种要在流行季节前1～2个月进行，每年接种1次，秋季接种疫苗是预防冬季和次年春季流感的最好时机。为孩子接种流感疫苗，不但可减少孩子患流感的概率，而且据统计，由于疫苗的接种，儿童患哮喘的概率也降低了67.5%，急性中耳炎的发病率降低了83%。

2.小儿适用副作用小的疫苗

我国目前主要应用3种预防流感的灭活疫苗：流感减毒活疫苗、裂解疫苗、亚单位疫苗。流感疫苗包含3个不同的灭活的病毒株，病毒株保留病毒的抗原性，但不具有传染性。病毒株在鸡胚中生长，经加工处理制成不同类型的疫苗。全病毒疫苗由整个灭活病毒构成，所以它的副作用也比较大。我国卫生部规定12岁以下儿童不能使用全病毒灭活疫苗。现在各大医院中使用最多的是裂解疫苗。近年也有亚单位疫苗上市，由于纯度较高、不含防腐剂，副作用程度很低，尤其适用于儿童。

3.建议接种疫苗的宝宝

◎患有慢性心肺疾患的儿童，包括哮喘患儿；

◎患慢性代谢性疾病（包括糖尿病）、肾功能不全、血液病或免疫功能低下的儿童，包括反复呼吸道感染患儿；

◎体弱多病的儿童；

◎学校、幼儿园、儿童福利院中寄宿群居的儿童。

健康：精心养护，预防冬季流感

第3周 第3天

1.室内湿度要适宜

冬季空气比较干燥，皮肤也容易失去水分，不利于保护宝宝的呼吸道黏膜，也会助长一些病菌的生长。因此，冬天要注意保湿，室内的湿度最好保持在50%~60%。可以购置加湿器，也可以将湿毛巾放在暖气片上。室内放一个大玻璃缸，养几条小金鱼，或窗台上养几盆花草也都是不错的选择。

需要注意的是，使用加湿器一定要适度，湿度过大也会带来副作用，有可能使孩子患上“加湿器肺炎”。飘浮在空气中以及散落在灰尘里、家居物品上的各种微生物喜欢湿润，气候干燥时它们会进入休眠状态，而一旦温度、湿度都适宜，它们就会快速生长、繁殖，进入人体的呼吸道，抵抗力较弱的孩子和老人就有可能引发肺炎，医生们称之为“加湿器肺炎”。那么，怎样使用加湿器才不会产生副作用呢？一是不要在封闭的室内长时间开加湿器，使用加湿器时要注意开窗通风；二是经常打扫室内卫生，清理灰尘；三是要定期消毒、清洁加湿器。

2.合理饮食预防流感

高脂肪、高蛋白、高糖饮食会降低人体免疫力，饮食过咸会使唾液分泌及口腔内的溶菌酶减少，并降低干扰素等抗病因子的分泌，使感冒病毒能够轻易进入呼吸道黏膜而诱发感冒。因此，平时要注意孩子的膳食平衡，多吃蔬菜、水果，少吃过甜过咸的食物。

冬天可以给孩子多吃些萝卜，萝卜有很高的营养价值，含有丰富的碳水化合物和多种维生素，其中维生素C的含量比梨高8~10倍。萝卜不含草酸，不仅不会与食物中的钙结合，更有利于钙的吸收。俗话说：“冬吃萝卜夏吃姜，不劳医生开药方。”中医认为萝卜有消食、化痰定喘、清热顺气、消肿散淤之功效。给宝宝吃萝卜时最好能竖着剖开，因为萝卜各部分所含的营养成分不尽相同，竖着剖开各部分的营养成分都可以摄入。可以将萝卜切丝、切片蘸糖，或是做成蘸醋萝卜、萝卜骨头煲，孩子一定喜欢吃。可多给宝宝吃些杀菌的食物，如大葱、醋等，既有助于开胃又能起到预防作用。

第3周 第4天

健康：有些宝宝不宜接种疫苗

有些情况是不宜接种疫苗的，否则事与愿违，还会出现严重反应。

◎接种部位有严重皮炎、牛皮癣、湿疹及化脓性皮肤病的宝宝应治愈这些病后再接种。

◎正在发烧、体温超过37.5℃的宝宝，应查明发烧的原因，治愈后再接种。因为打防疫针有时会出现体温升高的反应。另外，发热往往是流感、麻疹、脑膜炎、肝炎等急性传染病的早期症状，接种疫苗后还会加重病情，使病情复杂，给医生诊断带来困难。同时，疫苗中的抗原成分与致病的细菌可互相干扰，影响免疫力的生成。

◎正在患急性传染病或痊愈后不足2周、正在恢复期的宝宝应延缓接种防疫针。

◎有严重心脏病、肝脏病、肾脏病、结核病的宝宝也不宜接种。因为患有这些疾病的宝宝体质往往较差，对接种疫苗引起的轻度反应也承受不住。他们有病的器官不能增加额外的负担，故接种后往往会发生较重反应。另外，接种疫苗后的解毒、排泄等会加重肝、肾的负担，影响有病器官的康复。

◎神经系统疾病，如癔病、癫痫、大脑发育不全等患儿也不宜接种疫苗。

◎重度营养不良、严重佝偻病、先天性免疫缺陷的宝宝不宜接种。

◎有过敏体质、哮喘、接种麻疹疫苗曾发生过敏的宝宝不宜接种。因为虽然疫苗中含有极其微量的过敏原，对一般宝宝不会有任何影响，但对过敏体质的宝宝来讲，由于其敏感性极高，极有可能发生过敏反应，给宝宝带来危害。

◎腹泻的宝宝。大便每天超过4次者不宜服用小儿麻痹糖丸活疫苗。因为腹泻可以把糖丸疫苗很快排泄掉使其失去作用，另外腹泻如为病毒感染所致，会干扰疫苗产生免疫力。

专家提示

不宜接种疫苗的宝宝而又必须接种时，如被狂犬咬伤者必须接种狂犬疫苗，一定要在医生指导和密切观察下方可接种。

早教：宝宝爱打小朋友怎么办

第3周第5天

有的宝宝在家里挺乖的，可是一到外面就有暴力倾向，老师也会反映宝宝在幼儿园有欺负人的现象。

宝宝在家里挺好的，是因为大人们都让着宝宝，宝宝生活在不平等、没有冲突的环境中，自然也没有锻炼出解决冲突的能力。可是一到外面，小朋友之间的游戏规则是平等的，宝宝会觉得很不适应。为了获得自己的“特权”，他就可能采取暴力行为应对伙伴之间的冲突。因此，宝宝要成长为一个适应社会规则的人就一定要走出家庭，进入同伴集体，学习解决冲突的正确方法。

2～3岁的宝宝对是非对错还没有清晰的概念，他很可能只是因为很喜欢那个玩具就伸手去拿，别人不给他就心急，出手伤人，所以，家长需要一些耐心来教给宝宝一些基本的规矩。当然，也要有足够的时间让宝宝慢慢学会和遵守规则。

有的家长会采取“以其人之道，还治其人之身”的教育方式，当宝宝打了别人，家长也让他尝尝被打的滋味。这种方法一时也会奏效，但是从长远影响来说不是个好办法。因为以暴制暴会加重宝宝的暴力倾向，更加依赖暴力解决办法。家长还是应该教给宝宝直接解决问题的办法，例如用语言表达自己的需求，等待别人的回应，学会诚恳地道歉，尝试合作与分享技巧等。有时使用自然后果法还是可以的，例如打人失去了朋友，受到老师的批评，宝宝会难过。有这种消极体验之后，家长耐心地讲道理，对宝宝会有“亡羊补牢”的教育效果。

此外，家长要想帮助宝宝，可以参考以下建议：

◎多为宝宝提供人际交往的环境，有了环境才会有冲突，有了冲突才会有感受，宝宝才能充分地探索。

◎帮宝宝提高语言表达能力，只有会用语言表达了，一些情急下的肢体行为才能转变成“文明”的语言方式。

◎通过讲故事来传递给宝宝更多的解决问题的办法。

◎多与宝宝交流行为所造成的感受。

如果这些都很充分的话，宝宝的行为很快会随着成长得到调整。

第3周 第6天

早教：培养宝宝敏锐的感觉能力

1.尝味道

在午餐或吃餐间点心时做尝味道游戏。先让宝宝洗干净手，戴上围裙，做好吃东西的准备。然后用一条大手帕将宝宝眼睛蒙上，用筷子夹一种食物，让宝宝吃，然后说出是什么味道、什么食物。例如：酸黄瓜、清蒸鱼、麻酱拌豆腐、炒青椒、蒜拌蒸茄子等。在吃点心的时间可以尝炸薯条、豆腐脑、可乐饮料或椰汁冰激凌等，宝宝先说出是什么味道，再说出食物名称，也可试着说出食物的烹调方法，如凉拌、蒸、炖、油炸等。宝宝会觉得很好玩，以后他会故意闭起眼睛去尝试各种食物的味道，并学会用词去形容它。

2.凭嗅觉认物

用3个外观完全相同的瓶子，1个装捣碎的大蒜、1个装切碎的大葱、1个放吸满醋的棉花。瓶口包上纱布，眼睛看不见里面有什么，只许用鼻子闻，然后说出瓶内装了什么东西。看看宝宝的鼻子灵不灵。

如果宝宝患感冒鼻子堵了嗅觉就失灵了。让宝宝经常闻桂花、玫瑰、玉兰花及其他花的香味，以后宝宝就能区分这几种花香的不同。嗅觉与其他感觉一样，有明显的记忆和辨别能力。婴儿对奶的气味特别敏感，换一个品牌的奶粉就会拒绝。幼儿对食物的气味有选择性，有的宝宝拒绝吃韭菜，包在馅里也能分辨出来。

3.靠触觉辨认物品

晚上洗澡前让宝宝准备洗澡用的物品，由于宝宝已熟知东西放的地方，可以让他凭触觉在暗中拿取用品。如肥皂或浴液、自己的毛巾、漱口用具等。

有时大家在客厅看电视，厨房未开灯，请宝宝去厨房拿橘子给大家吃，这种事情宝宝特别爱干，他知道水果放在哪里。

让宝宝练习用触觉辨认东西，可把刚从阳台收来的衣服放在床上，用手绢蒙住宝宝双眼，让他用手摸是谁的什么衣服。过去宝宝经常帮助收拾衣柜，用手去摸就能分清这是爸爸的衬衫，这是妈妈的裙子，那是宝宝的长裤等。

让宝宝用触觉去辨认物品，使宝宝不必常靠视觉去辨认。宝宝可以摸清衣服的质地，棉布的、绸子的或者是呢料的，可以摸出羽绒背心和毛衣，以后在暗中取物特别方便。

早教：培养孩子的沟通能力

第3周第7天

沟通能力是通过别人的表情、手势、动作、语言理解别人的感受和愿望，以及通过自己的表情、手势、动作、语言向别人表达自己的愿望，使别人理解自己的感受，从而能够进行社会交往的能力。沟通能力是现代社会中必不可少的一项能力，更是对孩子从小应该着重培养的一种能力。

1.要有积极而良好的亲子互动

多些亲子互动的游戏和交流，便于训练孩子的沟通能力。比如，游戏中尽量鼓励孩子主动指导父母怎么玩，以此来激发他与别人沟通的愿望。互动中家长说话要多些体贴，少些数落或唠叨，以一种开放和发展的态度对待孩子可能有的错误。

2.培养孩子的语言能力

通过学习诗词、儿歌、故事或日常对话，增强孩子理解别人话语的能力和自我表达的能力。在茶余饭后，在家务劳动中，经常选择不同的话题引导孩子说话。比如，看一篇故事或一部儿童电影之后，可以就其中一个情节让孩子发表评论，或让他设计另一种结果。

3.让孩子理解并表达情绪

家长可以组织绘画、识图、表演等活动，让孩子加深对各种情绪和情感的理解，理解言行和情绪之间的关系；反过来家长还要鼓励孩子用语言或是行动来表达自己的喜怒哀乐等情绪。表达出来才可起到沟通的作用。

4.多为孩子创造与人交往的机会

让孩子主动和陌生的小朋友打招呼，和他们一起玩；还可组织其他小朋友到家里来做游戏，让孩子充分感受到与人交往的乐趣。家长要注意的是，交往中要多给孩子适当的机会表达自己的意见。

第4周第1天

营养：给宝宝吃点儿坚果

1～3岁是宝宝脑部和视力发育的黄金时期，妈妈千万别忘记给宝宝吃点儿坚果。坚果含有的油脂虽多，却多以不饱和脂肪酸为主，富含亚油酸、亚麻酸。亚油酸、亚麻酸是DHA和AA的前体，有了它们，人体就可以合成 DHA和AA。脂肪在发挥脑的复杂、精巧功能方面具有重要作用，给脑提供优良丰富的脂肪，可促进脑细胞发育和神经纤维髓鞘的形成，并保证它们的良好功能。

坚果还富含维生素及钙、锌等矿物质，对视力的正常发育也有直接的影响。咀嚼坚果可以让宝宝的眼睛更明亮！

1.鲜奶八宝粥

原料：莲子、红豆、绿豆、薏仁、桂圆干、花生、糯米及葡萄干各适量。

做法：（1）锅中倒入适量的水，烧开后，放入莲子、红豆、绿豆、薏仁花生、糯米大火烧开后，改小火焖煮，直至黏软；（2）锅中放入桂圆干和葡萄干，稍微煮一会儿后，将鲜奶倒入煮开即可。

2.栗子粥

原料：大米粥1小碗、栗子3个、精盐一点点。

做法：（1）将栗子剥去外皮和内皮后研碎；（2）栗子煮熟后，放入大米粥中，搅拌均匀，继续煮至烂熟；（3）加入一点点精盐，调匀后即可.

3.腰果虾仁

原料：虾仁200克，腰果仁50克，油1000克（约耗100克），鸡蛋30克，水淀粉、葱花、蒜片、姜、香油、高汤、料酒、醋、盐、味精各适量。

做法：（1）将大虾洗净，剥出虾仁，挑去虾线；（2）鸡蛋磕开，留下蛋黄，打至上劲，加入盐、料酒、淀粉搅拌均匀，将虾放入，均匀地蘸上蛋糊；（3）锅内加油，先炸腰果，待腰果略微发黄后捞出待用；（4）再将虾仁放入油锅中，停片刻捞出，沥干油；（5）原锅放少量油，加入葱、蒜、姜、料酒、醋、盐、味精和少许高汤，倒入虾仁、腰果颠炒，最后淋上少许香油即可出锅。

温馨提示

因为坚果类食物比较容易引起过敏，所以最好不要让宝宝吃得太多。

健康：及早发现宝宝的视力问题

第4周 第2天

1.宝宝是弱视吗

弱视的发病率在2%～5%，弱视的人一般只有单眼视力，没有立体视觉，视野狭窄，不能从事需要精密视力的工作。

早期发现弱视、早期矫正是挽救弱视眼的唯一办法，可使之恢复正常或者接近正常。为宝宝定期检查视力是早期发现弱视的最佳办法。在宝宝第一次检查视力之前，家长可以先教会他识别视力表。宝宝3岁后应每隔半年或一年查一次视力，若发现视力低于0.8～0.9，或双眼视力相差两行以上，应及时到医院做进一步检查。

此外，家长要密切观察宝宝，如果发现有斜眼儿、看东西歪头或眼球抖动等情况应及时到眼科检查，以便早期发现问题。

2.斜视与弱视可相互影响

斜视是双眼不能同时注视一个物体，视轴发生分离的症状。婴幼儿时期斜视的发病率在2%～3%。5～6个月以前的婴儿偶尔会发生内斜视。但是，在6个月之后，宝宝的双眼共视能力应该是发育得很好了。如果宝宝有真性斜视，必须接受治疗。

宝宝最常见的斜视是协调性斜视，发病于2～5岁之间，由于患儿患高度原视，看近物时，眼睛超强度地会聚调焦，常一只眼发生内斜视。通过眼光配镜，矫正弱视可以治疗这种斜视，其他麻痹性斜视可能需要手术矫正。

宝宝是不是斜视，有一种简单的方法可以鉴别：用手电筒照宝宝的眼睛，看两只眼的反光点是不是在瞳孔中央，反光点不在瞳孔中央的肯定是斜视。还有一种假内斜，因为孩子鼻梁较低、双眼内眦赘皮，看上去貌似内斜，用此法也可以加以鉴别。

宝宝视力的正常发育需要视觉刺激双眼。如果在婴幼儿时期有一只眼睛发生斜视，严重的屈光不正，或者眼睑下垂，另一只眼睛只好独自负担起主要的视觉功能。时间一长，弱视眼的神经停止发育，弱视就再无法矫正了。斜视和弱视可互为因果，相互影响，斜视的那只眼睛通常是弱视。

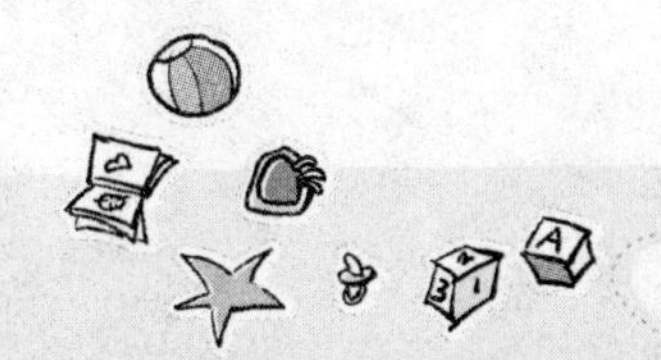

第4周 第3天

健康：不宜给宝宝喝的东西

1.不能给宝宝喝未煮开的豆浆

如果豆浆没有完全煮开，大豆原料中就会含有一种有毒的胰蛋白抑制剂，一旦进入体内，将会刺激人体的胃肠，并抑制胰蛋白酶的活性，导致人体中毒。饮用未完全煮开的豆浆后，一般在半小时至1小时内就会发生恶心、呕吐等胃肠道不适。如果饮用量不大，不适症状可以很快好转，但若饮用量大则会出现更严重的反应。因此，在家里加工豆浆时一定要充分加热，彻底煮开再给孩子饮用。如果是带孩子去外面用餐，需要饮用豆浆，就一定要选择正规餐厅就餐，不要去街边不正规或无照经营的小店，以免因加热不彻底而引起中毒。

2.不宜给宝宝喝汽水

汽水属于碳酸饮料，它的主要成分是碳酸水、柠檬酸、白糖、香料，有些还含有咖啡因和人工色素等。碳酸饮料的营养价值并不高，除了糖类能给人体补充能量外，充气的碳酸饮料中几乎不含营养素。不仅如此，碳酸饮料对于宝宝的成长和发育有着极大的负面影响，碳酸饮料中的磷酸会阻碍宝宝的骨骼、牙齿发育，对宝宝的免疫力也有不利影响。此外，宝宝的消化功能还没有发育完全，而碳酸饮料中大量的二氧化碳会抑制人体内的有益菌生长，宝宝脆弱的消化系统就会受到破坏。如果一下子喝得太多，释放出的二氧化碳还很容易引起腹胀，影响食欲，甚至造成肠胃功能紊乱。

3.不宜给宝宝喝茶

中医认为：茶叶性味甘苦而涩、微寒、无毒，具有清头目、除烦渴、消食利尿、解毒等功效。但对于3岁以下的宝宝来说，饮茶对生长发育会造成不良影响。茶中所含的咖啡碱会使大脑兴奋性增高，宝宝饮茶后不能入睡，烦躁不安，心跳加快，血液循环加快，心脏负担加重；茶具有利尿作用，而宝宝的肾功能尚不完善，饮茶后尿量增多会影响其肾脏的功能；茶叶中含有的鞣酸、茶碱、咖啡碱等成分，能刺激胃肠道黏膜，阻碍营养物质的吸收，造成营养吸收障碍。

健康：正确清洗蔬菜，去除农药污染

第4周 第4天

蔬菜叶子和嫩茎部分是植物合成蛋白质最旺盛的场所，通常是受污染最重的部位，农药也往往是喷洒在蔬菜的叶片上，因此叶类蔬菜如白菜类（小白菜、青菜、鸡毛菜）、油菜、韭菜、黄瓜、甘蓝、花椰菜、菜豆、芥菜、茼蒿、茭白等的农药残留相对较重，而茄果类蔬菜如青椒、番茄等，嫩荚类蔬菜如豆角等，以及鳞茎类蔬菜如葱、蒜、洋葱等，农药的污染相对较轻。

1.清水浸泡洗涤法

主要用于叶类蔬菜，如芥菜、木耳菜、白菜、菠菜、韭菜等。在用水冲洗掉表面污物后，清水浸泡30～40分钟，或加入少量果蔬清洗剂，再用流水冲2～3遍。

2.清洗去皮法

将果蔬表皮冲洗干净后，削去外皮，如苹果、梨、桃、猕猴桃、萝卜、胡萝卜、黄瓜、茄子、西葫芦、冬瓜、南瓜等。

3.储存法

农药在空气中随时间的延长能缓慢分解成对人体无害的物质，适用于易于保存的蔬菜、水果，如苹果、猕猴桃、冬瓜等可存放一段时间，以减少农药残留量。一般存放15天以上。

4.碱水浸泡清洗法

大多数有机磷杀虫剂在碱性环境下，可迅速分解，所以用碱水浸泡是去除蔬菜残留农药污染的有效方法之一。在500毫升清水中加入食用碱5～10克配制成碱水，将经初步冲洗后的蔬菜放入碱水中，根据菜量多少配足碱水，浸泡5～10分钟后用清水冲洗蔬菜，重复洗涤3次左右效果更好。

5.加热烹饪法

氨基甲酸酯类杀虫剂、甲胺磷等随着温度的升高分解加快，所以对一些其他方法难以处理的蔬菜可通过加热去除部分残留农药，常用于芹菜、圆白菜、青椒、菠菜、小白菜、菜花、豆角等。先用清水将表面污物洗净，放入加少量食盐的沸水中焯2～5分钟捞出，然后用清水冲洗1～2遍后置于锅中烹饪成菜肴。

第4周第5天 早教：培养有耐性的好宝宝

1.刻意让孩子等待

对于两三岁的孩子，应该让他明白等待多长时间。不要一下就让他等5分钟。刚开始时可先等1分钟，然后再增加到3分钟，一般在家里训练效果会比较好。大人可以在孩子在等待的时间里干点事，譬如妈妈接电话时让孩子安静1分钟，如果孩子能安安静静等待了这1分钟，妈妈应该这样表扬他："你真有耐心，能在妈妈说话的时候自己玩。"如果孩子不能乖乖听话，那么接下来的1分钟可以不理会他，并且向他说明为什么。这样做，需要父母硬下心肠，不然训练将会前功尽弃。

2.暂时转移注意力

当父母正要和朋友交谈时，不妨给孩子一个他平时没有见过或者不怎么让他玩的小东西转移他的注意力。当孩子弄明白那是一件什么东西时，或是他能用那玩意儿做什么的时候，你已经结束谈话了。

大多数2岁左右的孩子还不具备自己转移注意力的能力，但是如果孩子到了3岁，就应该鼓励他们在等候的时间里自己去找事情干，比如画张图或是自己看看书等，做一些孩子平时比较感兴趣的事情，让孩子学会自己选择如何打发时间。

3.默契沟通的技巧

如果父母在路上碰到熟人需要交谈几句，此时孩子想要得到关注，可以事先训练他与父母的默契。譬如让孩子把手放到父母的手上，父母握住他的手，以此告诉他：我知道你的要求，我会尽快满足你。这种方式可以在和孩子沟通的同时不必中断与人的谈话。

3岁左右的孩子是难以理解"从现在起10分钟"有多长时间，训练时应把孩子知道的一些事联系起来。譬如可以这样对孩子说："用10分钟给你的芭比娃娃梳好小辫，穿好裙子，妈妈就给你讲故事。"这样孩子就会逐渐理解时间长短的概念。

专家提示

教会孩子什么叫耐心是一个长期的过程，不仅仅要教会孩子在他等待的时间里干点什么事，也要使他相信，耐心地等待一点点时间，最终将会得到他所期盼的东西。

早教：帮助宝宝建立时间观念

第4周第6天

1.冬天、夏天的不同

找一些有不同季节内容的图书或图片，让宝宝了解冬天很冷，刮大风、下大雪，人们穿着棉衣或皮衣，戴帽子、围围巾、戴手套、穿棉鞋；家中生炉子或有暖气，要关严窗户保暖；冬天人们爱吃火锅、涮羊肉，使身体暖和。

夏天天热，人们汗流浃背，穿得很单薄，孩子们穿背心、裤衩；家中吹风扇，大人摇着扇子纳凉，不少家庭装上了空调；人们爱吃西瓜、冰棍和冰激凌，喝冰镇的凉开水或饮料，使身体感到凉快。

让宝宝对季节有明确的概念，先学会分清冬、夏两季，以后再了解春季和秋季。教宝宝把平时零散的观察和记忆综合起来，形成两个分明的季节概念。

2.教宝宝认识钟表

2岁之前的宝宝心目中的时间常以日常生活来表达，如早点以后、午睡以后或晚饭后等。日常生活规律的宝宝认识时间容易些。2岁以后的宝宝对钟表开始感兴趣，因为大人常说时间，并且经常看钟表。

早上起床时让宝宝看钟，看看钟的长短针位置，较易记住的是6点，长短针在中间成一直线，把钟分成两个半圆形；中午吃饭时长短针都重叠在一起，是12点；吃晚饭时同起床时一样钟走到6点；睡觉时短针走到9点，好像从圆圆的蛋糕上切下一块。如果宝宝已经认识数字，就不但会按针的形状看，也会读出针所指的数字，说出几点钟。暂时不必学认长针，最多学认指12时是整点，指6时是半点。多数宝宝由于不理解而记不住，不必勉强。宝宝生活有规律有利于学认时间。

第4周 第7天

早教：及时纠正宝宝的不良习惯

1.宝宝总爱咬人，怎么办

这个阶段的宝宝对付激动或者生气的情绪有很多不同的方法。有的宝宝尖叫，有的宝宝跺脚，还有的宝宝则咬人。这不是不正当的举止，关键在于如何阻止这种行为发展成一种习惯。

有时妈妈只需抱着宝宝一会儿，就能使宝宝平静下来，然后用其他的事情分散宝宝的注意力。这样简单的行为就能解决问题，前提是爸爸妈妈们要能够在事发之前发现问题并介入。在事发前阻止比在事发后责骂宝宝，情况会好得多。这也是预防这种咬人的行为发展成一种习惯的重要技巧之一。

当宝宝太累或太饿的时候很容易哭闹发脾气，导致咬人行为。因此，要让宝宝的生活有规律，按时吃饭、睡觉，这样会减少宝宝感觉饥饿或疲倦的机会。另外，爸爸妈妈要尽量为宝宝创造没有挑战的生活环境，帮助宝宝在各项小事上成功。例如，选择一些舒适简单、宝宝自己能够穿的服装和鞋袜，使宝宝有成功感。宝宝的玩具放在他们自己能够够得到的地方。总而言之，尽量避免潜在的挫败。

当宝宝咬人之后，让他知道他的这种行为是人们不能够接受的。妈妈对视宝宝的眼睛并说："这样很疼！"然后让宝宝远离其他的同伴一会儿，并告诉他如果他伤害了其他的小朋友，就不能和他们一起玩。

2.宝宝总是吐人，怎么办

有的宝宝只要不高兴或遇到不认识的人跟他打招呼，就会冲人做出跟吐唾沫似的动作，并发出吐的声音。这样会给人不礼貌的感觉，家长要及时纠正宝宝的这种行为。

对这种情况，家长不要过分地关注，但是告诉他这样是不对的，大家都不喜欢他这样做。但是宝宝完成自我改变往往需要一个过程，而不是家长一说他就能改的，所以家长不要太着急，更不能一味地指责宝宝。

另外，在家里可以做些模拟这种情境的游戏，告诉宝宝该怎样表达自己，或可以用什么其他的方式来表达自己，这样宝宝就会慢慢改掉坏习惯了。

2岁第11个月 养育计划

手的技巧有进步，可以开始学用剪刀，学做粘贴的手工操作；也可以帮助大人剥花生、剥豌豆及择扁豆等。

生长发育情况

1.体格发育

到这个月的月末，也就是宝宝满2岁11个月（35月龄）的时候：

母乳喂养儿童体格发育情况

身高（厘米）							
性别	−3SD 轻度生长迟缓	−2SD 正常	−1SD 正常	0SD 正常	+1SD 正常	+2SD 正常	+3SD 偏高
男孩	84.4	88.1	91.8	95.4	99.1	102.7	106.4
女孩	83.1	86.8	90.6	94.4	98.1	101.9	105.6
体重（千克）							
性别	−3SD 中度体重不足	−2SD 轻度体重不足	−1SD 正常	0SD 正常	+1SD 正常	+2SD 正常	+3SD 超重或肥胖
男孩	9.9	11.2	12.6	14.2	16.0	18.1	20.4
女孩	9.5	10.7	12.0	13.7	15.6	17.9	20.6
头围（厘米）							
性别	−3SD	−2SD	−1SD	0SD	+1SD	+2SD	+3SD
男孩	45.1	46.6	48.0	49.4	50.8	52.2	53.6
女孩	44.2	45.6	47.0	48.4	49.8	51.2	52.7

数据来源于《世界卫生组织儿童生长标准（2006年）》，SD为标准差，0SD即为平均数。

2.动作发育

手的技巧有进步，可以开始学用剪刀，学做粘贴的手工操作；也可以帮助大人剥花生、剥豌豆及择扁豆等。

营养：别让宝宝的肠胃受伤

第1周第1天

1.过度喂养伤肠胃

正如成人顿顿饱餐不利于健康一样，宝宝贪食也会招来种种麻烦：

◎引起消化不良。孩子全身的器官尚处于幼稚、娇嫩的阶段，生理能力有限。就说消化系统吧，胃肠等器官分泌的消化酶量较少，活性也低，吃得太饱势必加重消化器官的负担，引起消化与吸收障碍。

◎引起脑疲劳。首先，吃得过多，胃肠需要的血液量也多，需截获一部分流向大脑的血液供消化食物用，这样供应大脑的血液就减少了，从而影响脑细胞的新陈代谢，容易使大脑疲劳。其次，过量进食使大脑的相应区域长时间兴奋，而邻近的大脑智能区域则受到抑制，智力会越来越差。

◎经常过量进食还会造成营养过剩，引起肥胖，易患高血压、糖尿病、高血脂等成人疾患。女孩还会导致初潮过早，增大成年后患乳癌的危险性。

2.饮食过精伤肠胃

宝宝的胃肠消化和吸收能力较弱，过分粗糙的食物确实让宝宝难以消化吸收，但太精细的食物也易失去对健康极为有利的营养成分。因为被除掉的米或面的外壳中含有丰富的蛋白质、脂肪、铁、钙、铬、B族维生素及促进肠蠕动的纤维素，长期进食这类精细食物会使B族维生素摄入减少，影响神经系统发育。

同时，宝宝的肠胃也需要锻炼，而粗粮糙米可对口腔以及胃肠壁产生一定的力学刺激，增大肠壁肌肉的推动力，进而锻炼出强有力的消化道推动力。消化道推动力强大了，胃口以及消化吸收的能力也就完善了。父母一定要有这样的意识：无论给孩子什么样的美食，都不如给他们一副好肠胃来得重要。肠胃好，吃什么都消化，才能吃什么都香，吃什么都有营养。这就是粗食的又一个作用：充当锻炼宝宝肠胃功能的训练器械。因为运动是需要器械的，肠胃也不例外。应常给孩子吃些标准米或标准面，精细米面宜偶尔食之。

第1周 第2天

营养：美味食谱促进视觉发育

1.香煎三文鱼

原料：三文鱼50克，黄油20克，面粉20克，精盐5克，淡奶油5克，白胡椒粉5克，洋葱1片。

做法：（1）新鲜三文鱼洗净、控干，用精盐均匀涂抹腌制30分钟，蘸上少许干面粉备用；（2）将黄油加热熔化，放入少量面粉，小火慢炒，然后倒入适量清水，大火烧开后再调入淡奶油，制成奶油汁；（3）重新起锅，中火加热黄油，烧至七成热时将准备好的三文鱼放入，小火慢慢将其煎至表面金黄；（4）锅中留底油，烧热后将洋葱碎放入爆香，随后放入奶油汁，烧沸后调入盐和白胡椒粉；（5）将做好的调味汁淋在三文鱼上即可。

营养提示：三文鱼富含不饱和脂肪酸，其中的DHA对于宝宝的体格、视力和智力发育过程具有重要意义，DHA是视网膜中最丰富的多不饱和脂肪酸，适量补充可有效保护视力。

营养含量：热能384千卡，蛋白质11.6克，脂肪28.6克，碳水化合物19.7克，维生素A 123国际单位，尼克酸2.7毫克，铁1.6毫克，硒16.99毫克。

厨房秘笈：三文鱼含有较多的水分和脂肪，烹制时加热的时间不宜长，否则肉质会干硬，吃起来口感不佳。

2.番茄西蓝花

原料：西蓝花100克，番茄100克，蒜瓣20克，盐3克。

做法：（1）西蓝花洗净，掰成小朵，入沸水焯6分熟后迅速捞出，置于冷水中备用；（2）番茄去皮，切成小丁；（3）蒜瓣拍碎成蒜蓉，备用；（4）炒锅中倒入油，微微爆香蒜蓉，加入西蓝花迅速翻炒，再倒入番茄，加入适量盐，炒熟即可。

营养提示：西蓝花中含有叶黄素，是一种天然的强抗氧化剂，也是构成人眼视网膜黄斑区域的主要色素成分，能够保护眼睛免受伤害。同时也是维生素A的良好来源。番茄中的番茄红素是目前被发现的最强抗氧化剂之一，能够迅速清除自由基，在防癌抗癌、调节血脂、延缓衰老方面功效显著。

营养成分：热能77千卡，蛋白质5.9克，脂肪0.8克，碳水化合物13.8克，维生素A4317国际单位，尼克酸1.6毫克，维生素C71毫克，铁1.6毫克，锌1.1毫克。

健康：宝宝秋季上火巧调理

第1周 第3天

为何宝宝会在秋季出现上火？中医认为“燥”是秋季的主气，“上火”正是秋燥所带来的种种身体反应。由于宝宝皮肤娇嫩、呼吸频率高、肾脏功能尚未发育完全，所以通过皮肤、肺以及肾脏丢失的水分会更多，如果饮水和饮食调理不当就更易“上火”了。

症状1：皮肤干燥、破裂

如果宝宝皮肤发干发紧、干燥脱屑，甚至出现皮肤起皱、破裂等症状，往往是由于外界燥邪侵入体内，损伤津液导致津液亏虚，不能润泽皮肤之故。

专家支招：随时用婴幼儿润肤品滋润宝宝的肌肤，以减少与衣物的摩擦。容易干燥的部位更应注意，比如脸颊、额头、臀部、手足等。

症状2：便秘、小便黄

如果宝宝大便干结，或是好几天也不排便，就说明燥邪已伤及宝宝的肠胃了。

专家支招：每餐尽量让宝宝吃饱吃好，食物宜粗细搭配，多饮水，多吃生津润肠通便的食物，比如绿叶蔬菜等。另外，宝宝采取仰卧位，妈妈可轻轻按摩宝宝的脐腹部位数分钟，早晚各进行一次，可以增强宝宝的肠蠕动能力，从而促进排便。

症状3：燥咳

如果宝宝出现干咳无痰或少痰，口干舌燥等症状，一般是由于燥热损伤肺阴所致的燥咳症，此时首先应该考虑的便是滋阴润肺。

专家支招：雪梨1只、莲子10克、粳米50克、百合2克，煮粥，一日两次；川贝1克研末，和1个雪梨炖熟，加冰糖适量服用，早晚各一次。如果经上述处理后仍小咳不止，或是伴有发烧、头痛等症状时，不要自行滥用止咳药，应及时去医院治疗。

症状4：流鼻血

宝宝鼻腔内的黏膜非常脆弱，燥热的空气容易引起鼻腔干燥而导致毛细血管破裂流血。

专家支招：鼻子流血时，应马上让宝宝坐下或者躺下，家长可用拇指和食指压住宝宝鼻翼两侧，几分钟后轻轻松开手指，鼻血大多就可以止住。

第1周第4天

早教：让宝宝养成良好的生活习惯

3岁以前是培养宝宝好习惯的重要时期，因为这时建立一定的条件联系比较容易，一旦形成了习惯也比较稳固。如果不注意培养，形成了坏习惯再纠正就比较困难。宝宝一天的生活内容要根据其年龄特点、生理需要，在时间和顺序方面合理安排，使宝宝养成按时作息、按要求进行各项活动的好习惯。

两三岁的宝宝每天睡眠时间要保证在13个小时左右，避免大脑过度疲劳。晚上8点睡眠至第二天清晨6点半至7点起床（10个半小时左右），午饭以后再睡两个半小时午觉。晚上睡前洗脸、洗脚或洗澡，然后换上宽松柔软的内衣，让宝宝自己上床睡。家长可以讲故事或播放催眠曲，但不能又哄又拍让宝宝入睡。睡眠的环境要舒适温暖，光线要暗。定时睡眠养成了习惯，宝宝到时就很容易入睡。有些宝宝要抱娃娃睡觉是可以的，但不要养成吮手指、吃被角、蒙头等坏习惯。

两三岁的宝宝每日应该有4餐，除了早中晚三餐外，午睡后下午3点左右可以加一次午点，每两餐中间都要注意喝水和提醒宝宝小便。良好的饮食习惯也是在这个阶段形成的，比如在固定位置自己吃饭、不挑食、不偏食、不暴食、不吃零食等。

除了吃饭、睡眠养成好习惯以外，还应该有好的卫生习惯，如饭前便后洗手，吃水果要洗干净削皮不随地大小便等。

制定了合理的作息制度就要让宝宝认真执行。家长或者老师向宝宝直接提出怎样做的要求，一般来说宝宝是容易听从的。每天都坚持按要求去做，宝宝就会习惯成自然。培养习惯不能破例也不能许愿，否则宝宝会觉得家长的要求可以不执行，良好的习惯则难以养成。

早教：让宝宝乐于接受父母的要求

第1周 第5天

一般说来，宝宝进入3岁就到了第一反抗期。实际上，宝宝满2岁时，自我意识就发展起来，他想做的事如果家长不答应就表示反抗，常常会听到2岁多的宝宝说“不”“不要”。到了3岁，宝宝已有了自己的小朋友，有了一定的社会交往，这种独立行为的欲望就更加强烈，一旦想做某件事就表现得非常任性，不愿服从家长的安排。

那么，如何让进入反抗期的宝宝能够接受父母的要求呢？强力压制肯定是不行的，只能采取说服诱导的方法。要仔细分析宝宝的意图，然后区别对待。如果宝宝只是想自我服务或是帮助家长做家务，家长就不要一味地限制，那样宝宝会很恼火，不听劝。正确的方法是帮助和指导他，把他想做的事做好。如果是不合理的要求，家长可以用他感兴趣的东西转移他的注意力，或者耐心地讲清道理，告诉他为什么不可以做。合理的限制还是需要的，但宝宝的感情可以让他表达出来，不能强行压抑。

要想让宝宝容易顺从家长的安排有一点非常重要，即家长应该经常和宝宝一起玩耍、交谈，了解和尊重宝宝的意志和兴趣。要让宝宝知道你对他很在意、很重视，这样宝宝容易变得顺从。

有时家长采用“回馈技法”来处理宝宝的反抗也很有效。比如宝宝在游艺场没完没了地玩滑梯不回家，家长可以先对他说“再玩两次就回家”，让宝宝有个思想准备，玩完两次以后就坚决领他走。这时宝宝肯定会生气甚至哭闹，家长可以对他说“我知道你不高兴，玩得正高兴被打断，要是我也会生气，但是我们总不能今晚不回家吧?”让宝宝知道你很了解他的感受，但做任何事都会有一定的限制。逐渐地宝宝反抗的次数会减少，容易接受父母的要求。

第1周第6天

早教：锻炼宝宝小手的精细技巧

1.捏面人

面塑是三维艺术，可以捏出物体的具体形状，是练习手技巧的好方法。家里包饺子时给宝宝一个小面团让他学着捏。宝宝喜欢学大人的样子，将面团搓圆，然后又将它搓成条状，喜欢用手揪成一个个小块，再用手压扁，然后做成小小的饺子。有的宝宝喜欢将搓圆的球直接压扁做成一个小盘子或者一个小碗，或者将圆球搓成一个个小球连成一串当小糖葫芦，或者捏成一个大扁球，再捏上头、尾和4只脚，就成了一只小乌龟，还可以捏成有耳有头有身子的小兔子，或者一条软软的长条的蛇。宝宝用面团可以做出许多花样，大人可以教他用词说明，如圆的是球、扁圆的是盘子、小圆球连成串是糖葫芦；乌龟有大的龟壳，其他动物追它时乌龟会把头、尾和脚都缩进壳内，别的动物以为是个小石头就会走过去了；兔子有两只长耳朵，一条短尾巴；蛇又长又细，可以蜷成一团……如果想下次再玩，可将面团放入小塑料袋内存入冰箱中。也可以加1～2滴甘油防止面团变干，再加1～2滴蜂蜜可以使面捏出的东西光滑而且没有裂痕。

2.折纸

让宝宝练习折纸。从最基本的方法学起，学会对齐边和角，使纸对齐。先学对折成长方形和三角形，最后学会折一个简单玩具，使宝宝感到成功的喜悦。折纸不但能够训练宝宝手眼协调的能力，而且能够让宝宝按着步骤去完成一件事，提高宝宝顺序记忆的能力。

准备裁成方形的两张白纸，大人用一张做示范。先将方形下边折上，上下两个边对齐，纸角也要对齐，边角都对齐后将纸的中间压平，原来的方形纸变成长方形。如果宝宝学得顺利，可再对折一次，将长方形的两个短边对齐，纸角对齐之后压平，长方形变成了两个小正方形。

再将方形纸打开，将两个对角对齐，纸边也对齐，然后压平成为一个大三角形；再将两个锐角对齐，纸边对齐，压平纸边成为一个小三角形。

将小三角形再打开，将两个锐角向内折成狗的两个耳朵，画上眼睛和鼻子、嘴就成狗头。这是折纸能做出的最简单的玩具，等宝宝能够熟练折纸后，家长可以教给宝宝一些复杂的折纸技巧。

早教：加强安全教育，确保宝宝平安

第1周第7天

1.宝宝到处乱跑，怎么办

有的宝宝胆子很大，有时出去玩，家长一眼没看到，他就跑到邻居家串门去了，或者跑到家长看不到的地方玩去了。家长就会担心他会有一天跑丢了或者被坏人领走。

宝宝胆子大是因为他经验少，不懂得自我保护，还可能因为安全感强，或者自信心强，或者宝宝个性比较活泼好动。家长可以利用童话故事、动画片、亲子游戏等形式，让宝宝知道一些最基本的自我保护经验，比如父母不同意就不跟别人走，不吃别人的东西，不随便到陌生的地方玩等，并经常用语言对答或表演的形式引导他反复记忆，有意提供一定的机会使他练习父母教给他的经验。注意不要用过分恐怖的图画或过于紧张的表情恐吓宝宝，以免对他的大脑发育造成不良刺激。

2.宝宝爱玩饮水机，怎么办

有很多宝宝喜欢玩饮水机。每次想起来要喝水或者看到别人去饮水机旁边倒水，就自己拿个杯子跑过去倒水，然后就玩起水来，尤其对那个热水龙头特别好奇，让家长头疼不已。

这个年龄段的宝宝有强烈的好奇心，当他注意到饮水机里能流出水，就想亲自去尝试。特别是热水龙头，家长的限制越发使宝宝感到好奇。如果绝对限制宝宝不去碰热水龙头，他会想方设法趁家长不注意的时候探究一番，倒是容易出现危险。

针对这种情况，妈妈就和宝宝一起来探探饮水机的奥秘。让宝宝看着，妈妈做出很小心的样子打开热水龙头，接一杯热水，端到桌子上，妈妈的手离开杯子的时候，做出被烫着的样子，同时说："好烫！"请宝宝也来摸一下杯子的外壁，让宝宝感觉到烫。告诉宝宝，这个红色龙头流出来的水很烫，洒在身上会很疼。

接下来给宝宝提供有限制的满足：妈妈拿着杯子接着，请宝宝开一下热水龙头，接一点水后，妈妈请宝宝把热水龙头关上。告诉宝宝，他可以在家长的帮助下开热水龙头，但是不能拿杯子。凉水龙头的水可以让宝宝自己去接，以培养自理能力。

第2周第1天

营养：谷类、豆类一起吃

各种不同的谷类混合食用、谷类与豆类混合食用可以大大提高主食的营养价值（主要是能起到氨基酸互补的作用），调节口味，改善宝宝的胃肠功能。

1.杂粮小馒头

原料：小米面加标准粉，或玉米面加标准粉，或黄豆粉加玉米粉加标准粉，或荞麦面加标准粉等。

做法：上述混合面粉选一种发酵后揉成面团，将面团捏成动物形状，如小乌龟、小鸭子、小刺猬等，每次只做一种形状，上蒸锅蒸熟，做主食食用。

营养提示：杂粮中含有多种矿物质，如钙、铁、锌、铜及B族维生素，还含有食物粗纤维，且各种杂粮的氨基酸种类不同，各种不同的谷类联合食用可起到氨基酸互相补充的作用，更利于宝宝的生长发育。

2.小金银花卷

原料：标准粉、玉米面。

做法：标准粉发酵和成团，用70℃～80℃的水将玉米面和匀；将标准粉面团摊在案板上擀平成片状，约4毫米～5毫米厚，上面铺满已和匀的玉米面；把已铺平的双层面片，从一个方向向对侧推卷成卷，用刀按长轴方面横切成约2厘米的花卷，每两个卷放在一起，双手各向反方向卷成花卷状，上蒸锅蒸熟，作为主食。

营养提示：发酵后的面食松软、易咬碎、易咀嚼、易消化，粗、细粮搭配后营养更加丰富。

3.豆沙包或枣泥包

原料：标准粉、红小豆或干的大红枣。

做法：将标准粉发酵、揉匀，揪成小面团数个；取红小豆或干的大红枣洗净、煮透，做成泥状（大枣要去核、去皮，红小豆成泥状后可以放少许红糖）；将小面团擀成约0.5厘米厚的面饼，放入适量的红小豆泥或大枣泥，用面包裹严实后即成自制豆沙包或自制枣泥包，上锅蒸熟即可食用。

营养提示：红小豆中含的矿物质及维生素有钙、铁、锌、硒、β-胡萝卜素、核黄素等。干的大枣中含有生物碱、多种氨基酸、果胶、果糖及钙、铁、磷，还含有维生素C和β-胡萝卜素等。

营养：爱心妈妈好“粥”到

第2周第2天

1.南瓜奶味大米粥

原料：白米100克，南瓜100克，牛奶50克，香油半勺，白糖少许。

做法：（1）南瓜切成片，放笼上蒸软。（2）白米煮成烂粥，加入蒸软去皮的南瓜拌匀。（3）加入牛奶和香油拌匀，最后加糖调味。

营养提示：此粥软滑爽口，甜而不腻。而且南瓜含有丰富的β-胡萝卜素，对宝宝的视力发育有帮助。

2.牛奶粥

原料：牛奶100克，大米50克，水400克。

做法：（1）将大米淘洗干净，用清水浸泡1～2小时。（2）先把水烧开，再下入泡好的大米，用小火煮30分钟，加入牛奶再煮片刻即成。

营养提示：此粥味美可口，含有丰富的蛋白质、脂肪及多种维生素和钙、铁等矿物质，营养丰富。注意加入牛奶后煮得时间不能太长。

3.青菜粥

原料：大米300克，青菜30克，清水300克，精盐少许。

做法：（1）将青菜（菠菜、油菜、小白菜的叶）洗净，放入开水锅内煮软，切碎备用。（2）将大米洗净，用水泡1～3个小时，放入锅内，煮30～40分钟，在停火之前加入精盐及切碎的青菜，再煮10分钟即成。

营养提示：此粥含有宝宝发育所必需的蛋白质、碳水化合物、钙、磷、铁和维生素C等多种营养素。

4.脊肉粥

原料：猪里脊肉100克，粳米100克，食盐、香油各少许。

做法：（1）先将猪脊肉洗净切成小块，放锅内用香油炒一下。（2）然后加入粳米，中火煮，待粥将烂熟时加入盐调味即成。

营养提示：宝宝经常食用可防止发生贫血。

第2周 第3天

健康：不要迷信骨密度测量

宝宝的生长发育很快，很多家长因此担心宝宝缺钙，除了计算宝宝补充的维生素D及给宝宝补钙外，有的家长甚至还带宝宝去测量骨密度。有医生指出，其实骨密度测量的值并不能说明宝宝缺钙。因为宝宝处于快速生长发育阶段，其骨密度会略低一些，这样才会更好地吸收钙质，促进骨骼钙化。

医生提醒，目前国际上没有小儿骨密度的标准值。由于各个医院所使用的仪器不同，其标准值不同，测量的部位不同，每个孩子的骨密度值也不同，其测量的结果不能准确反映钙代谢的情况，只能供参考，不能凭此补钙。

那么，究竟如何判断孩子是否缺钙呢？关键要看孩子有没有缺钙的症状表现，一般缺钙的孩子早期症状为：多汗、枕秃、睡不踏实、受惊后抽动、烦躁、哭闹、出牙延迟，严重者会出现方颅、鸡胸、肋骨外翻、“X”形或“O”形腿等，如发现有这些可疑迹象，要及时带孩子去看医生，在医生的检查之后才能确诊。

家长还要计算孩子每日摄入的钙量和中国营养学会推荐的每日适宜摄入量还有多少差距。对于1～3岁孩子每天应该保证400毫升～600毫升配方奶，加上饮食中含有的钙量可以满足这个阶段宝宝对钙的需求。

健康：吃梨止咳有讲究

第2周第4天

1.怎样用川贝蒸梨治疗咳嗽

川贝蒸梨是民间用以调理咳嗽燥热之常用方，特别是对肺燥引起的咳嗽功效特别显著。可以先将川贝母用干净的工具研碎，将雪梨去芯，切块儿，加入一些冰糖，将所有材料放入炖盅，以慢火炖一小时即成。梨以香梨、鸭梨为好，因其更香甜细嫩，而沙梨等过于粗糙，不宜炖食，直接食用更佳。需要注意的是，一定要先确定宝宝咳嗽的症状与种类，才能有针对性地进行食疗。川贝蒸梨仅仅适用于阴虚肺燥引起的干咳，如果宝宝的咳嗽属于风寒咳嗽，那就不应该吃川贝蒸梨了，否则可能适得其反。如果是风寒咳嗽，可以给宝宝喝些姜糖水。

2.吃梨止咳有哪些讲究

深秋或初冬时节，干燥寒冷的气候很容易使宝宝口干鼻燥、外感咳嗽。生梨性寒味甘，有润肺止咳、滋阴清热的功效，特别适合宝宝食用。不过，妈妈应针对宝宝不同的咳嗽选择食生梨，还是蒸、榨汁、烤一烤或煮水喝，其中很有讲究。上呼吸道感染、咳嗽并伴细菌感染、发热、咯痰时，食用蒸梨效果较好，它可润肺化痰，配合川贝、陈皮功效倍增，加些糯米和冰糖还可补益厌食的宝宝对营养的需要；煮着吃的秋梨性平和，制成奶羹对宝宝的脾胃刺激小，适合肺虚气喘、咳嗽体弱的宝宝吃。

3.宝宝咳嗽能吃秋梨膏吗

一般1岁之上的宝宝咳嗽时可以适量服用秋梨膏，但也要根据具体的病情而定。秋梨膏也叫雪梨膏，是以白梨（鸭梨、雪花梨）为主要原料，配以其他止咳、生津、润肺药材，如生地、葛根、萝卜、麦冬、藕节、姜汁、贝母、蜂蜜等加工熬制而成的膏剂。秋梨味儿酸甜，性寒凉，能生津、止渴、润肺、清心、利肠、解毒，对热病伤津所致的烦渴、胸中热闷、肺燥干咳、大便秘燥等症有较好的治疗作用。目前，市面上出售的秋梨膏品牌和种类繁多，在购买时要仔细查看其中的成分，选择正规的品牌，最好能购买专门针对幼儿生产的秋梨膏，这样比较适合宝宝的口味儿和具体需求。

安全：保证宝宝的居家安全

1.客厅的安全

矮茶几上不要放置热的或重的东西。

◎茶几应收拾整洁，不要把打火机、火柴、缝纫用的针、剪子、酒等危险品放在茶几上，也不要放在任何宝宝可以够得到的地方。

◎电视机、录像机、VCD等电器不要放在宝宝能够到的地方，不用时最好切断电源。

◎电线应沿墙根布置，也可以放在家具背后。不用的电器应拔去电源。尽量用最短的电线接电器。

◎容易被打碎的东西不要让宝宝碰到，尤其是热水瓶等危险品。

◎家里不要种植有毒、有刺的植物。

2.卧室的安全

◎床架的高度要适当调低，床边摆放小块地毯，以防宝宝不小心从床上摔下来。

◎电线的布置以隐蔽、简短为佳，床头灯的电线不宜过长，最好选用壁灯，减少使用电线。冬天不要把电取暖器放在床前，以免衣被盖在上面引起失火。夏天不要把电扇直接放在床前吹。

◎玩具放在较低的地方，宝宝不必费力地踩着凳子拿。但不要放在地板上，以防宝宝不留心摔倒。

◎存放在衣柜里的樟脑丸要放在高处，以防被宝宝当做糖果误食。

3.厨房的安全

◎橱柜尽量选用导轨滑动门，别用玻璃门，以防宝宝开门时被玻璃划伤。

◎刀、叉、削皮刀等锋利的餐具应放在宝宝够不着的地方或把它们锁起来，火柴、打火机等放在安全的地方。

◎做饭时不要让宝宝在身边玩耍，如果年龄小可以用学步车、婴儿车等把他固定在一个安全区域里。

◎不要让宝宝靠近炉灶，以免绊倒时被烫伤。烧水或煎炸食物时应有人看管，锅把要转到宝宝够不到的方向。

◎热的食物和饮料不要放在宝宝的身边，以防宝宝两手抓食物时被烫。

早教：做游戏，学数学

第2周 第6天

1.大吃小

游戏方法：在套桶的盖和底部分别按顺序贴上数字。大人和宝宝，一人拿桶盖，另一个拿桶。在“1、2、3”口令发出后，两人同时拿出其中的一个，谁出的大就可把对方扣住，将对方的赢过来。每次赢方要读出数字，如“4吃3”或“5吃2”。数字相同的桶盖赢。赢的多的算赢，把桶输光了就算输。开始玩时要让宝宝先赢几次，建立信心而且学会玩后就可以进行认真的竞赛。

游戏目的：使宝宝通过形象理解数字的大小顺序。

2.数字小天平

游戏方法：可以在天平两边放上小鱼，让两边一样多使天平平衡。然后试着挂上数字，先把5以上的大数字收起来，玩5以下的数字。如一边挂3，另一边放上3就能平衡；如取下来先放上2，3的一边会太重，另一边再挂上1使两边平衡。大人先做示范，然后让宝宝自己玩，他会试着将数字往两边挂，使天平平衡。玩熟了以后，宝宝会记住一边挂4时，另一边可挂上1和3，或者两个2；一边挂5时，另一边可挂上1和4，或者2和3。待宝宝练熟5以下的各种挂法后，再加6和7，玩熟后再添上8、9、10。

游戏目的：让宝宝通过玩具学习加法，并学会每一个数的组成。动手比口述和计算更有趣，使宝宝在玩中学会加法，以后再学会减法。

第2周第7天

早教：让宝宝开开心心玩布书

1.布书可以带给宝宝知识和快乐

宝宝从出生后10个月起就会掀开、合拢布书，偶然会拿走一两个布块或按颜色摁上粘扣，真正能自由操纵布书是在两岁半前后。宝宝不但会按布书上的颜色、形状把粘扣摁上；还会按数拿走树上的苹果，再放回去；会打开拉锁取出小虫玩一会儿，再把小虫放进大虫肚子里；懂得移动鸭子和猫，把猫放在上面，鸭子放在下面。宝宝分得清左右和中间，可随意移动几个小动物的位置。

大人在看书时可让宝宝在旁边静静地摆弄布书，宝宝会像大人那样从书中得到知识和快乐。

让宝宝喜欢看书，宝宝的书既是知识的来源，也是玩具，可以自由摆布和玩耍。宝宝从书中得到快乐，学会了专注，可以不打扰大人，高兴地度过1个多小时。

2.给宝宝做一本属于自己的布书

布书是用布和补贴彩色布块构成。布质书可以购买，也可以自己做。比如，自己做的布书可以有这样的内容：第1页有娃娃在床上睡觉，从被子直角边缝中可将娃娃取出来玩一会儿；第2页有六七个彩色气球，书页上绣有同色彩圈，气球用粘扣贴在书页上，可自由取下，按彩圈贴上；第3页上有一棵大树，树上有9~10个扣眼样的洞插着红色布苹果，让宝宝识数用；第4页为彩色布做的圆、方、三角、长方、梯形、菱形等形块，可用粘扣贴回用彩色线绣的形穴内；第5页为红黑相间的瓢虫，中央有拉锁，里面有2个小瓢虫可任意取出放入；第6页为各种水果，可按形穴贴上粘扣贴回；第7页为不倒翁，帽子、眼睛、耳朵都是可动的，可以摘下、扣上，身上衣服有扣子，练习解扣子用；第8页为动物图，有3种可以取下的动物，可任意贴在中间或左右；第9页有上下两个粘位，鸭子和猫可轮流放在上面或下面，因为旁边有鱼，可以吃鱼；第10页有房子，里面有3只小兔子，兔妈妈和大灰狼可以轮换贴在门外，只有妈妈回来才可以开门。

营养：亲手为宝宝做花卷

第3周第1天

1.金丝卷

原料/调料：富强粉400克，面肥100克，香油40克，鸡蛋1个，碱面3克。

做法：（1）将面粉240克放入盆内，加入面肥、温水120克和成面团，待酵面发起，加入碱液揉至光润，搓条，下剂子，作为坯皮之用。（2）将面粉160克放入盆内，加入鸡蛋和少许水，和成稍硬的水蛋面，稍饧，擀成薄片，叠起，快刀切成细条，摊开捋齐，刷上香油，刷匀盖严，作为心子用。（3）将发面团揉匀，搓成条，下剂子（60克左右），擀成长圆形的皮（中间稍厚，边缘稍薄），中间放条（6厘米长），捋顺理齐，先把两头包上，压住丝条，再提起里边的皮边，从里向外一压，双手手指按住皮边，向前一推一卷，把心包住包严，饧15分钟，码入屉内，用旺火急气蒸熟。

2.麻酱花卷

原料/调料：面粉400克，面肥100克，芝麻酱50克，花生油适量，碱面3克，精盐3克。

做法：（1）将面粉放入盆内，加入面肥，温水200克和匀，酵面发起，加入碱液揉匀，稍饧。（2）将芝麻酱放入碗内，加入精盐、花生油调好待用。（3）将发面团擀成长方片，抹匀芝麻酱，卷成卷，用刀剁成40个相等的段，然后将每两段摞起，拧成花卷。（4）将花卷码入屉内，用旺火蒸15分钟即熟。

3.肉卷

原料/调料：面粉400克，面肥100克，肥瘦猪肉250克，香油10克，酱油80克，精盐5克，味精4克，葱末25克，姜末10克，碱面3克。

做法：（1）将面粉放入盆内，加入面肥、温水和成面团，待酵面发起，加入碱液揉匀，稍饧。（2）将肉馅放入盆内，加入葱姜末、酱油、精盐、味精、少许清水，搅成黏糊状，加入香油拌匀成馅。（3）按大小分成段，码入屉内，用旺火蒸15分钟，取出稍晾一下，切成3厘米长的小斜段，码入盘内即成。

第3周第2天 营养：过量食用奶片对健康不利

奶香浓郁的奶片是许多小朋友喜欢的零食，家长们觉得奶片是固体的奶，营养丰富，也常给宝宝吃。其实，不少奶片中含有添加剂，过量食用对宝宝健康有潜在危害。

现在市售的奶片有许多种，比如奶酪片、羊奶片、牛奶片、奶球、酸奶干、奶味奶酪、牛初乳奶贝和奶酥等。这些产品五花八门，大都以地方特产的身份在市场上销售。然而仔细看看配料表就会发现，除了奶粉、白砂糖，植脂末、酸味剂、甜味剂、香精等添加剂也赫然在列。尤其是植脂末，其中含有的反式脂肪酸，不但不利宝宝健康，还会影响智力发育。此外，大部分奶片都含有食用香精，味道较重，也不适合宝宝长期食用，否则会影响其对食品风味的正确判断力。

不过，奶片也并非一无是处。它富含牛奶蛋白、牛奶脂肪，能量也较高，适合宝宝在运动后，作为一种能量补充品来吃。现在有一些强化维生素的奶片，也值得考虑。选购奶片时，尽量不要买散装的，并仔细看配料表，选择不含植脂末的为好。最好选择保质期标注清晰，包装完好，有营养标签，来自正规厂家的产品。最后要注意的是，孩子一天吃奶片不要超过10克，否则不但不易消化吸收，还会影响正餐。

健康：关注细节，让宝宝健康过冬

第3周第3天

寒冷冬季，妈妈应该如何照顾宝宝？许多细节决定着宝宝能否健康过冬。

1.室温适宜，不干燥

冬季的室温最好保持在18℃～22℃。如果室内太热，会让宝宝全身毛孔逐渐张开，甚至出汗，一旦出门遇到冷空气很容易感冒。室内还要保持适宜的湿度，尤其在我国北方地区。因为使用暖气或者空调容易造成室内空气干燥，而干燥的空气又会使宝宝的口鼻分泌物变得黏稠，不易清除，嗓子也呼噜呼噜的。

2.多呼吸新鲜空气

即便在寒冷的冬季也应该每天开窗通风，这样做有两大好处：保持室内空气清新，同时可以大大降低空气中致病菌的数量。建议有宝宝的家庭每天开窗一两次，每次至少10分钟。大多数妈妈会选择白天温度高的时间，比如中午12点以后。其实，晚上临睡前也是开窗通风的好时机，可以清新室内空气，让宝宝睡得更香。

3.穿衣控制好薄厚

冬天给宝宝穿多少衣服合适？对此专家早有说法：平时穿衣最好比成年人少一件，以不出汗、手脚不凉为标准。宝宝的双脚和后背是最需要保暖的部位，袜子和上衣要相对厚一些。把宝宝的内衣扎到裤子里，这样可以避免感冒。带宝宝外出活动时最好多带一件衣服，运动后一出汗及时加上。另外，宝宝睡觉也应该比成人少盖一层薄被。

4.增加热量和维生素

冬季，人体需要更多热量以抵御寒冷，可以给宝宝吃一些富含蛋白质、碳水化合物和脂肪的食物，比如大米、牛肉、鸡肉、鱼、虾等。而富含维生素的食物，如大白菜、萝卜，有助于提高免疫力，也应该给宝宝多吃。尤其是富含维生素A的食物，有助于皮肤保湿，如禽蛋、猪肝、鱼肝油、黄豆、花生都是上选。但不要选择太多反季节蔬菜，即使要吃也最好是洋葱、茄子、胡萝卜等家常蔬菜，并且尽量少用微波炉烹饪。

第3周第4天

安全：保证宝宝的洗澡安全

宝宝爱洗澡吗？宝宝洗澡喜欢乱打乱闹吗？给宝宝洗澡时如果家长也紧张、惊慌，会将不安的情绪传染给宝宝，是应当绝对避免的。父母掌握好以下几个原则，可以让宝宝洗个温暖又舒适的澡。

1.沐浴准备很重要

帮宝宝沐浴时，不论浴室或是房间都应门窗紧闭，室内温度约25℃～28℃，避免宝宝受凉。冬天可在旁边准备电热器或电暖器，以增加室内温度，但要放在安全距离之内，以免宝宝烫伤。另外要提醒家长的是，要避免地板湿滑，这样家长就不会因为自己滑倒而伤害到宝宝。放洗澡水应遵循先放冷水再放热水的顺序。浴室中若有电器要记得拔掉插头，以免宝宝有触电的危险。

2.预防溺水

绝对不可以把宝宝单独留在浴室！专家指出，即使浴缸里只有少许的水也有可能造成宝宝溺水。溺水是我国1～4岁宝宝意外死亡的第一位死因，占50%。全神专注地帮宝宝洗澡是必要的，所以帮宝宝洗澡前不妨将厨房的煤气关掉，同时把电话切到录音状态，不然就干脆把无线电话带入浴室内。若非得离开浴室，必须把宝宝带在身边，千万不可以将他单独留在浴室。

此外，也不可以在水槽里蓄水，即使只有6厘米深的水都有可能使宝宝面临溺水的危险。对活动力强、好奇心重的学步期宝宝来说，马桶甚至是泡尿布的水桶，同样也有溺毙的危险。专家建议最好选择有盖的水桶，并养成如厕后随手盖上马桶盖的习惯。当然最重要的还是不可让宝宝单独留在卫生间内，以避免意外发生！

3.铺上防滑垫

被水打湿的浴缸或地砖会变得非常滑，所以不管是抱着宝宝，还是让宝宝在浴室里爬、走，一不小心很可能会使宝宝受伤。建议家长最好在浴室的地砖或浴缸的底部铺上防滑垫或防滑毯（如果宝宝有洗澡专用的坐椅或坐环，建议也套上防滑垫为宜），并养成一有水渍就马上擦干的习惯，让地板保持干燥，以减少滑倒的危险。

安全：宝宝常见意外伤害的应对

第3周第5天

1.溺水的紧急处理

溺水宝宝吸入大量水分和杂物，阻塞了呼吸道，造成窒息和缺氧。因此，溺水抢救的关键是要在最快的时间内让宝宝呼吸道通畅。首先迅速去除口鼻污物，拉出舌头，让孩子面朝下，腰背部弓起，头和脚下垂，促使呼吸道中的水流出。但时间不要太长，以免延误呼吸和心跳的抢救。第二步，口对口进行人工呼吸。若心跳已停止，应在人工呼吸的同时做胸外心脏按压。在现场抢救的同时及时拨打急救电话，经过现场抢救初步复苏后应该立即送往医院。

2.跌落伤的紧急处理

婴幼儿平衡能力、自我控制和应急能力差，易从床上、楼梯上跌落。上幼儿园后喜欢追逐、打闹、爬高，更容易发生跌落伤。孩子发生跌落后可能表达不清，家长一定要密切观察，发现异常及时就医。

◎首先检查伤口的大小、深度、有无严重污染及异物存留。及时用冷开水或肥皂水将伤口洗净，并将异物清除，重者需消毒包扎。

◎如果伤情很重，出现意识不清、休克或颅脑损伤等情况应立即送往医院进一步检查、急救。

◎如果孩子发生骨折，最开始局部有麻木感，随着活动而疼痛加剧，出现肿胀，范围比较广，并且常有淤斑。

3.电击伤的紧急处理

立即切断电源是最有效的急救措施，或利用手边的绝缘物如干燥的木棍、竹竿、橡胶制品、皮带或绳子等挑开或分离电线或电器。切不可用手直接拉推宝宝，也不能用潮湿的物品去分离电源。接下来要立即检查宝宝的呼吸、心跳、瞳孔等重要的生命体征，如果宝宝呼吸、心跳停止应该立即进行心肺复苏。许多宝宝经积极抢救能恢复心跳和呼吸，然后送医院进一步救治。

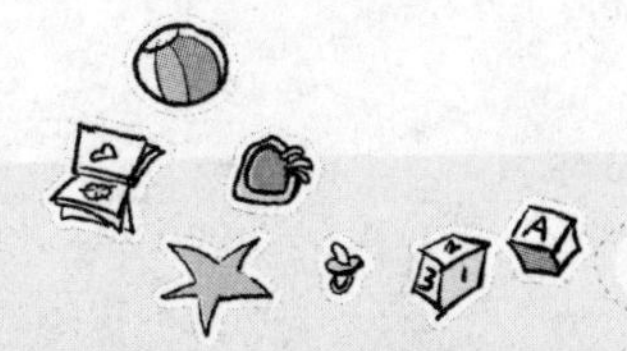

第3周第6天

早教：解读宝宝“周一综合征”

宝宝已经开始上幼儿园了，可是一到周一，有的妈妈就会感到很头疼，为什么宝宝身体总是会出现些小状况，怎么去幼儿园呀？还有的妈妈会在周一送宝宝去幼儿园时很犯愁，因为宝宝总是在与自己分别时表现得很伤心，让妈妈一天的心情都酸酸的，宝宝为什么会出现这些问题？到底是什么原因呢？

1.周末活动太多，疲劳过度

一般来说，在同样的运动量下，儿童的疲劳感要先于成人出现，因为儿童的肌肉组织中所含的水分多，固体成分少，而且肌肉柔嫩，肌纤维细。所以儿童的肌肉易疲劳易受损。

周末假期时，妈妈很喜欢与朋友一起带宝宝去郊游，一来可以让宝宝感受不同的风土人情，投入大自然的怀抱。二来可以促进宝宝与同伴之间的交往能力。真是一举两得！可往往在这个时候，宝宝的健康状况就被忽略了，由于过度兴奋，饮食与睡眠打乱了规律，产生疲劳过度，如果不能及时的缓解，这种疲劳就会影响宝宝周一入园的情绪与正常的作息安排，甚至会增加患病的几率。

2.与幼儿园作息不一致，在家过度自由

一些宝宝回到家后，行为失去了约束，长时间地看电视，过度的玩耍，消耗了过多的体能，再加上零食冷饮不离口，暴饮暴食，造成肠胃功能紊乱和消化不良，大大影响了对各种营养素的均衡摄取。周一回到幼儿园，不良反应马上暴露，正常的饭菜宝宝不吃，调养肠胃也需要很长时间。

3.整托宝宝与父母分离太久

鲍尔比说过：“最好的托幼机构不如一个最坏的母亲。”母爱的重要性由此可见。亲子之间的依恋是谁也无法割断的感情，对于学龄前的宝宝来说，亲情是他们健康成长不可缺少的营养素。5岁以前的宝宝还不能正确把握时间，对于离开家多久，离开父母多久，心里底数不足，故容易产生期盼无望、焦虑和不安全的心理，这正是整托宝宝中出现“周一综合征”的主要原因。

早教：3招预防“周一综合征”

第3周第7天

1.合理安排周末的时间

假日里，妈妈要合理安排周末活动的计划，要切合宝宝的身体来制定。避免活动安排过多，时间过长。宝宝参加野外活动，接触新奇的世界，自然会过度兴奋。自由自在的奔跑跳跃，随心所欲的大声喊叫，很容易导致运动量过大，机体过度疲劳。此时，妈妈需要给予适当的调控，在宝宝大运动量活动之后，一定要给宝宝足够的时间恢复体力。情绪亢奋之时要适当给予调节。宝宝处于极度疲劳时也正是他们抵抗力最差的时候，妈妈一定要注意宝宝的衣着，防止宝宝着凉感冒。

2.与幼儿园作息一致

妈妈应向老师了解幼儿园的作息制度，并与宝宝一起协商节假日生活制度的安排。在制定作息时间时，注意将节假日活动内容的安排尽量与幼儿园保持一致，特别是在进餐和睡眠的环节上。

健康的身体源于健康的生活习惯，幼儿园的作息时间就是根据宝宝身心发展的特点制定的，例如：两餐间隔时间不少于3.5小时，户外活动时间规定在2～3小时之内，还有盥洗、睡眠、游戏等多个环节时间的规定，因此，严格遵守作息时间，宝宝的健康指数便会呈正向发展；相反，打乱宝宝正常的作息时间，宝宝的身体就会出现一系列的问题。

3.满足宝宝正常的心理需求

一般的家庭教育常常是对宝宝身体的保护、关心、照顾，而缺少心理的发展和培养。如果父母忽略对宝宝心理的关注，就可能引起不良的行为问题。妈妈平时应多给予宝宝适当的拥抱和抚摸，耐心倾听宝宝的谈论，和宝宝一起游戏一起交流，让宝宝体会到妈妈是爱自己的。妈妈还应允许宝宝有自己的想法和意愿，尊重宝宝的个性特征和个别差异，理解宝宝偶尔或经常的情绪发作，给予其适当发泄的机会，帮助宝宝尽快摆脱消极情绪的困扰而健康地发展。

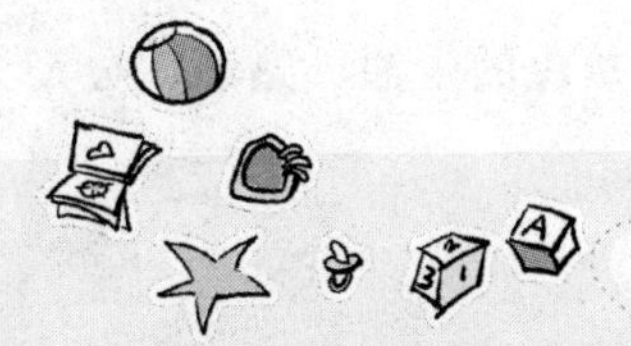

第4周 第1天

营养：健康美味豆腐餐

豆腐富含蛋白质、氨基酸，不饱和脂肪酸、卵磷脂等，是食药兼备的食品，具有益气、补虚等多方面的功能。宝宝常吃豆腐不仅可以保护肝脏、促进机体代谢，还可以增加免疫力并且有解毒作用。这里介绍几款美味豆腐食谱，让宝宝开开心心吃豆腐。

1.豆腐苦瓜汤

原料/调料：豆腐2块，苦瓜50克，调味品适量。

做法：（1）豆腐切成小块，苦瓜洗净，切成薄片；（2）在砂锅中加适量水，用温、旺火交替煲2个小时，至瓜烂、豆腐熟，再加入调味品即成。一般用盐、料酒、味精、香油等，调成咸香味，但也可以单独加盐，压住苦味，因食者喜好调配。

营养提示：豆腐甘寒，苦瓜苦寒，均能清大热，清胃降火，呃逆不止伴有便秘的宝宝食用更佳。

2.豆腐鱼肉饭

原料/调料：米适量，豆腐蒸鱼酌量。

做法：（1）把已蒸熟的豆腐蒸鱼，拣去鱼骨，鱼肉及豆腐弄碎，加入少许蒸鱼的生抽、熟油，分量大约各1汤匙或视食量而定。（2）米洗净，加入浸过米面的水浸1小时。（3）把适量的水放入小煲锅内煲滚，放下米及浸米的水煲滚，慢火煲成浓糊状的烂饭，加入豆腐、鱼肉搅匀煲滚，即可熄火。待温度适合时，便可喂幼儿进食。（4）煲烂饭时，当饭水渐干时要搅动，以免粘底。大人的菜若是豆腐蒸鱼，蒸熟后便可拣给幼儿煲饭。如果是鸡蛋蒸肉饼，也可以将肉饼弄碎，依照此法煲饭给幼儿进食，可免专为幼儿买菜的麻烦。

营养提示：鱼和豆腐都是蛋白质丰富的食物，容易让宝宝消化。

3.虾仁豆腐

原料/调料：嫩豆腐1块，小虾仁75克，鸡蛋1个打散，鸡汤或肉汤半杯（水也可以），盐1/6茶匙，糖1/4茶匙，鲜酱油半茶匙，淀粉1茶匙，水2汤匙。

做法：（1）虾仁抽去沙肠，洗净滴干水。（2）豆腐放入滚水中煮3分钟，捞起，片去底及面的皮不要，切成小粒。（3）烧热锅，下油1汤匙，放入调味。下豆腐粒、虾仁煮熟，勾芡，加入鸡蛋拌匀即成。

营养提示：营养丰富，容易消化。

营养：有关儿童牛奶的问与答1

第4周第2天

1.儿童牛奶分为健骨型、益智型、呵护肠胃型，是否真的有效果

按我国的管理法规，要想宣传某种食用产品对人体有什么特殊保健作用，必须按规定进行相关实验研究，证明有效之后，申请到保健食品的批号，才能宣传其保健功效。至少目前市面上的儿童牛奶并无保健食品的批号。喝了这些产品是否有这些保健效果，很难判断，无法证明。

按照2013年1月1日即将实施的食品营养标签国标（GB28050-2011），即便产品中含较丰富的钙，也不能直接说“本产品健骨”，只能说，“本产品含钙达到营养素参考值（NRV）的15%以上，可以为膳食提供钙，而钙有助于骨骼和牙齿的坚固”。

2.如果没有标注钙含量，是否钙的含量就很低、对骨骼健康没什么意义

按我国营养标签法规，钙的含量不是强制标示项目。企业愿意标可以，不愿意标也行。故牛奶产品包装上没有写钙含量不等于产品中没有钙，产品中的钙含量与是否标注并无直接关系。只要是纯的牛奶，其钙含量就高于100毫克/100克，是一个很高的水平。一般来说，蛋白质高的牛奶产品钙含量也比较高。如果是同一个企业的同类产品，一般脱脂奶钙含量会高于全脂奶，因为钙不在奶油里，是在水当中。

3.某些营养素如果不依靠喝儿童牛奶，能从哪些食物中获取呢

牛奶里有一点外加保健成分未必不好，但它所能提供的数量十分有限，很难说在膳食整体上起到重要作用，在某种意义上只是宣传点而已。按我国营养标签法规，一种营养成分必须达到一日参考值的15%以上才能宣传是这种成分的来源，达到30%以上才能宣传是这种成分的丰富来源。牛奶本来不是膳食纤维的来源，也不是DHA的来源，更不要奢望替代其他种类丰富的天然食物。

水果、蔬菜和谷物都可以从日常膳食中轻易得到，蛋黄、坚果也无需从奶里获得。牛磺酸、DHA可以从水产品中获取，叶黄素可以从深绿色叶菜里获取，益生元可以从各种豆子和豆制品中获得。孩子养成食用多种天然食物的习惯是最重要的，奶里添加的保健成分，只是家长的心理安慰而已。

第4周第3天

营养：有关儿童牛奶的问与答2

1.儿童牛奶的热量大都高于普通牛奶，热量高是不是说明糖分含量也高

是的。牛奶在原有成分的基础上再加糖，产品的热量就会上升，意味着让人长胖的能力更强。儿童牛奶的成功秘诀之一就是甜。儿童牛奶中添加了糖和蜂蜜之类的甜味物质，有些还加入了牛奶香精或香兰素之类的香味剂。孩子的味觉比成年人敏感，而且天生喜欢香甜味道，一旦喝了这种甜味奶，就很不情愿接受不甜的牛奶，父母便只能选择儿童奶。

2.超市里的儿童牛奶中都含有4种以上添加剂，这对儿童健康有什么影响

添加剂的影响要看是什么种类。如果是营养素类添加剂，对孩子是没有害处的。增稠剂和乳化剂相对安全一些，但作用只是改善口感，在奶里不是必须的。如果是甜味剂香精之类，用在儿童食品当中不值得提倡。磷酸盐类添加剂让口感更好，但会妨碍钙、铁、锌等元素的吸收，对孩子没有什么好处。

除了婴幼儿食品，我国法律并未规定调味牛奶中不能添加各种合法使用的添加剂。添加剂并不是毒药，大部分品种的毒性都很低。因此，只要厂家的添加量和品种没有违规，明确标注在包装上，在儿童牛奶里添加这些物质并不算违法行为。如果想知道产品中有没有这些添加剂配料，只要好好看看包装上的配料表就行了。

3.为什么儿童牛奶都是全脂调制乳或调制乳，而且都是室温下保存的产品，为什么没有冷藏的巴氏奶呢

因为按照产品标准，冷藏巴氏奶是不能加入糖、食品添加剂的，而调制乳的意思是可以把奶调成各种口味，加入少量风味配料，包括一些食品添加剂。所以，加了糖和蜂蜜，加了多种添加剂的儿童牛奶，只能属于调制乳产品了。

总之，儿童牛奶不是什么坏东西，但它也未必像宣传中有那么多功能。2岁以上儿童喝普通巴氏奶和酸奶都是没有问题的，儿童奶只是购买奶类产品的选择之一，要不要买这类产品还是要看父母的决策。

健康：呵护宝宝娇嫩的肌肤

第4周 第4天

宝宝皮肤娇嫩，水分流失速度是成人的3倍。寒冷干燥的冬季，如果不加以保护，很容易出现皮肤粗糙、发红、脱屑，甚至疼痛的情况。所以，适当补水、使用一些护肤品很有必要。

1.润唇防干裂

唇部没有汗腺，不能分泌油脂。如果宝宝喜欢舔嘴唇，不仅不能湿润口唇，反而会加速水分蒸发，使双唇更干涩。平时要给宝宝多喝水，同时使用含有维生素E等滋润成分的宝宝润唇膏最为理想。

2.洗澡别太勤

冬季给宝宝洗澡可不能太勤，两三天洗一次即可。水温也不能太烫。可以使用宝宝专用浴液，或者什么都不用。洗完后一定要擦一些宝宝护肤用品。

3.皮肤“进补”是关键

为宝宝皮肤的发育补充充足的营养，促进他们抵御外界侵害能力与皮肤自我修复机制的完善，是呵护宝宝皮肤的关键所在。

食物中含有大量促进人体机能发展的营养物质，这些营养物质对于宝宝皮肤的发育影响显著。比如蛋白质、脂肪、维生素A、维生素C、维生素D、维生素B_{12}、叶酸与铁元素等，而富含这些营养物质的食物主要有牛奶类、肉类、鱼类、蛋类、豆制品、海产品、动物肝、绿色果蔬、蘑菇等。

除了食物摄取营养的补充，还需要从外界给予宝宝皮肤一定的营养补充。由于宝宝的皮肤呈弱酸性，因此在选购护肤品时应该选择富含中性或微酸性营养物质的产品，如维生素、珍珠粉及蛋白质等适合宝宝的皮肤吸收的产品。

4.外出防护不可忽视

外出前半小时给宝宝涂上护肤品，使其有充分的时间吸收，起到润肤作用。出门时，妈妈还可以给宝宝的小脸稍做按摩。

戴好口罩、手套和帽子，尽量不要让冷风直接吹到宝宝的皮肤。但也不要给宝宝穿得过多、过紧，以免约束宝宝，妨碍他活动。

第4周第5天

健康：警惕流脑侵犯宝宝

1.流脑的症状

“流脑”是流行性脑脊髓膜炎的简称，是由脑膜炎双球菌引起的急性呼吸道传染病。

流脑病人和无症状带菌者是最主要的传染源。病原菌会通过咳嗽、喷嚏等方式，从他们的身体中排出，经由空气中的飞沫传播给其他人。这是人们很容易被感染的一种病菌，而且，这种病的隐性感染率很高，60%～70%的成年人都会成为无症状带菌者。它也很容易传染给宝宝，尤其是6个月至3岁的宝宝，最容易被传染。

2.预防流脑最关键

（1）科学呵护，预防在先

在流脑流行高峰期尽量减少宝宝出入公共场所的机会，尤其不要去人员密集、通风不畅的地方。随着天气变化，及时为宝宝增减衣物。每天定时开窗通风2～3次，每次不少于20～30分钟。培养良好卫生习惯，保持鼻腔、口腔以及全身肌肤清洁，养成良好的洗手习惯。

（2）积极适度做运动

每天要保证宝宝至少有两小时以上户外活动。稍大一些的宝宝，尤其是4岁以上的，还可以循序渐进地游泳运动，建议从夏季开始锻炼。游泳是提高人体免疫力最理想的运动，可以锻炼到全身肌肉。而且人体处在一定水压下时，能够增强心脏搏血能力、增加肺活量，同时因冷水对身体的刺激，还可以促进体内自由基生成，这些自由基有助于增强人体白细胞吞噬和杀灭病原体的能力，从而有效提高免疫功能。

（3）合理膳食，均衡营养

这是增强宝宝免疫力不可缺少的环节。所谓均衡营养，是指各类食物和各种营养素的平衡，因为它们彼此间互为补充、互为制约。宝宝的膳食应尽可能品种多样、比例适当、定时定量、调配得当，并保证每天摄入足够的蛋白质、适量脂肪、充足的碳水化合物、维生素和矿物质。

（4）按时接种流脑疫苗

北京市规定，宝宝6个月大时第1次接种，9个月时再种1次，均为A群流脑疫苗；3岁、小学4年级进行流脑的加强免疫，均为A+C群流脑疫苗。

安全：被犬咬伤的急救知识

第4周第6天

1.犬咬伤的紧急处理

应争取时间尽早处理伤口。被咬伤后立即用大量清水、肥皂水冲洗伤口，洗净病犬唾液。伤口较深的需进行清创，切除被咬组织的表层组织，不缝合伤口或用火罐拔毒。

凡被疯狂动物咬伤、抓伤者均应立即接种人用狂犬病疫苗，再于被咬后1、3、7、14、30天各注射1针。注射完毕后第2周发生免疫作用。注射7～8天后，注射处出现红肿或全身出现荨麻疹等过敏反应，可给抗过敏药物，反应严重的可减量或暂停注射；中枢神经系统反应导致神经炎、上升性瘫痪、横断性脊髓炎、脑膜脑炎、脑脊髓炎，可按病情轻重考虑停止用药。

将患儿置于安静房间，避免水、光、声等刺激，适当应用安眠、镇静剂，给予足够的水和营养，加强护理。

2.警惕狂犬病

狂犬咬伤可引起狂犬病，这是一种由狂犬病毒引起的急性传染病。狂犬病对神经组织有特殊亲和性，侵入伤口后就沿着传入神经到达中枢神经系统，并固定在脑组织中，引起一系列神经症状；部分病毒也可沿传出神经进入唾液腺内，这种唾液又可经伤口传染给他人发病，在护理时应特别注意。

潜伏期：一般与咬伤的部位、深度以及病毒量有关，如头部被咬伤，年幼者潜伏期短，可短到1～2周；若四肢咬伤可长达半年以上，平均1～2个月。

前驱期：约持续数小时到2天，发病时有低热、头痛、精神萎靡、食欲减退等，随后出现恐惧、不安和兴奋，对声、光和风比较敏感，原伤口部位有麻木、痛痒感。

激动期：持续1～3天，典型的临床表现是恐水。病人不能喝水，如勉强饮水就可发生强烈的咽喉肌肉痉挛；严重者看到水或听到流水声就能激发痉挛发作。其他症状有躁动不安、极度恐惧感，口角流涎，呼吸困难，甚至全身痉挛。

麻痹：渐趋安静，出现肌肉松弛，感觉消退，反射消失，瞳孔散大，心力衰竭和全身麻痹死亡。

第4周第7天

早教：让宝宝学会爱护自己的玩具

1.收拾玩具

要让宝宝在午睡前或吃饭前把玩具收拾好。大人同他一起，教他收拾的办法，鼓励他自己完成，经常坚持这样做就能养成习惯。每次做得好都要表扬，使习惯得到巩固。

2.洗玩具

盆内盛水放入洗衣粉或洗涤灵液，将要洗的塑料和木质玩具放入盆内，用抹布蘸水将塑料玩具表面的泥垢擦去，用清水冲净放入另一个盆内。待所有要洗的玩具全洗净、冲净后，用毛巾将玩具擦干后排列在玩具架上。绒毛玩具可以放入洗衣机内，用洗普通衣服的办法洗净、甩干，夹在衣架上晒干。

大人和宝宝一起洗玩具，让他参加每个步骤。放入洗衣机内洗的玩具，洗净后让宝宝帮助夹在衣架上，由大人将衣架挂在适宜的地方晾晒。

宝宝通过自己动手洗就知道在玩时要保持玩具清洁，不能扔在地上践踏或粘上食物和油腻的污秽，懂得爱惜玩具、保持清洁。

3.收拾玩具柜

让宝宝把玩具拿出来，先用抹布把柜子擦干净。清理那些用不着的玩具，放入纸箱中。将需要用的玩具，如积木、套碗、穿珠子、皮球等分开摆放。将盒装玩具按大小排列，大的放下面，小的放上面，摆放平稳。按用途，如把过家家用的小碗、小锅放进一个大盒子内，再放在一个格子上；户外用具如球、车、沙土工具等放在另一格；把所有书籍排列好放入一格。每次玩完的玩具都要放回原处，保持室内整洁。

这样做使宝宝养成整齐、清洁的习惯，所有的玩具都要有固定摆放的地方，养成每次玩完放回原处的习惯。从小养成的习惯能受益终生。

2岁第12个月
养育计划

跑时姿势基本正确，半分钟能够跑35米～40米。会骑儿童三轮车。能把一张长方形的纸横竖对齐各折一折，基本变成正方形。能照图样模仿画圆形和十字。能够学会4～5首儿歌，每首6～8句，每句6～7个字。能说7～8个字组成的句子。

生长发育情况

1.体格发育

到这个月的月末，也就是宝宝满3周岁（36月龄）的时候：

母乳喂养儿童体格发育情况

身高（厘米）							
性别	−3SD 轻度生长迟缓	−2SD 正常	−1SD 正常	0SD 正常	+1SD 正常	+2SD 正常	+3SD 偏高
男孩	85.0	88.7	92.4	96.1	99.8	103.5	107.2
女孩	83.6	87.4	91.2	95.1	98.9	102.7	106.5
体重（千克）							
性别	−3SD 中度体重不足	−2SD 轻度体重不足	−1SD 正常	0SD 正常	+1SD 正常	+2SD 正常	+3SD 超重或肥胖
男孩	10.0	11.3	12.7	14.3	16.2	18.3	20.7
女孩	9.6	10.8	12.2	13.9	15.8	18.1	20.9
头围（厘米）							
性别	−3SD	−2SD	−1SD	0SD	+1SD	+2SD	+3SD
男孩	45.2	46.6	48.0	49.5	50.9	52.3	53.7
女孩	44.3	45.7	47.1	48.5	49.9	51.3	52.7

数据来源于《世界卫生组织儿童生长标准（2006年）》，SD为标准差，0SD即为平均数。

不确定喂养方式的儿童体格发育情况

年龄组	男童			女童		
	体重（千克）	身高（厘米）	头围（厘米）	体重（千克）	身高（厘米）	头围（厘米）
3.0岁~	15.31±1.75	98.9±3.8	49.8±1.3	14.80±1.69	97.6±3.8	48.8±1.3

数据引自《2005年中国九市城郊7岁以下儿童体格发育测量值》

2.动作发育

（1）大动作

◎ 能单脚站2秒钟以上。

◎ 跑时姿势基本正确，半分钟能够跑35米～40米。

◎ 能双脚交替跳起5厘米以上。

◎ 会骑宝宝三轮车。

◎ 能跳过障碍物，如几块砖或一个矮纸盒等。

（2）精细动作

◎ 吃饭时能帮助大人摆放餐具，一般不会打碎。

◎ 端着盛了水的玻璃杯或瓷碗从一个房间走到另一个房间，不会把它们摔破。

◎ 能把一张长方形的纸横竖对齐各折一折，基本变成正方形。

◎ 能照图样模仿画圆形和十字。

3.语言和社会性发育

◎ 能够学会4～5首儿歌，每首6～8句，每句6～7个字。

◎ 能说7～8个字组成的句子，用字总数达1000个左右。

◎ 懂得“冷了”“累了”“饿了”的含义，当问到怎么办时能给出“穿衣”“歇会儿”和“吃饭”等答案。

4.社会性发育

◎ 能自己扣上衣的纽扣。

◎ 会自己解开鞋前面或侧面的纽扣。

◎ 自己会洗手、洗脸。

5.认知能力发育

◎ 可精细区分不同的声音。

◎ 给宝宝看缺一只耳朵的人像，能看出缺只耳朵，并能按要求补画缺少的耳朵。

◎ 会不停地询问一些问题。

第1周第1天

营养：粗粮也可以细吃

粗粮虽好，但是宝宝胃肠功能尚不健全，对于粗粮中不可溶性纤维的消化能力比成年人弱，因此要粗粮细做，让宝宝在吸收营养、改善口味、培养良好饮食习惯的同时保证正常的消化功能。

1.水果燕麦羹

原料：燕麦片，苹果，甜瓜，葡萄干，牛奶。

做法：（1）将燕麦片加入适量的水，煮熟；（2）待冷却后加入适量牛奶、一小把葡萄干、去皮苹果丁、甜瓜片，放到火上加热至70℃左右；（3）盛入碗中，可以按照宝宝的喜好再加入一点蜂蜜和猕猴桃果粒、橘子瓣等，一碗简单又营养的水果燕麦羹就做好了！

营养提示：燕麦中含有丰富的亚油酸和蛋白质，必需氨基酸组成合理，膳食纤维含量高；搭配牛奶和美味的水果，使得碳水化合物、蛋白质、脂肪、维生素和矿物质含量更加丰富，同时还能帮助宝宝解决便秘的小问题！

2.莜面疙瘩汤

原料：莜面粉，饺子粉，鸡蛋，番茄（去皮），葱花，虾皮，盐，鸡精，油，香油。

做法：（1）将莜面和饺子粉以2：1的比例混合，然后在干面中打入一个鸡蛋，用筷子顺着同一个方向搅拌均匀；（2）向碗中一点一点加水，一边加一边搅拌，直到调成糊状，黏稠度以用筷子挑不起来为准；（3）锅中倒一点油，放入葱花炝锅，再加入虾皮翻炒，然后倒入温水，直到把锅做开；（4）水开后将一个大漏勺放在锅的上方（不要让漏勺接触到水）；（5）把面糊一点一点倒在漏勺上，让面糊顺着漏勺的窟窿眼漏到水里，另一只手用筷子在锅中搅，让面疙瘩不粘锅；（6）疙瘩做好后加入番茄、盐、鸡精调味，出锅前点一点儿香油。

营养提示：莜面的蛋白质含量非常丰富，是大米或面粉的1.6～2.2倍之多，脂肪则为2～2.5倍，亚油酸含量也很丰富，有利于宝宝智力和视力的发育。配上番茄和虾皮营养丰富，可以补充番茄红素和钙、磷，帮助增强冬季的上呼吸道抵抗力，预防感冒。

营养：变着花样吃土豆

第1周第2天

1.土豆烧牛肉

原料：牛腱子肉170克、土豆2只，八角、桂皮、葱、姜、食用油、生抽、料酒、盐、鸡精、白糖适量。

做法：（1）洗净牛肉，逆着纹理切成块状，放入沸水中氽烫去血水和异味，捞起沥干水待用。（2）土豆去皮洗净，切块后放入清水中浸泡；姜切片，葱切段。（3）烧热3汤匙油，爆香姜片和葱段，放入牛肉块拌炒几下，加入1汤匙料酒，以大火翻炒2分钟。（4）将牛肉倒入砂锅中，注入2碗清水，加入3汤匙金标生抽王、1汤匙料酒、八角和桂皮拌匀，加盖大火煮沸改小火炖煮45分钟。（5）倒入土豆块，与牛肉一同搅匀，加盖以小火再炖25分钟。（6）开大火收汁，待锅内汤汁呈浓稠状，加入1/5汤匙盐、1/3汤匙鸡粉和1/6汤匙白糖调味，即可出锅。

2.土豆浓汤

原料：土豆1个、小蘑菇5只、蛤蜊肉、奶油、鲜牛奶、面粉、盐、胡椒粉适量。

做法：（1）土豆去皮，先煮熟或蒸熟后，放至稍凉再切丁；新鲜小蘑菇用盐水烫熟，再冲凉切片。（2）用3大匙奶油加1大匙色拉油炒面粉，待其微黄时加入鲜奶及4杯清水煮成浓稠状汤汁。（3）土豆丁放入煮软，并加盐调味，小蘑菇片也同时放入同煮，见土豆微微溶化时，放入蛤蜊肉再煮片刻，一开即关火，撒入胡椒粉盛出食用。

注意事项：土豆先煮熟再切丁比较好煮；生煮的话时间较长，而且一熟就糊，无法控制颗粒的松软度。炒面糊时若全部用奶油很容易焦，加一点色拉油即可避免，也比较好炒。

3.火腿土豆泥

原料：土豆2只、熟火腿100克、黄油2汤匙、盐1/2汤匙。

做法：（1）土豆切成滚刀块，放入加盐的沸水中，加盖中火煮20分钟至软烂，捞起过冷水。（2）土豆置入大碗内，洒入半汤匙盐搅拌均匀，用勺子将土豆做成泥状。（3）火腿切成片，再切成条，最后切成小丁待用。（4）烧热2汤匙黄油，倒入火腿丁，以小火拌炒至香气四溢。（5）倒入土豆泥，与火腿丁一同拌炒均匀，即可上碟。

第1周第3天

健康：小心宝宝饮食中的隐性毒物

作为妈妈，对宝宝饮食的关注是日常生活的重中之重。但是，仍有一些食物，因其经过特殊的加工，或是放置时间太久而产生的变质，有可能对宝宝的身体健康产生威胁。妈妈们必须要警惕那些隐藏在我们身边的隐性毒物。

1.碱性食物中的味精

味精遇碱性食物（菠菜、白菜、卷心菜、生菜、胡萝卜、竹笋、马铃薯、海带等）如会变成谷氨酸二钠，使其失去鲜味，当它被加热到120℃时会变成致癌物质焦谷氨酸钠。因此，在有苏打、碱的食物中不宜放味精，做汤、菜时应在起锅前放味精，避免长时间煎煮。

2.涂在筷子上的油漆

油漆筷子的使用现在仍然很普遍，但很多人都不知道，这些油漆中含有铅、苯等化学物质，常常随着油漆的剥落被我们吃进体内，造成一定的健康危害。

3.用卫生纸或毛巾擦过的水果

许多卫生纸的消毒不彻底，携带大肠杆菌、致病性化脓菌、真菌、乙肝病毒等;其中的填料和粉屑残留在餐具、水果上，也会对健康造成影响。

4.烧焦的鱼和肉

鱼和肉里的脂肪不完全燃烧，会产生大量的V—氨甲基衍生物，这是一种强度超过了黄曲霉素的致癌物。因此，烹调鱼肉时应注意火候，一旦烧焦，千万别再吃。

5.腐烂的白菜

腐烂和没腌透的白菜中都含有致癌性亚硝酸盐。

6.用报纸包的食品

油墨中含有一种叫做多氯联苯的有毒物质，它的化学结构跟农药差不多。如果用报纸包食品，它就会渗到食品上，然后随食物进入人体。人体内多氯联苯的储存量达到0.5～2克时会引发中毒。轻者眼皮红肿、手掌出汗、全身起红疙瘩;重者恶心呕吐、肝功能异常、肌肉酸痛、咳嗽不止，甚至导致死亡。

健康：积极预防，让宝宝远离肝炎

第1周第4天

1.防止病从口入

对于大一些的孩子，要教育他们做好个人卫生，养成饭前便后洗手的好习惯。不要给孩子喝生水，不要在小摊小贩处给孩子买零食。家长带宝宝去公共场所时要避免宝宝用手乱摸，特别注意不要让孩子养成咬手指的习惯。应尽量少带孩子在外吃饭或参加聚餐，如果确实需要在外吃饭，要到卫生条件较好的饭店去，最好给宝宝带一套自己的餐具，实行分餐制。家庭内部进餐最好也实行分餐制，大家都用公用的餐具将菜盛入自己的碗中。不与孩子共用茶杯、餐具、牙刷等，餐具要经常煮沸消毒。因为许多孩子的疾病都是大人传染的，大人可能只带致病菌不发病，但孩子就有可能发病。此外，父母要和孩子一起养成进门先漱口、洗手、洗脸的习惯。宝宝生病的时候更要减少外出，一方面避免传染给别的孩子，另一方面也可避免又被传染上其他的疾病。尽量避免给孩子使用血液制品，打针输液（血）一定要到正规的医院，以免因为注射而被感染。

2.阻断母婴传播

儿童可经垂直传播被肝炎病毒感染，这一点与成人感染肝炎的途径有所不同。如果母亲是肝炎病毒携带者，其新生儿的感染率为85%左右。因此，为了下一代的健康，家长在受孕前要检查身体，如果发现得了乙型肝炎必须待痊愈后才能怀孕。而身为肝炎病毒携带者的孕妇，要在医生的指导下注射乙型肝炎免疫球蛋白和乙型肝炎疫苗，阻断母婴传播。

3.及时接种疫苗

注射肝炎疫苗是防范肝炎的有效手段。乙型肝炎疫苗已纳入计划免疫管理，新生儿出生24小时内应注射一针乙肝疫苗，一个月后注射第2针乙肝疫苗，6个月时注射第3针乙肝疫苗。接种了乙肝疫苗后，只有疫苗产生足量的抗体才有预防作用，而且足量抗体也不是永久性的，一般只能维持3～5年，以后必须在医生指导下再加强注射。注射乙肝疫苗后所产生的抗体只能预防乙肝病毒感染和乙肝发病，对其他类型的病毒性肝炎没有预防作用。

第1周第5天

早教：世界经典绘本《可爱的鼠小弟》

早期阅读是儿童身心成长的关键，选择合适的图书并以正确的方式阅读，孩子就能在快乐中全面发展心智。《可爱的鼠小弟》是日本著名绘本作家中江嘉男和上野纪子合作的不朽经典，被誉为“日本绘本史上不可逾越的巅峰”。她从儿童的小视角来描绘精彩的大世界，以简单重复的句子为孩子提供最佳语言学习机会，以出人意料的情节激发孩子无限的想象力，又以简洁明了的图画让孩子获得纯粹的美感体验。无论大人还是孩子，都能从中感到无比的乐趣，这就是亲子共读能达到的最美妙的境界。这套书畅销35年，日本累计重印1200次，中文版销量突破50万册，是世界绘本经典中的经典。

这套书共有22册，分别为：

《可爱的鼠小弟1：鼠小弟的小背心》

《可爱的鼠小弟2：想吃苹果的鼠小弟》

《可爱的鼠小弟3：鼠小弟的又一件小背心》

《可爱的鼠小弟4：鼠小弟和鼠小妹》

《可爱的鼠小弟5：鼠小弟，鼠小弟》

《可爱的鼠小弟6：又来了，鼠小弟的小背心》

《可爱的鼠小弟7：鼠小弟的生日》

《可爱的鼠小弟8：打破杯子的鼠小弟》

《可爱的鼠小弟9：鼠小弟和大象哥哥》

《可爱的鼠小弟10：鼠小弟荡秋千》

《可爱的鼠小弟11：鼠小弟和音乐会》

《可爱的鼠小弟12：换换吧！鼠小弟的小背心》

《可爱的鼠小弟13：鼠小妹的松饼》

《可爱的鼠小弟14：鼠小弟堆雪人》

《可爱的鼠小弟15：又来了！鼠小妹的松饼》

《可爱的鼠小弟16：鼠小妹的圣诞树》

《可爱的鼠小弟17：鼠小弟的礼物》

《可爱的鼠小弟18：鼠小弟捉迷藏》

《可爱的鼠小弟19：鼠小弟玩跷跷板》

《可爱的鼠小弟20：鼠小弟，长大以后做什么？》

《可爱的鼠小弟21：只能是红的！鼠小弟的小背心》

《可爱的鼠小弟22：鼠小弟去海边》

早教：玩着训练注意力

第1周第6天

注意力总是和感觉、知觉、记忆、想象、思维同时发生，一个人如果没有良好的注意品质，将直接影响感觉、知觉、记忆、想象和思维能力的发展，还会影响做事效率，很多宝宝出现学习困难就是注意力发展不良造成的。著名教育家乌申斯基说过："注意是学习的大门。"那么，要想训练2～3岁宝宝的注意力究竟应该怎么做呢？其实，玩的时候就可以训练宝宝的注意力。

1.传悄悄话

2岁多的宝宝对悄悄话特别着迷，当自己能说悄悄话时他们会很自豪。说悄悄话可以有效帮助宝宝集中注意力，同时还有助于他学习调节声调。

这个游戏的具体方法灵活多样，比如，可以先小声地告诉宝宝一句话："冰箱里有西瓜和苹果，没有饮料。"然后让宝宝用悄悄话的形式告诉其他人。然后检查正确率，根据结果来改变悄悄话的内容和长短，从易到难逐渐提高游戏难度。

2.接数游戏

做游戏时父母出示1～10的数字卡片，让宝宝看后逐一读出数字。首先了解数字的排列，并加深其印象，接着提出要求，父母说出个数，宝宝便要接着往下数出与父母一样多的数。例如：父母数1、2、3，宝宝数4、5、6；父母数6、7，宝宝接下去数8、9。会玩以后可以让宝宝先数，父母接数。

专家提示

很多游戏，如拼图、找不同、比长短等都有助于训练宝宝的注意力。希望家长们可以发挥自己的聪明才智，创造出更好玩、更有益的游戏。

第1周第7天

早教：宝宝是在撒谎吗

有的宝宝有这样的表现：只要让他去做他不想做的事情，他立刻就说要尿尿。其实他根本就没有尿，纯粹就是找借口。这种现象让很多家长都非常着急，担心自己的宝宝会养成“撒谎”的坏习惯。

宝宝的许多种行为，我们都可以从两个方面来看，一方面表现出好的一面，一方面可能存在潜在的问题。如果因为担心潜在的问题就否定整个行为是不可取的。

有很多宝宝的“撒谎”行为，是他幽默感的萌芽。在宝宝心目中，这只是一个小小的游戏，逗得大家都开心，从这个意义上来讲，家长配合他，有助于他这种快乐性格的形成。家长索性就当成游戏来跟他玩也无妨。

但如果对于一些认真的事情，家长最好态度认真地告诉他，这不是游戏，要说话算话。相信宝宝一定能感知出哪些是游戏、哪些是需要认真对待的事情。

当宝宝能够用语言去表达的时候，自主性开始发展，他开始有自己的小主意，希望按照自己的想法去活动。在这种情况下，家长需要给宝宝适当的自由空间，不要让宝宝的一举一动都按照家长的意愿和指令，允许宝宝在安全和遵守规则的情况下自由探索。

同时，家长要注意亲子交流的方式。要求宝宝去做他不想做的事情时，不要生硬地下命令，采用游戏的口吻，如应对吃饭的问题可以说：“小猫都来吃饭了。”家长还可以把要求宝宝做的这件事情描述得特别有趣，吸引宝宝过来。

只用“撒谎是不对的”这种道德观念来责备孩子是不应该的，家长应该根据不同情况采取不同的教育方式。有的时候，宝宝将有趣的事情讲给家长听的时候会掺杂着一些“谎话”，因为在宝宝的记忆中，现实和幻想是混在一起的。在这种情况下，家长可以津津有味地听孩子说下去，能够鼓励宝宝幻想力的发展。而在有的情况下，宝宝是为了推卸责任而说谎，家长不要厉声斥责，而是要告诉宝宝：“小孩子是骗不了大人的，大人什么都知道。”这就能告诉宝宝说谎是没用的，是骗不到大人的，打消他为了推卸责任而说谎的念头。

营养：宝宝多碘少碘都不行

第2周 第1天

碘是人体所不可缺少的一种微量元素，是人体内甲状腺激素的主要组成，甲状腺激素则可以促进身体的生长发育，影响大脑皮质和交感神经的兴奋。因此，缺碘往往会影响胎儿和婴幼儿的大脑发育，阻碍儿童智力和体格发育，表现为不同程度的智力缺陷、学习能力低下。

1.冬季要注意补碘

甲状腺激素分泌会影响身体的热量水平，冬天的寒冷会对甲状腺激素产生一定的刺激，使身体增加对甲状腺激素的需求，这时候碘会相对不足。

孩子补碘最好的途径就是食补，而碘盐是补碘最好的方法。为了避免碘在盐中的损失，请注意食用碘盐的防潮和密闭。同时炒菜做饭中，为了避免高温作用造成碘损失，最好在饭菜快出锅时，再加入碘盐。

平时多吃含碘量高食物。比如紫菜、海带、海鱼、海虾、贝类、奶制品等。食物中含碘量的特点是植物高于土壤，动物高于植物，海产品高于陆地产品。

2.补碘不要过量

碘过量可导致甲状腺炎，而多数的甲状腺炎最后可导致甲减的发生，部分可导致甲状腺癌。甲减主要影响人体的神经系统，比如儿童可发生呆小症，老年人可导致痴呆，严重时还会影响脏器，比如心脑血管疾病等，直接威胁着我们的生命。

中国营养学会推荐的每日碘摄入量0～4岁为50微克，4～11岁为90微克，11～14岁为120微克，14岁以上与一般成年人相同，均为150微克。

第2周第2天

健康：正确咀嚼有利于牙齿健康

每个家长都希望自己的宝宝有一副整齐洁白的牙齿。据专家介绍，好的牙齿除了补充足够的营养、充足的钙质外，在宝宝长牙时吃些粗纤维食物对牙齿非常有利。

因为进食粗纤维食物时必然要经过反复咀嚼才能吞咽下去，这个咀嚼的过程有利于牙齿的发育和牙病的预防。经常有规律地咀嚼适当硬度、弹性和纤维素含量高的食物，特别有利于牙齿和齿龈肌肉组织的健康。这样可使附着在牙齿表面和牙龈上的食物残渣，随咀嚼产生的唾液和口腔、舌部肌肉的摩擦得到清扫，同时使齿龈肌肉得到按摩，增进血液循环，增强肌肉组织的健康。另外，颚骨的发育受到咀嚼、吞咽、发声等有关肌肉的影响。在儿童发育旺盛时期，咀嚼对颚骨的发育至关重要。幼儿时期缺少正确的咀嚼是颚骨发育不良、牙齿生长排列不整齐的原因之一。

多吃粗纤维食物在幼儿恒牙萌生之前尤为重要。到了换牙期，可以多给宝宝吃些像甘蔗、五香豆等粗硬的食物，并教育宝宝用两侧磨牙咀嚼，不要只用一侧偏嚼，不然会引起牙齿排列不齐和面部不对称等发育不良现象，从而影响宝宝的容貌、语言、呼吸和咀嚼等功能。另外，还要让宝宝多吃些萝卜、白菜、芹菜、韭菜之类的粗纤维蔬菜。

粗粮主要包括玉米、高粱、小米、荞麦、燕麦、莜麦、薯类及各种豆类等在内的产品。由于粗粮口感欠佳，吃惯了精细口感食物的孩子接受起来会比较麻烦，可让孩子经常吃些玉米面粥、小米面粥、小米粥、糙米饭、混合面馒头等，这样既能增进小儿食欲，又能增加营养，有助于孩子生长发育。

早教：让宝宝练习画人

第2周 第3天

给宝宝笔和纸，让他画人，尽量画得齐全一些。妈妈可以在旁边做自己的事，不要提示他画哪些内容，更不必提醒他去补上某个部位。在上个月他已给未画完整的人补画过部位，他会记得当时大人是怎样评价的。宝宝画完后，妈妈可在画纸上写上当天的日期，半年以后再做比较。大人千万不要替他补画什么部位或替他做任何改动。只有全部是宝宝3岁时画的人物画才有保留价值。

1787年古迪纳夫已发现宝宝画人的完整程度与智力有关；到20世纪60年代才由哈里斯定出记分方法。他认为宝宝从3岁起才能画人，画出一个部位代表3个月的智能发育。所以他列出一个公式：

（宝宝画出的部位×3+36个月）/宝宝实际的年龄月×100=智商

3岁的宝宝基本上能画出人的3个部位，先画一个圈代表头，再画两只眼睛和两条腿，或者其他部位。所以对三四岁的宝宝用画人的方法测算其智商，其结论偏高；到五六岁以后，因为年龄大了，能画的部位不过就这些，算起来智商反而低了。

家长不必太在意宝宝到底智商有多高。如果让宝宝对着镜子画、对着布娃娃画、看着实物画，宝宝画的部位就会增加，经过几次练习，画出的部位就会成为习惯而记住。宝宝的经验是“百听不如一看，百看不如动手”。亲自画几遍，积累的经验比听大人说、看图画保留的时间都长，以后再画时不看镜子和娃娃也会画出来。

第2周 第4天

早教：宝宝爱吃手怎么办

1.宝宝爱吃手

有的宝宝都两岁多了还是爱吃手，有时白天就像犯瘾一样地想吃手，晚上也一定要吃着手才能入睡。怎样让宝宝改掉这个毛病呢？

喜欢吃手指有几种可能的原因：

一是寻求安慰，宝宝很少有时间和妈妈在一起，没有人逗他玩，他有可能通过吃手指来满足自己感情的需要。

二是太无聊，整天待在家里不带他去户外玩，或者整天要求他躺在床上睡觉，都有可能让宝宝觉得没事可干，所以只好吃手指。

三是寻求身体刺激，吃手指产生的感觉让宝宝觉得很过瘾，于是反复吃。

通常，大人只要经常陪伴宝宝，多和宝宝玩，带他出去看各种各样新奇东西，宝宝就会减少吃手指。

心理学家们普遍建议，不用特意去矫正宝宝的这个行为。因为，有很多小孩一直到长大成人还是喜欢吃手指（只是不会在大庭广众之下吃），但是并没有发现他们有特别的发展困难。

2.宝宝爱撕书

有的宝宝总爱撕书，不管新书还是旧书，拿到手里就开始一页一页地乱撕。怎样才能让宝宝养成不撕书的好习惯呢？其实，书对于成人而言就是阅读的，而宝宝不但对书的内容感兴趣，还对书的纸质感兴趣。他发现撕纸的声音很悦耳，撕纸的动作很爽快，自己一撕，纸就变成一片一片的，这让他觉得纸很神奇，自己能撕纸就更神奇，所以书变成了玩具，撕书不就是玩玩具吗？这有什么不对的吗？可见，宝宝想从撕的动作中发展自己的能力，家长应多为宝宝提供一些能撕的信纸、广告纸、餐巾纸，满足他的发展需要。待他的好奇心和发展欲满足之后，就不会再撕书了。

早教：不要让宝宝做小讨厌鬼

第2周 第5天

1.宝宝爱拿别人的玩具怎么办

有时候，家长带宝宝去别人家串门，宝宝看到人家小朋友玩的玩具，只要是自己喜欢，就想带回家。要是不同意，他就哭闹，怎么解释也没用，这是会让家长非常尴尬。怎么能让宝宝改掉这个毛病呢？

家长不要把这件事看成品德问题，而是通过亲身体验法让宝宝感受物品与物品主人之间难以割舍的关系。可在串门之前跟宝宝玩一个假想游戏，如要求独自占有或假设隔壁的小朋友要独自占有宝宝最喜欢的玩具。如果宝宝不愿意，妈妈就可以现场启发宝宝："上次你怎么拿别人家的玩具了？别人家的东西不可以随便拿。如果你喜欢，妈妈可以给你买一个。今天我们要到小伙伴家里玩了，如果你发现自己喜欢的玩具，你该怎么办？"让宝宝思考和尝试回答，然后给予具体的选择方案："你可以有两个办法，一个办法是玩完了，还放在小伙伴家里，我们下次可以再来玩，另一个办法是妈妈到商场给你再买一个，你更喜欢哪一个办法？"让宝宝想好了再出门，否则就取消串门计划。

2.公共场合大喊大叫怎么办

家长带宝宝去商场、饭馆或游乐场的时候，有的宝宝经常会特别大声地说话，大喊大叫，引起别人的注意或侧目，让家长觉得很不好意思。怎样才能避免这种状况呢？

在公共场合，宝宝发现车水马龙、人群涌动、物品丰富，忍不住喊两嗓子表达自己的兴奋，实属内在激情的迸发，于是就顾及不到打扰别人的公德行为了。这时候，妈妈要以接纳的态度与宝宝共情，如蹲下来亲切地跟宝宝说："你今天是不是特别高兴？"宝宝点点头，妈妈接着说："但是你大喊大叫吓了别人一跳，你是不是发现有许多人回头看你？这样多不好呀？"如果宝宝不说话，也不知道该怎么办，你可以教给他在公共场合表达兴奋的方式："你高兴的话就使劲亲妈妈一下，好吗？或跟妈妈紧紧拥抱一下，你愿意选择哪一个做法？宝宝现在就可以试一试！"这样，就可使宝宝理解妈妈的话并对他进行正确的引导。

第2周第6天

早教：培养宝宝的专注力

有的宝宝总是不能集中精力，经常做着一件事情，想着另外一件事情，做了另外一件事情，却会半途而废。宝宝已经快3岁了，这时候，家长应该教育宝宝要一心一意做完一件事。

一心一意做完一件事是指注意力的稳定性，对同一对象所能坚持的时间持续越长，注意力的稳定性越强。一般情况下，3岁宝宝能集中注意3～5分钟，4岁宝宝能集中注意10分钟左右，5～6岁宝宝能集中注意15分钟，6～7岁宝宝能集中注意20～25分钟。可见，如果一件事情需要两三分钟做完，两三岁的宝宝只要注意力稳定，他是可以做完的。

有的宝宝已经上了幼儿园，老师会反映宝宝的注意力非常不集中。比如上课的时候，老师叫他回答问题，他就跟没听见似的。做操的时候，他的眼睛总是在盯着别的小朋友，根本就不看带操的老师。这主要是宝宝缺乏专注力，不能集中精力。这样的宝宝需要学习倾听，这得从家长做起。当宝宝跟家长说话的时候，家长应该停下手里的活，用眼睛看着宝宝，蹲下来耐心地听宝宝说话。如果家长这么认真倾听宝宝，宝宝当然也就学会了怎样倾听别人。反之，如果家长对宝宝说的话心不在焉，宝宝自然也就不会聆听别人说话。

同时，家长也可以给宝宝一些具体的指导，刚上幼儿园的宝宝，并不知道该听谁、该看谁，家长可以告诉他老师说话的时候要听清楚老师在说什么，做操的时候要看带操的老师，跟着他做，宝宝才知道该怎样。

平时，宝宝还需要学习怎样专心地把自己的事情做完，可以让他从简单的事开始，比如专心地玩沙，独自玩拼图；然后再做复杂的，比如自己看图书，自己画画。

专家提示

家长要注意不要太多干涉宝宝，也不要总是陪着他，这样宝宝的自主性才能提高，也才能有好的专注力。

早教：培养小小男子汉

第2周第7天

近几年，“男孩危机”已受到高度重视。“男孩危机”，从某种程度上更是一种教育危机，是家庭、学校和社会多方面因素造成的教育危机。家庭教育在孩子的人生起步阶段扮演着重要角色，父母应该给孩子更开放、更自由的成长环境，观察自己孩子的潜能和优势，并努力将之发掘培养壮大。澳大利亚男孩教育专伊恩·利利科家曾对男孩的培养提出过52条建议，现精选如下：

◎男孩通常把内心感受转化为身体动作，因此当他们遇到情绪问题时，让他们从事喜欢的运动是帮助他们排遣情绪的好办法。

◎男孩与母亲保持紧密关系非常重要，不必担心母亲的过多呵护会使男孩软弱或女性化。

◎小时候缺乏拥抱的男孩长大后往往攻击性比较强，家长应该重视与男孩的非语言交流，如拍肩、握手等身体接触。

◎如果男孩带着情绪来到家长面前，家长必须允许他们表达自己的感受，而不是急着为他们解决问题。

◎随着男孩年龄的增长，赋予他们的责任也该相应增大。责任的缺失会使他们变得越来越冷漠，心怀敌意而难以管理。

◎男孩需要与大自然接触，做男人们做的事情：打猎、钓鱼、捕蟹、宿营等，这些活动会给他们带来自信心，并帮助他们理解大自然的力量和自己在宇宙中的位置。

◎不放过任何让男孩接触动物的机会，动物能培养他们的同情心和爱心。

◎必须教给男孩通过语言和文字表达自身感受与情感的重要方法。

◎对于那些需要改进自己行为表现的男孩，家长的要求应有一个平缓的坡度。如果一下子要求太高，很可能令男孩退缩，没有任何进步。

◎男孩需要男性榜样。

◎男孩回答问题之前应给他们更多的思考时间。

◎应该给男孩更多的挑战，挑战有助于激发男孩的积极性。

第3周第1天

营养：宝宝贪吃有原因

贪吃通常都是心理作用和父母溺爱在作祟。具体而言，主要有以下几方面原因：

1. 父母溺爱

在许多情况下，宝宝的贪吃都是由于父母的过分溺爱所造成的。父母经常过多地为宝宝提供食物，使宝宝在被动地吃的过程中，获得被疼爱的心理满足，从而产生了对食物的更大需求。家长常以食物作为奖品，时间一长，宝宝就会贪食。

2. 情感代偿

儿童心理学家曾经做过一个实验：让年龄、体重相同的一组独生子女和一组非独生子女生活在一起，控制副食供给。两天后，结果出来了。实验表明：非独生子女的主食量大大超过独生子女。后来，儿童心理学家又让两组儿童的父母专门照顾他们，他们的饭量就慢慢接近了。通过这个实验，儿童心理学家得出结论：非独生子女在缺乏关怀的情况下，只能用多食来补充情感需求。这就是典型的情感代偿，有时孩子在一种需求得不到满足的时候，往往会用另外一种方式来填补这种空缺，贪吃也是最常见的方式之一。

3. 安全代偿

当宝宝受到委屈时，也会选择吃东西缓解心理。比如，宝宝挨父母打骂或小朋友欺负时，只要对方拿出几块糖来，宝宝便会立即停止哭闹，而糖的甜味使宝宝暂时忘记了方才的不安全感。

4. 需求不足

宝宝的生理需求是多方面的，当某种需求无法得到满足时，便会用吃食物来代替，而产生贪吃。绝大多数的父母都会明白，宝宝过于贪吃会影响到他的健康。外表上的损害是其一，更重要的是，它会伤及宝宝的大脑。特别是独生子女家庭，宝宝想吃什么，家长常常是有求必应，致使有的宝宝一天到晚嘴不停，这样对宝宝的健康非常不利。过于贪吃会导致宝宝出现肥胖，为以后的生活带来不便，甚至危害身体健康。

营养：对付贪吃宝宝的5大策略

第3周 第2天

宝宝贪吃的危害有很多，所以，父母必须控制他们这个习惯，应当让他吃饭时吃饱吃好，这样就可以尽力避免其贪吃。一般来说，可以从以下几方面入手：

1.掌握儿童多食行为的真实情况

如果在某一段时间内，父母发现儿童饭量突然增大或零食需求增加时，就应了解孩子是否遇到挫折，并针对其真实意图加以开导，以防宝宝形成间接攻击心理和不正常的自我防卫心理。

2.建立定餐定量表

想要孩子不贪嘴，首先，父母就应当为他们制定一个明确的定时定餐定量表，并认真执行，尤其要严格控制副食量。与此同时，还要关注孩子的消化问题，可以督促孩子同时多进行体育运动和户外游戏。

3.尽量满足儿童高层次的需求

想让宝宝不贪吃就要让他感受到家庭的温暖。因此，父母应创造条件，让他生活在一个安全、舒适的环境中。在平常生活里，父母可以多和宝宝进行情感交流，丰富宝宝的精神生活，以避免宝宝产生用食物来代替其他需求的心理。

4.不要强迫宝宝多吃

父母对食物的作用要有正确的认识，疼爱宝宝不一定非要通过给予食物来体现，多买一些书或玩具也许会更有意义。

5.征求医生意见

如果宝宝贪吃的情况非常严重，父母已经无法对其进行纠正，那么就要及早带着宝宝到医院进行检查，排除疾病隐患。

第3周第3天

营养：巩固宝宝牙齿的美食

1.奶味青豆蘑菇煨河虾

原料：河虾500克，鲜蘑菇300克，鲜青豆200克，鲜牛奶300毫升。

辅料：料酒、葱、姜、水淀粉、盐、味精适量。

做法：（1）虾洗净，放入开水中，加入葱姜料酒，待河虾转成红色后立即捞出，剥去河虾身体部分的外壳，并将头部的外须剪净备用。（2）青豆放入锅内煮熟。（3）起油锅，放入切成两半的鲜蘑菇，出水后加入已煮熟的青豆和已剥去外壳的河虾，加入鲜牛奶，小火焖煮至香气外溢时加入适量盐和味精即成。

2.鲜肉奶香土豆泥

原料：土豆500克，猪瘦肉200克，洋葱75克，鲜牛奶250毫升，高汤100毫升。

辅料：面粉15克，料酒、盐、鸡精适量，胡椒粉少量。

做法：（1）肉切成豆粒大小，用少量油起油锅，加料酒煸炒至熟备用。（2）葱洗净切成末，用少量油煸炒、煸透至香，再加面粉炒至香黄，然后立即冲入已加热好的牛奶50毫升、高汤、盐和胡椒粉成为糊状。再把肉粒倒入混匀，成为鲜肉沙司。（3）将土豆洗净，放入开水内煮至用筷子能穿透，去皮后用勺碾成泥，用油炒酥，加牛奶200毫升、盐、鸡精调匀。（4）土豆泥装盆后，中间揿一个凹坑，把鲜肉沙司盛入即成。

3.奶香什锦太子豆腐

原料：豆腐400克，蛋清5只，鲜牛奶100毫升，鸡蓉100克，火腿肉、肉末、开洋、水发香菇、水发海参、油氽核桃仁及油氽松子仁各25克。

辅料：料酒、盐、鸡精适量，葱少量。

做法：（1）火腿肉、开洋、海参、香菇洗净切成细末，油氽核桃仁及油氽松子仁研碎备用。（2）豆腐内加入鸡蓉、蛋清、牛奶，再加入料酒和盐适量拌匀成糊状。（3）起油锅，将葱花煸香后加入肉末煸炒，然后加入切成细末的火腿肉、开洋、海参、香菇炒出香味后，加少量料酒和水焖煮片刻备用。（4）起油锅，煸炒豆腐糊，使之凝结成碎粒状，再加入已煸炒好的肉糜等料，加适量的盐和鸡精，勾薄芡后装盆，撒上碾碎的核桃仁和松子仁即成。

健康：让宝宝拥有健康的头发

第3周第4天

法则一：勤洗头

很多家长以为，少洗头能减少感冒的发生。恰恰相反，家长应该勤给宝宝洗头。保持头发洁净的同时，头皮还能得到良性刺激，从而促进头发的生长。这是因为婴儿时期（0–3岁）由于生长发育速度快，新陈代谢旺盛，头脂分泌多。但要注意的是，由于处在这一时期的孩子头皮还十分娇嫩，因此洗头时应选用纯正、温和、无刺激的婴儿洗发精。

法则二：喂营养

宝宝头皮的油脂分泌比成人少，头发特别容易失去柔亮。这个阶段是孩子头发护理的特殊时期。头发开始出现不同的生长速度和不同的生长周期。各毛囊独立进行周期性变化，邻近的毛囊并不处于同一生长周期。幼儿的洗发精不仅要纯净温和无刺激，而且还要能够深入滋润，这样才能使幼儿的头发既健康又柔亮。

法则三：补充蛋白质

除了日常的护理，家长还应该对孩子的头发健康有所留意，正确饮食也使您不再为孩子的“三千烦恼丝”而苦恼。专家提醒，幼儿日常饮食能适量补充蛋白质。由于头发成分中97%是蛋白质，头发的生长需要一定量的含硫氨基酸，而这种氨基酸人体并不能合成，必须通过食物中的蛋白质来获得。假如每日蛋白质的摄入量少于50克，就会造成人体蛋白质的严重缺乏，势必影响头发的生长。

遗传因素和后天营养是影响孩子头发生长最主要的两个方面，如果父母的头发比较稀黄，那么孩子的头发也不会特别浓黑。但后天营养也非常重要，尤其是钙、铁、锌等元素的缺乏会影响宝宝的头发健康生长。如果宝宝缺铁，头发就变得十分稀黄，没有光泽，缺钙会使头发生长缓慢。

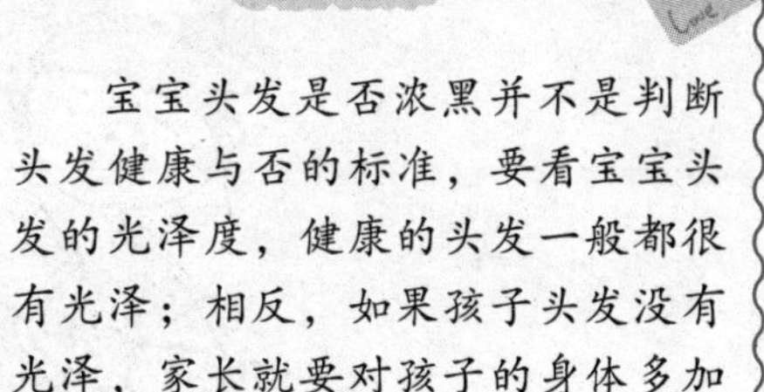

专家提示

宝宝头发是否浓黑并不是判断头发健康与否的标准，要看宝宝头发的光泽度，健康的头发一般都很有光泽；相反，如果孩子头发没有光泽，家长就要对孩子的身体多加关注了。

第3周 第5天

健康：小心家用电器损害宝宝的听力

生活中有一类噪声源尚未引起大家的重视，那就是家用电器产生的噪声。据测定，在离人1米距离内，音量放大的电视机、收音机、录音机的声级可达60分贝～70分贝;电风扇为42分贝～70分贝;电冰箱为34分贝～50分贝;洗衣机转动时马达声为60分贝～70分贝;电吹风为55分贝～90分贝；电动剃须刀为47分贝～60分贝;音响的声级可高达90分贝。可见，有时家用电器的噪声不比马路上的汽车喇叭声低。要使家庭降低或避免噪声的危害，在选购家用电器时应尽量不要把发出噪声大的电器放置在同一室内。如洗衣机尽可能放在天井或卫生间，或放在房间外面。冰箱不要放在卧室内，墙壁不宜过分光滑，墙上可挂些镜框，既可美化房间，又可减少室内回声。室内最好放几盆花，不仅可以调节小气候，还能减弱噪声。

收听录音或电视时不要把音量开得过高，只有适宜的音量才能感受到音乐的悠扬悦耳，优美动听。如果连续几小时收听音量在100分贝以上的音响，将对人的听力造成不可逆的损失。

计算多件家用电器发出的噪声，不能用简单的加法，正确的计算方法是在有两个以上不同的噪声源时，则由最强的噪声源逐次计算其总噪声级。当两个声级之间相差0分贝～1分贝时，应增加较高声级的数值3分贝;相差2分贝～3分贝时，增加2分贝;相差4分贝～8分贝，增加1分贝。相差8分贝以上时，则可忽略不计低的噪声源，只算高噪声源的值即可。

健康：宝宝为何睡觉爱磨牙

第3周第6天

有的宝宝晚上入睡后下颌骨仍在运动，像吃东西一样，上下颌牙齿相互摩擦，产生刺耳的声音，这就是人们常说的夜间磨牙。夜间磨牙的现象是和脑神经功能不太稳定有关，而这种神经不稳定有一定家族性，与遗传有关。由于神经不稳定，所以易受各种刺激而出现磨牙，患儿除夜间磨牙外，往往还有其他睡眠障碍。

磨牙动作是在三叉神经的作用下，使咀嚼肌持续收缩来完成的，夜间磨牙对宝宝的生长发育不利。对于磨牙患儿，应尽可能找到病因，然后对症治疗。有少数找不到原因，似与遗传有关。夜间磨牙的害处，除牙齿相互摩擦产生刺耳声音，影响家人入睡外，更重要的是长期的磨牙，牙齿相互摩擦，可使牙尖磨损变平，牙齿变短，影响美观和咀嚼功能。

据医学专家介绍，一般情况下，宝宝夜间磨牙的原因有以下几种：

◎肠内寄生虫病。由于肠道内寄生虫分泌多种毒素，这些毒素和寄生虫排除的代谢产物，在宝宝睡着之后，会刺激大脑，通过三叉神经而引起磨牙的动作。

◎神经系统疾病。例如，神经运动性癫痫、癔症等以及宝宝白天情绪过分激动、过度疲劳或者紧张等因素，都可能使大脑皮层功能失调而出现睡着时磨牙的现象。

◎胃肠道疾病、口腔疾病，或者宝宝习惯临睡之前进食不易消化的食物，这些因素都引起大脑相应部位的刺激和兴奋，通过神经引起咀嚼肌的收缩，引起磨牙。

如果家长发现宝宝晚上睡觉磨牙，一定要引起重视，及时查明原因，进行对症治疗，防止宝宝的生长发育受到影响。不过，有的宝宝因为磨牙的时间较长，虽然经过了相应的治疗，但是由于大脑皮层已经形成了固定的条件反射，因此夜间的磨牙动作不会立即消失，特别是胃肠病引起的磨牙，虽然胃肠病有所好转，但是肠胃功能紊乱依然存在，所以磨牙动作不能在短时间纠正过来，家长一定要有耐心，必须坚持较长时间的治疗才能有所好转。

第3周第7天

早教：纠正宝宝性格中的小问题

1.宝宝没有耐心，脾气急躁，怎么办

对于急躁的宝宝，家长首先要有耐心，如果宝宝因为急躁而抓自己的脸，就抱着他或拿着他的小手对他说："不要这样。"但此时不要长篇大论地给宝宝讲道理，语言要简短，因为宝宝闹情绪时，他的大脑接受语言信息的能力变得很弱，所以无济于事。

在宝宝安静的时候与他谈心是个好办法，宝宝的心里变得平静了，焦躁情绪也就会越来越少了。

2.怎样教育宝宝对别人大方点

有的宝宝不让别人玩他的玩具，连摸都不让摸，怎样教育宝宝对别人大方一点呢？

首先，家长不要着急地从宝宝手中夺走玩具送给别的小朋友，这会破坏他刚刚建立起来的所有权概念，而所有权会给他带来安全感和放松感，失去它会让他变得伤心难过。

其次，宝宝一般对妈妈、阿姨等比较熟悉的人比较信任，就可以渐渐地引导教育宝宝："这个小熊是宝宝的还是妈妈的？""宝宝的。""那妈妈可以玩玩吗？""可以。""妈妈玩完以后，小熊是你的还是妈妈的？""宝宝的。""昨天丽丽玩你的玩具，你怎么不让呢？丽丽玩完以后，玩具也还是你的呀。以后你的玩具也让别的小朋友玩一玩，好吗？"然后经常跟宝宝讨论他的玩具可以让谁玩，渐渐地培养他的分享意识。

3.性格内向、不爱说话怎么办

"金口难开"只是宝宝在成长中遇到的阶段性问题，只要家长精心培养和训练，宝宝都可以变得比较开朗和外向一些：

抓住宝宝的兴趣点激发他的表达欲望。有的宝宝特别喜欢汽车，有的宝宝特别喜欢娃娃，就常常拿汽车和娃娃做交流主题，逗乐、编故事、手舞足蹈都行，出门的时候有意表扬宝宝在某方面的特长，激发他露一手的表现欲望，刺激他口头表达的动力。

不要当着宝宝的面说他"内向、不爱说话"。给宝宝的性格特点过早下结论，不但打击家长自己的信心，也让宝宝认可了自己的特点，反而不利于他的主动发展。

营养：宝宝常见营养问题解答

第4周 第1天

问题1：我一直给宝宝服用宝宝多种维生素，每隔一天吃一次。请问这样好吗？

答：如果宝宝正常喂养，不一定要吃多种维生素。因为维生素并不是补品，假如宝宝不缺，那么补了也没有什么好的作用。但是，因为我国膳食中比较容易缺乏维生素B_2和维生素A，如果宝宝很少喝牛奶和酸奶，吃绿叶蔬菜也不多，那么补充维生素对宝宝的营养均衡是有帮助的。假如你给宝宝所吃的多种维生素剂量不大，不超过每日推荐摄入量，而且隔一天吃一次，那么服用这些维生素也不会带来不良作用。

问题2：我听说柴鸡蛋的蛋黄颜色红，说明它营养价值高，是这样吗？

答：不一定。蛋黄的颜色是核黄素（维生素B_2）和类胡萝卜素共同决定的。一般来说，散养鸡吃青叶较多，蛋黄中类胡萝卜素多一些，所以颜色比较深；鸡场产的鸡蛋只有核黄素的颜色，看起来比较浅。但是因为鸡场里鸡的饲料中都添加了维生素A，所以与散养鸡产的蛋相比，蛋黄中含维生素的量实际上略高一些，蛋白质含量则没有差异。现在有些鸡场在鸡饲料里加入一些天然着色物质，那么鸡蛋黄的颜色也会一样鲜艳好看。

问题3：宝宝食用发酵后的面食是不是更有营养？

答：是的。面食经过发酵之后，矿物质的利用率会提高，B族维生素也会增加，而且消化吸收率提高，比白米饭的营养价值高。所以经常给宝宝吃点发酵面食是个好主意。

问题4：宝宝3岁了，只爱喝稀饭、喝汤、吃鸡蛋，不爱吃肉、鱼、虾，喂给他吃，他嚼几下就全都吐出来了。如何纠正他的这种行为呢？

答：你给宝宝的辅食添加得太晚了，食物的质地也太细，所以才会出现这种现象。可以在原来的基础上逐渐将食物质地加粗、加厚，让宝宝吃适合他这个月龄的辅食，但是不能操之过急，要循序渐进进行。

第4周第2天

营养：不要轻信“非油炸”

不少所谓非油炸的脆片食品，为了使其口感酥脆，往往要加入高饱和的油脂，其中含有大量的棕榈酸或硬脂酸。电影院、小摊贩所售卖的爆米花应当是真正的非油炸食品吧？但是，它们会加入不少植物奶油，以增加酥脆口感和香气。在纯粹的膨化食品中，比如一些新品种的米花、杂粮米花当中，很多品种加入了大量氢化植物油。人们都知道，植物奶油是氢化植物油制成的，它们含有臭名昭著的反式脂肪。

那些美味的虾条、脆条之类膨化食品，是用挤压膨化方法生产的，不需要油炸。但这绝对不意味着低脂肪。美味膨化食品的脂肪含量通常都在15%以上，少数产品甚至高达30%以上，比起油炸制成的锅巴和油炸方便面来毫不逊色。

一些小食品店烤制的红薯片、土豆片、芋头片之类，也有类似的问题。在烤制的时候，还是要加入不少油脂。这类产品的脂肪含量的确低于油炸薯片，却已经大大高于烤红薯、烤土豆。因为烤制温度超过140℃，同样会产生丙烯酰胺。

各种蔬菜脆片、水果脆片等食品，常常打着健康食品的旗号出售，它们又是怎样加工出来的呢？原来，它们是低温油炸的产品。通过抽真空的方法，可以降低油脂的沸点，让它在不到100℃的温度下就沸腾。由于温度较低，氧气减少，营养素的损失比较小，油脂氧化过程大大延缓，也不产生丙烯酰胺和苯并芘类致癌物。油炸到酥脆状态之后，再甩去表面上黏附的油脂，产品看起来清爽可人，一点没有油炸的迹象。吃起来呢，也是松脆可口，意犹未尽。

但是，也不要以为这种产品就可以像水果那样放心大吃--因为油炸毕竟是油炸。温度低虽然比较安全，却往往会提高油炸食品的吸油量。所以，这类产品的油脂含量相当可观，通常在15%～30%之间。要知道，水果、薯类本身的脂肪含量，都在1%以下。

所以，凡是松脆可口的食物，都很难甩开高脂肪高能量的麻烦。即便有了非油炸的称号，即便是果蔬作为原料，也一样需要高度注意。所以妈妈们在给宝宝选择零食的时候若因为一个概念炒作而安慰自己，放任宝宝大量、尽情地吃，就不太明智啦。

健康：损脑食物黑名单

第4周 第3天

当父母的都希望自己的宝宝健康聪明，要实现这一美好的愿望，就必须掌握一些生活中的科学知识。那么，有哪些“损脑食品”应尽量少给孩子吃呢？下面列举一些生活中常见的损脑食品清单：

1.白糖

典型的酸性食品，如果饭前多吃含糖分高的食物，害处尤其显著。因为，糖分在体内过剩，会使血糖上升，感到腹满胀饱。长期大量食用白糖会引起肝功能障碍。如果孩子吃白糖过多，不仅容易发胖，而且糖汁留在牙缝里，容易造成龋齿。长期过量地食用白糖，易使孩子形成酸性体质和酸性脑，严重影响孩子的智力发展。因此，为了保护孩子的智力，尽量少让孩子吃白糖以及用白糖制作的糕点饮料等。

2.精白米、面类

精白米、面类，是生活中常食用的食品，颇受人们的欢迎，然而在制作的过程中，有益的成分已丧失殆尽，剩下的基本上只是碳水化合物。而碳水化合物在体内只能起到“燃料”的作用。因此，这些食物不是益脑食品，而是一种损脑食品。

3.咖啡

据科学分析，咖啡具有提神之功能：有人认为，咖啡是一种兴奋剂，有利于大脑清醒。其实不然，因咖啡含的咖啡因，是一种生物碱，对人的大脑有刺激作用，以致引起兴奋，在咖啡作用的影响下，向大脑输送的血液会减少，如果父母给孩子过多地喝咖啡，就会严重影响孩子的智力发展。

4.肉类

不少父母为了使自己的孩子身体长得健康，每天给孩子吃多种肉类食品，几乎一日三餐都煮肉汤或者是煮肉粥给孩子吃。据科学分析，人体如呈微碱性状态是最适宜的，如偏食肉类，则会使人的体液趋向酸性。如长年累月地积累酸性，便会导致大脑反应迟钝。科学试验证明，在孩子的膳食中，肉的成分偏高了，会严重影响孩子的智力发展。

第4周第4天

健康：冬季谨防口角炎

1.口角炎的症状

口角炎就是人们常说的“烂嘴角”，是小儿冬季常见的一种口腔疾病。初起时患儿常感到嘴唇发干，随后可出现裂口而引起少量的出血，以后形成结痂，如继续发展就会形成白色糜烂区。如果合并了细菌感染，局部可出现红肿、下颌淋巴结肿大，严重的还会出现发热。

冬季气候干燥，嘴唇及嘴角皮肤黏膜容易干裂，为细菌的侵入提供了机会。冬季食物品种较为单调，特别是新鲜食物绿叶蔬菜和瓜果少，人体内维生素B_2摄入不足。此外，小儿经常舔舌、流口水、感染发热等也是患口角炎的重要诱因。因为从口角流出的唾液过多，会形成适宜白色念珠菌繁殖生长的温暖而潮湿的环境，而白色念珠菌正是口角炎的感染源之一。

2.口角炎的护理

口角糜烂严重的宝宝可给流食或半流食，如豆浆、稀米粥、烂面片汤、鸡蛋汤等。要让宝宝多喝水，最好喝些白糖水、果汁及蜂蜜水。要注意宝宝的口腔卫生，在吃饭前后和睡觉前要让宝宝用温盐水漱口。可用蜂蜜、猪油或香油兑上一半温开水涂抹在口角和嘴唇上，以保持局部皮肤润滑。对于糜烂严重或已经感染的宝宝要及时请医生诊治，可口服维生素B_2或复合维生素B。发生口角局部溃烂者可用中成药冰硼散涂抹，也可涂金霉素软膏或红霉素软膏来消炎止痛；无渗出物的口角炎可涂肤轻松软膏；属于白色念珠菌感染者，需要用克霉唑软膏涂抹患处。

3.科学预防口角炎

与身体其他部位的肌肤相比，唇部没有汗腺及油脂分泌，孩子又喜欢舔嘴唇，加速了唇部的水分蒸发，使双唇更加干涩。平时应该让孩子多喝水，为双唇提供足够的水分。教育孩子不要用舌头舔嘴唇，进食后要擦净嘴角。

也可以给孩子用含有维生素E等滋润成分的儿童润唇膏。如孩子的嘴唇非常干燥并已经有脱皮现象，给孩子使用含有金钱草及甘菊的润唇膏比较好，这两种成分能舒缓双唇的干裂。如果宝宝正处于出牙期，常流口水，会把嘴周围的皮肤弄得红红的，要及时替宝宝抹净口水，再涂上润肤油。

早教：3岁宝宝动作发育测试

第4周第5天

1.3岁宝宝动作发育标准

3岁左右时能较好地控制身体的平衡，会跳跃，会独脚跳，能双脚交替着一步一级下楼梯，会跳远，攀高爬低，动作相当灵活。

3岁的宝宝手的动作也更加灵巧，2岁半左右会穿脱短袜，会用勺吃饭，会叠起8块方积木，能临摹画直线和水平线。3岁左右手的动作更加精细，会用剪刀剪一下东西，会扣纽扣，使用筷子，折纸，两手配合应用比较协调。

3岁时宝宝的大运动和精细动作基本上发育完善，在今后的发育过程中，只是进一步地成熟。

3岁宝宝尽管具备了一些基本的动作，但还要学习一些复杂的动作和带有技巧性的动作，如跳、跑与平衡的能力，这是对他身体发育的一项新的挑战。

2.提高3岁宝宝动作发育的方法

提高3岁宝宝动作发育，需要父母和孩子一起通过游戏来实现。比如，家长可以和他一起来玩跳的游戏；鼓励他从稍高的地方往下跳，教他着地时膝盖应该如何弯曲；和他一起踢球玩，锻炼他大运动的技巧。这个时期要锻炼孩子手部的精细动作，要让孩子玩一些需要手指配合灵巧的、比较复杂的玩具，如拧起、旋紧玩具螺丝，描图，橡皮泥等。

第4周第6天

早教：锻炼宝宝的跳跃能力

1.单脚跳和跳飞机

游戏方法：宝宝学会金鸡独立后就可以练习单脚跳跃。初练时大人可以牵着宝宝一只手，熟练之后放手让宝宝独自单脚跳。如跳过一条线，或从一块方砖跳到另一块方砖上。

“跳飞机”是在地上画一个“飞机”，头三格单脚跳，第四五格时双脚落地，各踏一格休息一会儿，再单脚跳到第六格，将手中“豆包”扔向飞机头，不许扔到界外；到第七八格双脚落地，各踏一格，双脚不许移动，弯腰伸手取到“豆包”，再照样跳回来得1分。跳错格子、踏线、扔“豆包”出界及够取“豆包”时移动脚，都算犯规，立即淘汰出局不能得分。看谁能每次完成得分，赢取全局。

游戏目的：学习单脚连续跳。跳飞机可综合单脚跳及投包瞄准等技能，是个好游戏。3岁前后跳小飞机，每格15厘米～17厘米；大孩子跳大飞机，每格20～25厘米。

2.摘苹果

游戏方法：用棍子系一根小绳系在玩具苹果的柄上。大人拿着棍子将苹果吊在宝宝头顶上方约30厘米处，让宝宝踮起脚尖伸右手来摘取。如果摘不到就跳一跳，摘到为止。如果宝宝十分容易就摘到苹果，可把棍子再举高一些，一定要让宝宝跳起来才能摘到苹果。

游戏目的：让宝宝试着向上跳起。宝宝已经学会从高处跳下和扶持着跳远。现在练习自己跳起来，只要跳到能抓住苹果的高度就能摘取苹果。

3.跳高投篮

游戏方法：用买来的小球篮或用铁丝自己圈一个篮球圈，固定在距宝宝头顶35厘米～40厘米处。大人同宝宝一起在院子里抢球，跑到篮下，鼓励孩子跳高投篮；或者大人站在篮圈附近，让宝宝跑去捡球，练习边跑边拍球到篮下再跳高投篮。

游戏目的：练习跳高投篮，一面练跳高，一面要瞄准。宝宝除了喜欢踢球入门之外，也很喜欢投篮，可以让宝宝学习。

早教：找出缺图与错图

第4周 第7天

从幼儿读物中找出故意画错或漏画一个部分的图，让宝宝仔细检查，图中有没有漏画和错画的地方，指出应如何改正。有时宝宝不太理解大人的意思，可以先找一幅图示范，讲明用意。例如图中的蛇有4条腿，是对还是错，让宝宝去观察，然后再作判断。

宝宝在看图时要动脑筋，如房子有了窗户但没有门，人怎么走进去？水壶缺提手，水烧开了怎么提起呢？宝宝边看图边思考就会发现问题。大人尽量不要先说，让宝宝去考虑。

附　录
内容分类索引

附录1　生长发育情况

附录2　营养

饮食安排

饮食习惯

食物选择

食疗食补

附录3 健康

健康习惯

四季养护

疫苗接种

常见疾病

附录4 早教

动作发育

语言发育

亲子阅读

认知能力

心理发育

社会性发育

自理能力

早教方法

附录5 安全